T0241008

Klüger irren – Denkfallen vermeiden mit System

Timm Grams

Klüger irren – Denkfallen vermeiden mit System

2., überarbeitete und erweiterte Auflage

Timm Grams
Fachbereich Elektrotechnik und
Informationstechnik
Hochschule Fulda
Fulda, Deutschland

ISBN 978-3-662-61102-9   ISBN 978-3-662-61103-6   (eBook)
https://doi.org/10.1007/978-3-662-61103-6

Die Deutsche Nationalbibliothek verzeichnet diese Publikation in der Deutschen Nationalbibliografie; detaillierte bibliografische Daten sind im Internet über http://dnb.d-nb.de abrufbar.

© Springer-Verlag GmbH Deutschland, ein Teil von Springer Nature 2016, 2020
Das Werk einschließlich aller seiner Teile ist urheberrechtlich geschützt. Jede Verwertung, die nicht ausdrücklich vom Urheberrechtsgesetz zugelassen ist, bedarf der vorherigen Zustimmung des Verlags. Das gilt insbesondere für Vervielfältigungen, Bearbeitungen, Übersetzungen, Mikroverfilmungen und die Einspeicherung und Verarbeitung in elektronischen Systemen.
Die Wiedergabe von allgemein beschreibenden Bezeichnungen, Marken, Unternehmensnamen etc. in diesem Werk bedeutet nicht, dass diese frei durch jedermann benutzt werden dürfen. Die Berechtigung zur Benutzung unterliegt, auch ohne gesonderten Hinweis hierzu, den Regeln des Markenrechts. Die Rechte des jeweiligen Zeicheninhabers sind zu beachten.
Der Verlag, die Autoren und die Herausgeber gehen davon aus, dass die Angaben und Informationen in diesem Werk zum Zeitpunkt der Veröffentlichung vollständig und korrekt sind. Weder der Verlag, noch die Autoren oder die Herausgeber übernehmen, ausdrücklich oder implizit, Gewähr für den Inhalt des Werkes, etwaige Fehler oder Äußerungen. Der Verlag bleibt im Hinblick auf geografische Zuordnungen und Gebietsbezeichnungen in veröffentlichten Karten und Institutionsadressen neutral.

Einbandabbildung: © WITTAYA/stock.adobe.com

Planung/Lektorat: Andreas Rüdinger
Springer ist ein Imprint der eingetragenen Gesellschaft Springer-Verlag GmbH, DE und ist ein Teil von Springer Nature.
Die Anschrift der Gesellschaft ist: Heidelberger Platz 3, 14197 Berlin, Germany

Für Thilo und Eike

Vorwort zur zweiten Auflage

„Klüger irren" soll nicht nur ein nettes Wortspiel sein. Gemeint ist eine skeptische Grundhaltung, die ich in der zweiten Auflage deutlicher herausstelle. Das Ziegenproblem hat eine Konzentration auf das Wesentliche gut vertragen. Das schafft Platz für das Dornröschenproblem, das einen noch interessanteren Disput nach sich gezogen hat. Zusätzlich hineingenommen habe ich die Risikobewertung, die beispielsweise die Frage „Impfen ja oder nein" zu beantworten hilft. Anstatt die Esoterik an der heute sichtbaren – und nicht einmal persiflierbaren – Oberfläche zu packen, nehme ich mir die tieferen Wurzeln dieses alten Denkens vor; Wundererfahrungen und magische Deutungen sind auch spirituell Unbegabten einen zweiten Gedanken wert.

Fulda   Timm Grams
9. April 2020

Vorwort

Einer meiner Kollegen vom Fach Software-Engineering hatte gerade einige unangenehme Fachartikel zu verdauen. Darin kam eine Methode ziemlich schlecht weg, der er Großes zutraute. Es ging um die Frage, ob man die notorisch fehlerhaften Software-Produkte zuverlässiger machen kann, indem man mehrere Programmierteams mit jeweils derselben Aufgabe betraut. Diese Teams erstellen verschiedene Programmversionen zur Erfüllung ein und derselben Funktion. Diese Versionen lässt man dann parallel ablaufen. Unter der Annahme, dass in den verschiedenen Versionen auch verschiedene Fehler stecken, sollte der Ergebnisvergleich im laufenden Betrieb Fehler aufdecken und gegebenenfalls eine sichere Reaktion auslösen können.

Die für den Kollegen betrüblichen Fachartikel besagten nun, dass dem wohl nicht so ist. Experimente und theoretische Arbeiten ließen starke Zweifel an der Wirksamkeit dieser Art von Software-Redundanz (Software-Diversität) aufkommen.

Seit einigen Jahren hatte ich mich mit der Evolution unseres Wissens beschäftigt und eifrig Karl Raimund Popper studiert. So platzte es aus mir heraus: Ist doch klar. Die Programmierer haben alle eine ähnliche Ausbildung genossen. Sie haben ein vergleichbares Hintergrundwissen. Es ist kein Wunder, dass sie Fehler machen, die sich kaum unterscheiden. Und wenn in den parallel laufenden Programmen dieselben Fehler stecken, bringt die ganze Software-Redundanz nichts. Die parallel ablaufenden Programme werden auch im Fehlerfall oftmals übereinstimmende Ergebnisse liefern – der Fehler bleibt unentdeckt.

Dies war der Einstieg in eine Diskussion, die bis heute andauert und die mein Hauptinteressengebiet definiert: Fehler hoher Attraktivität.

Auf der Frankfurter Buchmesse stieß ich damals auf das Buch „Denkfallen beim Planen" von Walter Schönwandt. Auf der Umschlagseite war ein Brückenfragment abgebildet, das sich in einer weiten Ackerlandschaft verlor. Mich durchfuhr es: Hier hatte jemand für das Bauwesen das gemacht, was ich für das Software-Engineering vorhatte. Damit war jetzt auch ein passenden Titel für mein Interessengebiet gefunden: „Denkfallen und Programmierfehler". Das Buch mit diesem Titel erschien im Jahr 1990.

Ich legte den Begriff der Denkfalle fest und formulierte das *System der Denkfallen,* eine Taxonomie. Dann machte ich mich auf, nicht nur im Bereich der Planung und Programmierung nach Beispielen zu suchen, sondern alle möglichen Lebensbereiche nach konkreten Denkfallen zu durchforsten und die Sammlung der Denkfallen zu einem Fundus für das *Lernen aus den Fehlern* auszubauen. Das Ergebnis dieser Sammelaktion ist im Internet allgemein zugänglich.

Die Sammlung von Denkfallen wurde zur materiellen Grundlage eines umfassenden Arbeitsprinzips, der bei Popper abgeschauten kritischen oder *negativen Methode*. Es entstanden konkrete Anleitungen zum Handeln in Unterricht und Praxis. Der Computerpionier Heinz Zemanek kommentierte diesen Ansatz in seinem Buch „Das geistige Umfeld der Informationstechnik" so: „Der intellektuelle Spaß am Spiel mit der Perfektion darf uns nicht verleiten, die menschliche Unzulänglichkeit aus dem Blick zu verlieren, die im Umgang mit der Informationstechnik so entscheidende Bedeutung erhält, dass ihre Beachtung und Reduktion zu einem speziellen Arbeitsgebiet gemacht werden sollte, zu einem Unterrichtsgegenstand mit Übungen und Prüfungen."

Einige Beispiele aus meiner Sammlung tauchen auch in diesem Buch auf. Hier werden sie in einen systematischen Zusammenhang gestellt; eine fortlaufend aktualisierte Sammlung kann so etwas nicht leisten.

Von den vielen in den letzten Jahren erschienen Ratgebern und Büchern mit feuilletonistischem Charakter zum Thema Denkfehler, Denkfallen und Manipulation unterscheidet sich der vorliegende Text dadurch, dass er in angemessenem Umfang Mathematik nutzt. Viele Reinfälle lassen sich nämlich durch den Einsatz von etwas Logik und Mathematik durchaus vermeiden. Wer konsequent auf Mathematik verzichtet und den Satz „In Mathe war ich immer schlecht" als Auszeichnung versteht, der hat im Leben schlechte Karten.

Vom Leser wird mathematische Allgemeinbildung auf Dreisatz- und Prozentrechnungsniveau erwartet. Für einige wenige Artikel braucht er darüber hinaus Basiswissen in Logik, Wahrscheinlichkeitsrechnung und Statistik. Aber auch das übersteigt nicht das, was in populärwissenschaftlichen Werken, beispielsweise in „Das

Ziegenproblem. Denken in Wahrscheinlichkeiten" von Gero von Randow (2004), zu lesen ist.

Noch etwas: Sie müssen dieses Buch nicht von vorn bis hinten durchlesen, wenn Sie etwas davon haben wollen. Einige der härteren Nüsse können Sie sich auch für später aufheben. Kreuz und quer lesen geht auch. Dabei sollen die eingestreuten Querverweise helfen. Diese lassen sich mit dem ausführlichen Sachverzeichnis leicht verfolgen.

Zur Vorgeschichte: Die Arbeit zu diesem Buch begann im Gefolge einer Anfrage eines Verlags für die Wirtschaft: „Mit Genuss habe ich Ihren Vortrag ‚Denkfallen – Klug irren will gelernt sein' gelesen, wobei das schöne Beispiel der Befragung in der Fuldaer Innenstadt bei mir besonders haften geblieben ist. Könnten Sie sich vorstellen oder besser hätten Sie Lust, Denkfallen in Buchform für ein breites Publikum darzustellen?"

Mein erster Textvorschlag wurde vom Verlag mit folgender Aussage quittiert: „Um möglichst viele Leser ansprechen zu können, ist meines Erachtens das Buch eher populärwissenschaftlich zu halten. Auf zu komplexe Definitionen, mathematische Beweise etc. darf daher verzichtet werden."

Gedacht war also an ein weiteres Buch für den Ratgeber-Markt und zum Gebrauch für Managerkurse. Solche Bücher gibt es nun wirklich schon genug, geschrieben von fähigen Feuilletonisten. Wenn sie witzig sind, gehören sie zur Unterhaltungsliteratur. Das ist nicht mein Ding. Also habe ich die Sache liegen gelassen. Das hat den Verlag nicht daran gehindert, ein Buch mit eben diesem Titel herauszugeben. Jemand anders hat es geschrieben und dabei – abgesehen von der unautorisierten Verwendung meines Titels – auch noch das Thema verfehlt. Ich habe mich entschlossen, das von mir ursprünglich ins Auge gefasste Buch zu vollenden. Hier ist das Resultat. Die Vorgeschichte hat der Titelwahl gut getan.

Wie bereits in früheren Arbeiten betont, ist der persönliche Stil des Textes Programm. Ich halte mich an einen Ausspruch von Bassam Tibi: Für mich besteht kein Kontrast zwischen „persönlich" und „sachlich". Die Überhöhung von persönlichen Auffassungen durch eine objektivierende Sprache will ich vermeiden.

Fulda   Timm Grams
16. März 2016

Inhaltsverzeichnis

1	**Einleitung**	1
2	**Was ist eine Denkfalle?**	5
	Wahrnehmung	6
	Optische Täuschungen	8
	Wahrscheinlichkeiten	10
	Das benfordsche Gesetz	11
	Das Umtauschparadoxon	13
	Katzenjunge	15
	Begriffsbestimmung	16
3	**Blickfelderweiterung**	19
	Wenn das Blickfeld zu eng ist	19
	Ausweichmanöver	19
	Aus der Konsumforschung	22
	Plausibles Schließen	24
	Vierfeldertafel, Logik und Wahrscheinlichkeiten	25
	Formel des plausiblen Schließens	29

Der Modus Tollens   30
Das Paradoxon von Braess   31

4   **Die angeborenen Lehrmeister**   35
Strukturerwartung   36
    Mehrere Rangordnungen und die Qual
    der Wahl (Condorcet-Effekt)   37
    Qualitätsverbesserung durch Selektion   40
    Das Umtauschparadoxon für Fort-
    geschrittene   42
    Wunder der großen Zahl   44
    Wunder der kleinen Zahl   49
    Miniaturen   52
    Ein Spoiler   55
Kausalitätserwartung   57
    Kausalitätsfalle   58
    Der Kausalitätsbegriff   60
    Merkmale der Kausalität   62
    Gemüse macht intelligent   64
    Ein berühmter Fall von angeblicher
    Diskriminierung   66
    Das simpsonsche Paradoxon   67
Die Anlage zur Induktion   71
    Plausibles Schließen in Wissenschaft und
    Alltag   72
    Wasons Auswahlaufgabe   76
    Die Harvard-Medical-School-Studie   78
    Die negative Methode   79
Der Neugier- und Sicherheitstrieb   81
    Lernzyklus   82
    Problemlösen macht glücklich   84
    Mathematische Knobeleien anstelle von
    Risikosport   87
    Heuristiken im Sinne von
    Lösungsfindeverfahren   92

Das Taxi-Problem (Analogie) 95
Die Schlucht (Generalisierung) 97

5 **Der Jammer mit der Statistik** 103
Über Deutlichkeit und Größe statistischer
Zusammenhänge 103
Studie zu Trends beim Autokauf 105
Die Auswertung der Vierfeldertafel mittels
Kombinatorik 106
Die Nullhypothese 109
Das pascalsche Dreieck – Wie viele
verschiedene Stichproben gibt es? 111
Wahrscheinlichkeitsverteilung
(Vierfeldertafel) 114
Präzisierung des Tests 116
Das Testkriterium 117
Erwartungswert und Standardabweichung
einer Zufallsgröße 119
Korrelation und Kausalität: Sex ist gesund 122
Schlank in 14 Tagen 123
Prüfen im Vorfeld der Wissenschaft 125
Wie glaubwürdig ist die Quelle? 126
Was sagen die Daten wirklich aus? 128
Eine Bachelor/Master-Erfolgsmeldung 129
Widersprüche 131
Stellvertreterstatistiken 133
Size matters 134
Spektakuläres aus der Wissenschaft 134
Was herausgefunden wurde 135
Ein kleines Experiment 135
Interpretation der Grafiken und der
Zahlen 137
Die Akte Astrologie 138
Proben mit Stich 140
Von der Statistik zum Ranking 142

Kriminalstatistik 142

Hochschulranking 145

Prognosen und Singularitäten 147

Die richtigen Fragen stellen 151

6   Intuition und Reflexion 155

Heuristiken – Begriffsbestimmung 155

Einige Heuristiken näher betrachtet 161

Einrahmungseffekt 161

Differenzerkennung 162

Je dümmer, desto klüger? 163

Aus der Praxis 166

Weniger ist mehr 168

Zurück zum Taxi-Problem 170

Klug irren will gelernt sein 172

7   Täuschung und Selbstbetrug 175

Glaube, Wissenschaft und Selbstbetrug 176

Aura-Reading 177

Ein Freund leidet 179

Selbstbetrug mit Placebos 180

Zwei Verhaltensweisen 182

Lehrreiche Kontroversen 184

Das Ziegenproblem (Drei-Türen-Problem) 186

Dornröschen nennt Wahrscheinlichkeiten 188

8   Nach welchen Regeln wird gespielt? 193

Wir spielen nicht nur ein Spiel 193

Sackgassen des Denkens 196

Wissenschaft 199

Homöopathie 201

Quantenmystik 204

Ein erster Verdacht 205

Eingriffe des Mikrokosmos ins reale
Leben 205

Vom Sein zum Sollen   207
Lehrbücher: Irrtümer auf hohem Niveau   210
Mensch ärgere dich   213
    Begegnung mit dem schwarzen Schwan   214
    Der gute Vortrag: ein Missverständnis   216
Gedankenknäuel   217
    Rückbezüge   217
    Widersprüche, Antinomien   219

9   **Die schöpferische Kraft des Fehlers**   223
    Selektion   224
    Evolution der Kooperation   225
    Nachbarschaft bietet Schutz   229
    Egoismus mit Niveau   231
    Bedingungen für die Evolution kooperativen
    Verhaltens   233
    Das Neue entsteht nicht rational   235
    Schöpfungsglaube kontra Zufall und
    Notwendigkeit   237
    Erfindungen und Entdeckungen: Serendipity   238
    Populäre Irrtümer, den schöpferischen
    Prozess betreffend   239
        Irrtum 1: Der schöpferische Prozess ist
        Teamwork   239
        Irrtum 2: Das Neue ist planbar   240
        Irrtum 3: Allein auf den guten Einfall
        kommt es an   242
        Irrtum 4: Wer Neues schaffen will, muss
        flexibel sein   242
    Fatale Fehlerbeseitigung   243

10   **Um Wahrheit geht es nicht**   247
    Diesseitige Skepsis   248
        Realität ist jenseits   248
        Spielregeln für Skeptiker   253

Objektive Erkenntnis   255
Skeptiker und Realist zugleich?   258
Wahrheit oder Überleben?   260
Analogie und Klassifizierung   262
  Ordnung schaffen mit Analogien   265
  Klassifizierung – Basis des Denkens   267
  Fehlanpassung   270
  Misnomer   272
  Analogien und Kreativität   274
  Sicherheit, ein Begriff im Wandel   278
Risiko ist nicht objektivierbar   285
  Objektives Risiko   285
  Subjektive Risikobewertung ist rational   286
  Beispiel: Impfgegner kontra Impfpflicht   290

11 Das System der Denkfallen   293
Übergeordnete Prinzipien   293
  Scheinwerferprinzip   293
  Sparsamkeitsprinzip   294
Die angeborenen Lehrmeister   295
  Strukturerwartung   295
  Kausalitätserwartung   295
  Die Anlage zur Induktion   298
  Neugier- und Sicherheitstrieb   302
Modellvorstellungen vom Denken   304
  Assoziationen   305
  Kurzzeit- und Langzeitgedächtnis   306
  Intuition und Reflexion   306
  Automatisierung des Denkens und Handelns   308

Literatur   311

Stichwortverzeichnis   319

Über den Autor

Timm Grams studierte bis 1972 Elektrotechnik an der TH Darmstadt und promovierte 1975 an der Universität Ulm. In der Industrie entwickelte er von 1972 bis 1975 bei AEG-TELEFUNKEN in Ulm ein Simulationsprogramm für elektrische Schaltungen. Zuverlässigkeitstechnik und Prozessdatenübertragung waren seine Arbeitsschwerpunkte bei BBC in Mannheim. Seit 1983 ist er Professor an der Hochschule Fulda mit den Lehrgebieten Nachrichtentechnik, Programmkonstruktion, Simulation und Problemlösen. Von 1989 bis 1995 übernahm er Dekanspflichten, zuerst im Fachbereich Angewandte Informatik, dann als Gründungs-dekan des Fachbereichs Elektrotechnik. Zurzeit arbeitet er an Demonstrationsmodellen der Arbeitsweise des mechanischen Computers Z1 von Konrad Zuse.

1

Einleitung

Der Weisheit erster Schritt ist: Alles anzuklagen,
Der letzte: sich mit Allem zu vertragen.
(Georg Christoph Lichtenberg, Sudelbücher, Heft L, Nr. 2)

Fehler haben einen außerordentlich schlechten Ruf. Wer
gibt schon gerne zu, einen Fehler gemacht zu haben? Am
liebsten wären wir ein optimal funktionierendes Mitglied
der Gesellschaft, dem Fehler möglichst nicht unterlaufen.
Wir vermissen an uns die Makellosigkeit des perfekten
Automaten.

Schon in der Schule hat man uns das so eingetrichtet:
Der Deutschlehrer stellte dich vor der Klasse bloß, indem
er genüsslich die Stilblüten deines letzten Aufsatzes
zitierte. Der Mathematiklehrer quälte den sich an der
Tafel abmühenden Mitschüler, weil dessen Gewandtheit
im Umgang mit mathematischen Formeln eher dürftig
war. Höhepunkt war dann ein sarkastischer Kommentar
dieser Art: „Wenn ich so schön wäre wie Sie, würde ich

© Springer-Verlag GmbH Deutschland, ein Teil von Springer
Nature 2020
T. Grams, *Klüger irren – Denkfallen vermeiden mit System*,
https://doi.org/10.1007/978-3-662-61103-6_1

zum Film gehen und das hier besser ganz sein lassen." Die Mathematik präsentierte uns der Lehrer als ein perfektes Gebäude; wenn man sich mit Umsicht darin bewegt, können eigentlich gar keine Fehler passieren.

Schön wär's – oder vielleicht auch nicht. Denn paradoxerweise sind es die Fehler, die den Fortschrittsmotor der Natur und der Wissenschaft antreiben. Ohne Fehler gäbe es uns nicht! Das wissen wir spätestens, seit Charles Darwin uns die Evolutionsmechanismen in seinem epochalen Werk „On the Origin of Species" (1859) nahe gebracht hat. Karl Raimund Popper und andere haben diese Erkenntnisse auf die Entwicklung der Wissenschaft übertragen: Der Fortschritt lebt von Versuch und Fehlerbeseitigung, von Trial and Error.

Wer sich vom Perfektionszwang heilen will, der möge Karl Raimund Poppers Aufsatzsammlung „Objektive Erkenntnis" (Popper 1973) lesen. Wenn Theorien nur so lange gelten, bis ihre Falsifizierung stattgefunden hat, können Fehler eigentlich nichts allzu Verdammenswertes sein. Und es ist gerade der Zufall und manchmal gar der zufällige Fehler, der Entdeckungen überhaupt erst ermöglicht.

Im Jahr 1886 formulierte Ludwig Boltzmann den Aphorismus: „Nirgends weniger als in den Naturwissenschaften bewahrheitet sich der Satz, dass der gerade Weg der kürzeste ist." Die Alchimisten richteten all ihre Anstrengungen auf die Herstellung von Gold – und sie schufen etwas gewaltiges Neues: unsere Chemie. Gold kam nicht dabei heraus.

Bei Erfindungen und Entdeckungen spielt der Zufall eine wesentliche Rolle. Der Erfinder oder erfolgreiche Forscher ist oftmals ein „Genie aus Versehen" (Richard Gaughan). Das Telefon beispielsweise war eine ursprünglich nicht beabsichtigte Erfindung, sozusagen ein Beifang auf der Suche nach dem Mehrfachtelegrafen.

Wie gesagt: Ohne Fehler und zufällige Variationen geht es nicht voran. Aber andererseits braucht es auch Beharrungsvermögen. Ein gewisses Maß an Dogmatismus ist unerlässlich für den Erfolg. Die in Managementseminaren so hoch gelobte Fähigkeit der Flexibilität zähle ich zu den Tugenden des Mittelmaßes. Gerade bei den großen Erfindern und Entdeckern finden wir Hartnäckigkeit bis hin zur Sturheit. Musterbild eines solchen Sturkopfes ist Christoph Columbus: Durch keinen noch so gut begründeten Einwand ließ er sich von der Idee eines kurzen Seewegs nach Indien abbringen. Die Geschichte der Erfindung des Computers zeigt die Unbeirrbarkeit, mit der Konrad Zuse zu Werke ging.

Die Methode der Natur ist charakterisiert durch Freiheit einerseits und Dogmatismus andererseits, oder anders ausgedrückt: durch Zufall einerseits und Notwendigkeit andererseits.

Auch in Architektur, Musik und Malerei wird die Methode der Natur wirksam: Wollten Baumeister des Mittelalters etwas Neues wagen, stand vor allem eine Methode zur Verfügung: Ausprobieren. Man führe sich vor Augen: Das Zeitalter Newtons und Leibniz' lag noch mehrere Jahrhunderte in der Zukunft. Die Mathematik hatte damals noch keine Differenzial- und Integralrechnung zu bieten.

Beim Ausprobieren kam es auch zu Fehlschlägen; mancher Bau stürzte ein. Erfolgreiche Lösungen wurden von anderen Baumeistern übernommen und breiteten sich aus. Das ist die dogmatische Seite der Schöpfung.

Fehler und Zufall treiben den Fortschritt an. So entsteht das Neue. Aber der Dummkopf wird das Neue gar nicht sehen. Wer es sehen will, braucht Wissen und die Fähigkeit, die überraschende Beobachtung richtig einzuordnen. Jedenfalls ist es kein Erfolgsrezept, die alten Fehler wieder und wieder zu machen und immer erneut

auf dieselben Denkfallen hereinzufallen. Lernen aus
den Fehlern heißt, alte Fehler zu überwinden und neue,
klügere zu machen. Und damit sind wir beim Thema, dem
richtigen Umgang mit den eigenen Fehlern und denen
der anderen. Dieser Gedanke durchzieht das ganze Buch.
Es bringt eine Fülle von Beispielen, an denen man den
richtigen Umgang mit Fehlern lernen kann.

2

Was ist eine Denkfalle?

Ach, die Welt ist so geräumig,
Und der Kopf ist so beschränkt.
(Wilhelm Busch)

In der Welt unserer Erfahrungen herrscht Ordnung. Weil in dieser Welt Regeln gelten, finden wir uns darin zurecht. Wenn ich meine gefüllte Kaffeetasse hochhebe und dann loslasse, wird sie nicht in der Luft hängen bleiben oder seitwärts davonschweben. Nein, ich erwarte, dass sie herunterfällt und dass es eine ziemliche Sauerei gibt. Also verzichte ich auf den Versuch. Aus Erfahrung wissen wir, dass keineswegs das reine Chaos regiert, sondern dass es Regelmäßigkeiten gibt. Es ist eine lebenspraktische Annahme, dass die Welt, die wir erfahren haben und die es noch zu erkunden gibt, von Recht und Ordnung zusammengehalten wird. Was unter „Welt" zu verstehen ist, wollen wir uns später noch genauer anschauen.

© Springer-Verlag GmbH Deutschland, ein Teil von Springer Nature 2020
T. Grams, *Klüger irren – Denkfallen vermeiden mit System*,
https://doi.org/10.1007/978-3-662-61103-6_2

Wahrnehmung

Im Laufe der Evolution hat sich in uns eine grundlegende Fähigkeit des Lernens herausgebildet: die *Strukturerwartung.* Die eindrucksvollsten Beispiele für diese
Strukturerwartung bietet die optische Wahrnehmung.

Die „Flachdachpyramide" ist ein Demonstrations-
beispiel für die sogenannte *Prägnanztendenz:* Unser
Wahrnehmungs- und Denkapparat ist stets bestrebt,
aus den Sinneseindrücken eine Vorstellung von größt-
möglicher Einfachheit und Regularität zu konstruieren.

Abb. 2.1 ist ein Stereogramm dieser „Flachdach-
pyramide": Nehmen Sie den Zeigefinger zu Hilfe und
betrachten Sie über den Zeigefinger hinweg das linke der
Bilder mit dem rechten Auge. Merken Sie sich den Punkt,
auf den Ihr Finger zeigt. Nun halten Sie die Position des
Zeigefingers unverändert und gucken Sie mit dem linken
Auge. Der Zeigefinger springt und sollte nun im rechten
Bild auf einen entsprechenden Punkt zeigen. Falls der
Finger zu weit „springt", bewegen Sie den Finger in

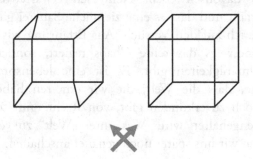

Abb. 2.1 Flachdachpyramide

Richtung Bild und wiederholen Sie das Ganze. Wenn der Sprung zu klein ist, nehmen Sie den Finger zurück in Richtung Augen. Wenn die Sprungweite passt, schauen Sie auf die Spitze Ihres Zeigefingers. Im Hintergrund müsste nun das dreidimensionale Bild der „Flachdachpyramide" entstehen. Außerdem gibt es ein linkes und ein rechtes Nebenbild.

Ohne diesen Schieltrick können wir im rechten der beiden Bilder nicht die „Flachdachpyramide" erkennen. Unser Wahrnehmungsapparat verfällt auf ein einfacheres Modell, nämlich auf das Drahtmodell eines Würfels (Necker-Würfel). Erst durch den Schieltrick entsteht der komplexere Sinneseindruck, den sich unser Gehirn dadurch erklärt, dass er das Abbild einer Flachdachpyramide ist. So funktioniert die erwartungsgetriebene Wahrnehmung: Die wesentlichen Strukturen und Modelle sind bereits in unserem Kopf gespeichert, angeboren oder in früher Kindheit erlernt. Sie gehören zu unserem Hintergrundwissen. Durch Auswahl aus diesem Fundus und durch Mustervergleich kann unser Wahrnehmungsapparat die Sinneseindrücke interpretieren.

Neben der Prägnanztendenz kennt die Wahrnehmungspsychologie noch eine ganze Reihe weiterer Mechanismen, die es uns erlauben, unseren Sinneseindrücken Struktur zu geben und so ein Modell der Wirklichkeit zu konstruieren (Hoffman 1998). Unter anderem nutzt unser Gehirn die Tatsache, dass sich Bilder normalerweise in Figur und Grund zerlegen lassen. Der *rubinsche Becher* ist ein bekanntes Beispiel für diesen Effekt (Abb. 2.2). Das Kippbild zeigt entweder zwei einander zugewandte Gesichter oder eine Vase, je nachdem was der Wahrnehmungsapparat als Figur und was er als Hintergrund interpretiert.

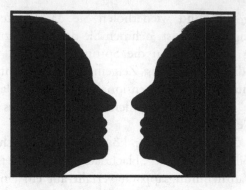

Abb. 2.2 Rubinscher Becher

Optische Täuschungen

Wir haben gesehen, dass wir nur das wahrnehmen
können, was in unserer Vorstellung bereits zum größten
Teil existiert. Deshalb ist der oft gehörte Satz „Ich glaube
nur, was ich sehe" ziemlich naiv. Es ist eher umgekehrt:
Wir sehen nur, was wir glauben. Und das ist nicht immer
das Richtige. Dazu meint der Biologe Rupert Riedl
(1981):

> „Das biologische Wissen enthält ein System vernünftiger
> Hypothesen, Voraus-Urteile, die uns im Rahmen dessen,
> wofür sie selektiert wurden, wie mit höchster Weisheit
> lenken; uns aber an dessen Grenzen vollkommen und
> niederträchtig in die Irre führen."

Nehmen wir als Beispiel die *sandersche Figur* (Abb. 2.3):
Die linke diagonale Linie scheint länger zu sein als die
rechte. Wir müssen Teile der Figur abdecken oder nachmessen, um zu bemerken, dass die Linien gleich lang sind.

Das Beispiel zeigt: Das Bild, das wir uns von der Welt
machen, ist keine getreue Kopie einer von unserem

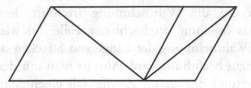

Abb. 2.3 Sandersche Figur

Denken unabhängigen äußeren Welt. Die *Welt im Kopf* ist offenbar eine Konstruktion. Sie entsteht aus den Bausteinen und Mechanismen unserer Vorstellung, also aus dem, was wir bereits „wissen", und den Signalen und Hinweisen von außen. Letztlich agieren wir in einer *simulierten Welt*. Und dass diese Simulationen treffsicher sind, sehen wir daran, dass wir in Alltagssituationen gut zurechtkommen.

Was führt uns in die Irre, wenn wir die sandersche Figur betrachten? Die Figur kommt so in unserer Umwelt normalerweise nicht vor. Aber sie könnte die Projektion eines rechteckigen Blattes Papier mit ein paar Linien darauf sein. Das Blatt ist etwas geneigt und der Blickwinkel verschoben. Auf diesem Papier müsste – in der Wirklichkeit – die linke Diagonale tatsächlich länger als die rechte sein, so wie wir es wahrgenommen haben. Unser Wahrnehmungsapparat enthält einen Verrechnungsmechanismus, der, ausgehend von den Projektionen auf der Netzhaut der Augen, die Längenkorrektur im Sinne der *Größenkonstanz* von Objekten vornimmt (Goldstein 1997).

Der Mechanismus leistet im Normalfall gute Dienste. Bei der sanderschen Figur ist er fehl am Platz. Wir sollten ja die Längen der Diagonalen des gegebenen Bildes vergleichen. Das ist uns misslungen. Der Verrechnungsmechanismus ist zwar *bewährt*, in der konkreten Situation *aber verkehrt*. Bei den Angelsachsen heißt es *strong but wrong*.

Wann uns die Wahrnehmung irreführt, lernen wir durch das Studium vergleichbarer Fälle. So wissen wir, dass die Wahrnehmung der Länge von Strecken durch die Gesamtfigur beeinflusst wird. Also ist man mit dem Urteil vorsichtig und nimmt im Zweifelsfall einen Maßstab zu Hilfe.

Wahrscheinlichkeiten

Ein weites Feld für Irrungen und Wirrungen tut sich auf, sobald wir uns auf das Gebiet der *Wahrscheinlichkeiten* begeben.

Wir vertrauen auf einige Grundtatsachen. Beispielsweise nehmen wir als gesichert an, dass beim Würfeln eine bestimmte Augenzahl, beispielsweise die Eins, auf lange Sicht gesehen, also nach vielmaligem Würfeln, annähernd in einem Sechstel der Würfe auftritt. Das ist auch für alle anderen Augenzahlen so. Dabei setzen wir voraus, dass das Material des Würfels homogen ist und die Geometrie perfekt. Keine Seite zeichnet sich vor einer anderen aus, abgesehen von der eingeprägten Punktzahl.

Die relative Häufigkeit ist bekanntlich definiert als die Anzahl der Versuche, bei denen ein bestimmtes Ereignis eintritt (beispielsweise „Kopf" beim Münzwurf), geteilt durch die Gesamtzahl der Versuche. Dass die relative Häufigkeit eines Ereignisses sich mit wachsender Zahl der Versuche einem Grenzwert annähert, gehört für uns zu den nicht weiter anzuzweifelnden Annahmen. Diesen Grenzwert nennen wir *Wahrscheinlichkeit*. Eine Eins beim Würfeln hat also die Wahrscheinlichkeit 1/6, ebenso die Zwei, die Drei usw.

Dahinter steckt ein allgemeines Prinzip, das jedermann wohl intuitiv klar ist und das in der Wahrscheinlichkeitsrechnung den Namen *Indifferenzprinzip* trägt.

Der berühmte Volkswirtschaftler John Maynard Keynes hat es das „Prinzip vom mangelnden zureichenden Grunde" genannt. Es lässt sich so beschreiben (Carnap und Stegmüller 1959): „Wenn keine Gründe dafür bekannt sind, um eines von verschiedenen möglichen Ereignissen zu begünstigen, dann sind die Ereignisse als gleich wahrscheinlich anzusehen." Musterbeispiele für die Anwendung des Prinzips sind die Zumessung von Wahrscheinlichkeiten zu den Augenzahlen beim Würfeln und die Halbe-halbe-Aufteilung beim Münzwurf.

Viele Irrtümer im Bereich der Wahrscheinlichkeitsrechnung sind Folge einer falschen Anwendung des Indifferenzprinzips. Besonders eindrucksvoll und vergnüglich stellt sich das im Zwist um das *Ziegenproblem* dar. Ich komme in einem eigenen Abschnitt darauf zurück.

Das benfordsche Gesetz

Täglich treffen wir auf Zahlen: Zahlen, die auf der ersten Seite einer Tageszeitung stehen, Zahlen über die Größe der Binnengewässer Deutschlands, die Einwohnerzahlen der Städte oder die Familieneinkommen, die Guthaben auf den Konten einer Bank und die Zahlen in einer Steuererklärung. Fragt man nach der Wahrscheinlichkeit, mit der eine beliebig herausgegriffene Zahl mit einer 1 beginnt, werden die meisten Leute antworten: „Die Wahrscheinlichkeit beträgt 1 / 9." Sie gehen davon aus, dass alle Ziffern von 1 bis 9 gleich wahrscheinlich sind (vorausgesetzt, sie haben daran gedacht, dass Nullen praktisch nie am Anfang von Zahlen stehen). Sie haben das Indifferenzprinzip angewendet. Und das ist in diesem Fall verkehrt.

Schaut man sich die Verteilung der führenden Ziffern bei den Flächen der Länder dieser Erde einmal an, ergibt sich nämlich ein anderes Bild: In etwa 30 % der Fälle fängt die Zahl mit einer Eins an. Ähnlich sieht es bei den Einwohnerzahlen und beim Bruttosozialprodukt pro Kopf aus. Dahinter steckt eine Gesetzmäßigkeit: In einem verblüffend weiten Bereich gilt das *benfordsche Gesetz* (Székely 1990).

In Abb. 2.4 habe ich die Verteilung der führenden Ziffern gemäß diesem Gesetz eingetragen und im Vergleich dazu die sich nach dem Jahrbuch „Aktuell 2000" ergebenden Verteilungen. Erfasst wurden die statistischen Kennzahlen der selbstständigen Länder der Erde, seinerzeit 192.

Etwas Mathematik

Die Wahrscheinlichkeit $p(d)$ dafür, dass eine Zahl mit der Ziffer d beginnt, ist gegeben durch $p(d) = \ln(1 + 1/d)/\ln(b)$. Hierin ist b die Basis des Stellenwertsystems für die Zahlendarstellung, und ln bezeichnet den natürlichen Logarithmus. Im Dezimalsystems ist $b = 10$, und das benfordsche Gesetz vereinfacht sich zu $p(d) = \log(1 + 1/d)$, mit der Bezeichnung log für den dekadischen Logarithmus.

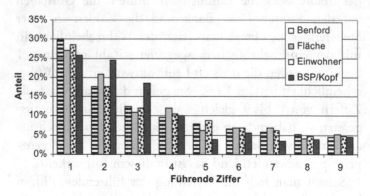

Abb. 2.4 Häufigkeiten führender Ziffern

Das benfordsche Gesetz beschreibt einen empirischen Sachverhalt. In der Literatur findet man aber auch Begründungen. Diese gehen von bestimmten Annahmen über die Statistiken aus und leiten davon das Gesetz ab.

Ich mache mir das Gesetz folgendermaßen klar: Viele zahlenmäßig erfassbare Phänomene werden zumindest zeitweise durch exponentielles Wachstum regiert. Ein Beispiel ist das Wachstum von Guthaben auf einem Bankkonto (Zinseszinsrechnung). Die zu messende Zahl x wächst also exponentiell mit der Zeit. Das heißt: In gleichen Zeitabschnitten wird immer derselbe prozentuale Zuwachs erzielt. Bis eine führende 1 von der 2 abgelöst wird, muss sich der Wert x verdoppeln. Bis die 2 von der 3 abgelöst wird, muss die Zahl nur noch 50 % zulegen. Dementsprechend verringert sich der dafür nötige Zeitraum. Allgemein gilt: Die Zahlen mit einer bestimmten Stellenzahl, die mit der Ziffer d beginnen, definieren einen Wertebereich, in dem die Zahlen um den Bruchteil $1/d$ wachsen. Eine einfache Rechnung zeigt, dass die x-Werte mit der Ziffer d an erster Stelle auf der Zeitachse einen Anteil von $\ln(1 + 1/d)/\ln(b)$ ausmachen. Wenn man zu zufälligen Zeitpunkten auf den Prozess trifft, werden die Wahrscheinlichkeitsverteilungen der führenden Ziffern dem benfordschen Gesetz genügen.

Das Umtauschparadoxon

Ein Wohltäter macht mir ein vorteilhaftes Angebot. Er legt mir zwei Briefumschläge vor, die Geld enthalten. Der Wohltäter verrät, dass in einem der Umschläge ein doppelt so hoher Geldbetrag wie im anderen enthalten ist. Ich darf einen Umschlag auswählen und das Geld entnehmen. Danach fragt mich der Wohltäter, ob ich doch lieber den anderen Umschlag haben wolle. Ich darf also entscheiden, ob ich das entnommene Geld behalten oder ob ich doch lieber zum anderen Kuvert wechseln will.

Angenommen, ich ziehe ein Kuvert und finde 100 € darin. Eine kurze Überlegung zeigt mir, dass ich das Angebot zum Umtausch annehmen sollte: Da ich den Briefumschlag rein zufällig gewählt habe, ist die Wahrscheinlichkeit dafür, dass ich zunächst den kleineren Betrag gezogen habe, genauso groß wie die Chance für den größeren Betrag, also jeweils gleich 1/2. Den 100 €, die ich jetzt habe, stehen im Falle des Umtauschs ein mittlerer Gewinn von $1/2 \cdot 200$ € plus $1/2 \cdot 50$ € gegenüber. Das ist eine Gewinnerwartung von 125 €, und das sind 25 € mehr als ohne Umtausch. Dieser Überlegung folgend, sollte ich tauschen.

Diese Überlegung führt jedoch auf einen Widerspruch. Da es auf den Betrag nicht ankommt, hätte ich mich – ohne den Umschlag zu öffnen – gleich für den anderen Briefumschlag entscheiden können. Aber damit bin ich wieder bei der Ausgangssituation: Ich habe ja einfach nur gewählt und kann dieselbe Überlegung wie oben anstellen. Der Wechsel würde auch jetzt Gewinn versprechen, obwohl ich dann wieder beim ersten Umschlag gelandet wäre.

Das Paradoxon kommt durch eine unzulässige Anwendung des Indifferenzprinzips zustande. Wahrscheinlichkeiten dafür, dass in den Umschlägen bestimmte Summen stecken, sind zwar denkbar. Aber über die Wahrscheinlichkeiten dieser verschiedenen Fälle ist nichts bekannt. Zu allem Überfluss ist die unterstellte Gleichverteilung aller möglichen Fälle sogar prinzipiell unmöglich: Bei einer potenziell unendlichen Anzahl von Fällen kann nicht jeder der Fälle dieselbe Wahrscheinlichkeit haben. Mit dem Indifferenzprinzip unterstellen wir hier eine Struktur, die tatsächlich nicht vorhanden ist. Das ist eine Überschätzung des Ordnungsgehalts der Dinge in Folge der Prägnanztendenz.

Katzenjunge

Eine Katze hat vier Junge bekommen. Es ist nicht sehr wahrscheinlich, dass alle vier dasselbe Geschlecht haben. Mit größerer Wahrscheinlichkeit sind nur drei vom selben Geschlecht. Am wahrscheinlichsten sind zwei weibliche und zwei männliche Katzen. Sind diese Aussagen richtig? Nein, es ist anders, als es uns die Intuition eingibt. Die letzte der Aussagen, die dritte, stimmt nicht. Schauen wir uns die Sache einmal genauer an. Wir legen eine Reihenfolge der Katzen fest, beispielsweise durch die Reihenfolge, in der sie das Licht der Welt erblicken. Folgende Ergebnisse sind möglich: Alle vier Katzen sind entweder weiblich oder männlich: wwww, mmmm; drei haben dasselbe Geschlecht: wmmm, mwmm, mmwm, mmmw, mwww, wmww, wwmw, wwwm; es gibt gleich viele weibliche und männliche Katzen: mmww, mwmw, mwwm, wmmw, wmwm, wwmm. Das sind insgesamt 16 verschiedene Möglichkeiten. Für jede Position in jeder der Folgen ist die Wahrscheinlichkeit für ein bestimmtes Geschlecht gleich 1/2. Dass ein bestimmtes Geschlecht auf erster Position steht, ist gleich 1/2. Verlangt man auch für die zweite Position ein bestimmtes Geschlecht, so halbiert sich diese Wahrscheinlichkeit. Die dritte Position führt zu einer weiteren Halbierung. Und das gilt auch für die vierte. Die Wahrscheinlichkeit für jede der möglichen Viererfolgen ist demnach gleich 1/16. Die Viererfolgen bilden Elementarereignisse, auf die das Indifferenzprinzip anwendbar ist.

Wir zählen die Fälle und deren Wahrscheinlichkeiten zusammen: Mit der Wahrscheinlichkeit 2/16 oder 1/8 haben alle Katzenkinder dasselbe Geschlecht. Drei Kinder mit demselben Geschlecht treten mit der Wahrscheinlichkeit 8/16, also 1/2, auf. Zwei weibliche und zwei männliche Katzen kommen nur mit der Wahrscheinlichkeit 6/16, also 3/8, vor.

Die Folgen mit zwei männlichen und zwei weiblichen Katzen mögen uns zufälliger vorkommen als die anderen. Sie *repräsentieren* den Zufall unserem Gefühl nach am besten. Und deshalb sollten sie auch am wahrscheinlichsten sein. Tatsächlich sind diese repräsentativen Folgen weniger wahrscheinlich als Folgen, in denen drei Katzen dasselbe Geschlecht haben. Unser Bauchgefühl, die Intuition, hat uns getäuscht.

Der Trugschluss geht auf die Anwendung eines intuitiv wirksamen Denkmechanismus zurück, auf die sogenannte *Repräsentativitätsheuristik*. Dieser und ähnliche Mechanismen ersparen uns die Mühsal logischer Schlussfolgerungen. Wir kommen schneller zum Ziel. Aber manchmal liegen wir damit auch daneben – so wie hier. Daniel Kahneman (Nobelpreisträger der Wirtschaftswissenschaften 2002) und Amos Tversky haben derartige *Heuristiken* genauer untersucht.

Begriffsbestimmung

Nach diesen Vorbereitungen sind wir bereit für die Definition dessen, was wir hier unter einer Denkfalle verstehen wollen:

> Eine *Denkfalle* tut sich auf, wenn eine Problemsituation einen bewährten Denkmechanismus in Gang setzt und wenn dieser Denkmechanismus mit der Situation nicht zurechtkommt und zu Irrtümern führt.

Denkfallen bewirken kognitive Täuschungen. Sie sind die Quellen von riskanten Manövern, Fehldiagnosen, Design-, Programmier- und Bedienfehlern.

Unter den Paradoxien gibt es Musterbeispiele für Denkfallen. Denkfallen geben sich im Allgemeinen nicht zu

erkennen; man fällt fast zwangsläufig auf sie herein. Aber
ist der Argwohn erst einmal geweckt, lässt sich der Reinfall
vermeiden.

So wie wir den optischen Täuschungen beispielsweise
durch Anlegen eines Lineals entgehen können, so lassen
sich Denkfallen mittels Logik, Mathematik und Kreativi-
tätstechniken umgehen. Wer sich wappnen will, muss
Warnzeichen erkennen und richtig deuten lernen. Deshalb
lohnt sich das Studium von Denkfallen und Paradoxien.

Aber Achtung: Was für den einen logisch widersinnig,
also paradox ist, das ist für einen anderen möglicherweise
nur eine einfache Denkübung oder gar eine Trivialität.
Es kommt immer auf die logischen und mathematischen
Fertigkeiten an und darauf, wie weit man in der Kunst der
Modellbildung schon vorangeschritten ist.

Heute wundern wir uns, dass die Menschen bei Zenons
Paradoxien – beispielsweise dem Pfeilparadoxon oder
dem Paradoxon von Achilles und der Schildkröte – ins
Grübeln kommen konnten. Auch Kants Antinomien und
Hegels Einlassungen dazu erscheinen uns im Lichte der
modernen Naturwissenschaft und Mathematik nur als
Konsequenzen ungeeigneter Modellbildung und verquerer
Logik.

Aber hüten wir uns vor Selbstgefälligkeit: „Es ist
allerdings nichts Ungewöhnliches, dass Leute eine Para-
doxie als trivial ansehen, sobald sie glauben, eine eindeutige Lösung gefunden zu haben. Die Heilung von
dieser Reaktion besteht in dem Versuch, jemand anderen
von der eigenen ‚Lösung‘ zu überzeugen" (Sainsbury
1993).

Es gibt unbegrenzte Möglichkeiten, Fehler zu machen.
Schade wäre es, wenn man aus einem Fehler nur lernen
könnte, zukünftig nur genau diesen Fehler zu vermeiden. Hier wird die Idee verfolgt, dass es gar nicht so
viele voneinander verschiedene Typen von Fehlern gibt,

sondern dass sich die Fehler einigen wenigen Denkfallen zuordnen lassen und dass sich daraus die Möglichkeit ergibt, den Lerneffekt zu steigern. Wir wollen uns nicht nur gegen einige wenige Fehler wappnen, sondern die Immunisierung möglichst auf ganze Fehlerklassen ausdehnen.

Eine Taxonomie dient der Orientierung und bildet den Hintergrund dieser Analysen. Im letzten Kapitel wird dieses *System der Denkfallen* zusammengefasst.

3

Blickfelderweiterung

Luther sagt bekanntlich:
Wer nicht liebt Wein, und Weiber und Gesang,
Der bleibt ein Narr sein Leben lang
Doch muss man hierbei nicht vergessen hinzuzusetzen:
Doch ist, dass er ein Freund von Weibern, Sang und Krug ist,
Noch kein Beweis, dass er deswegen klug ist
(Georg Christoph Lichtenberg,
Sudelbücher, Heft L, Nr. 556)

Wenn das Blickfeld zu eng ist

Ausweichmanöver

„Der wissenschaftliche Beirat beim Wirtschafts-
ministerium und der frühere Bundesbankpräsident
Schlesinger haben darauf hingewiesen, dass alle großen
Inflationen seit dem Ersten Weltkrieg immer mit dem

© Springer-Verlag GmbH Deutschland, ein Teil von Springer
Nature 2020
T. Grams, *Klüger irren – Denkfallen vermeiden mit System*,
https://doi.org/10.1007/978-3-662-61103-6_3

Ankauf von Staatsanleihen begonnen haben", meinte ein Politiker im Gespräch mit der Lokalzeitung. Was soll uns das sagen? Offenbar soll der Leser davon überzeugt werden, dass der Ankauf von Staatsanleihen ursächlich für den Zusammenbruch einer Währung ist.

Es mag ja sein, dass solche Ankäufe, wie auch die Schuldenschirmlogik, zerstörerische Kraft entfalten. Aber das Ursache-Wirkungs-Muster, das hier als Argument dient, ist ein Musterbeispiel für einen klassischen Fehlschluss. Nach derselben „Logik" könnte man aus der Tatsache, dass den meisten Auto-Karambolagen eine Vollbremsung vorausgeht, folgern, dass die Vollbremsung ein Risikofaktor ist und deshalb besser unterbleiben sollte.

Es ist ein elementarer Fehler, sich bei der Ursachenforschung allein die Fälle anzusehen, bei denen es schief gelaufen ist. Diese Art von Blickfeldverengung ist Folge unseres sparsamen Umgangs mit kognitiven Ressourcen: Wir richten den Scheinwerfer unserer Aufmerksamkeit auf das Hervorstechende und leicht Erfassbare. Das vermeintlich Nebensächliche lassen wir links liegen. Aber es gibt Situationen, in denen Blickfelderweiterung angesagt ist.

Dass auch renommierte Unfallforscher zu Opfern der Blickfeldverengung werden können, zeigt eine Analyse von Ausweichmanövern im viel zitierten Buch „Normal Accidents". Unter dem Titel „Noncollision-Course Collisions" schreibt Charles Perrow (1999), dass sich die meisten Schiffskollisionen zwischen Schiffen ereignet hätten, die zunächst nicht auf Kollisionskurs waren, sondern die erst zusammenstießen, nachdem mindestens einer der Kapitäne das andere Schiff entdeckt und daraufhin seinen Kurs geändert habe.

Einer Zusammenstellung von fünfzig Schiffsunglücken entnahm Perrow Folgendes: Zwischen zwei und sieben der 26 aufgeführten Schiffszusammenstöße stellten

„Kollisionen auf Kollisionskurs" dar und mindestens 19 Zusammenstöße waren „Kollisionen auf Nicht-Kollisions-Kurs".

Die Daten scheinen zu zeigen, dass Kollisionen hauptsächlich auf Ausweichmanöver zurückzuführen sind. Perrow fragt folglich auch: „Was um alles in der Welt bringt die Kapitäne riesiger Schiffe dazu, Kursänderungen in letzter Minute anzuordnen, die dann überhaupt erst eine Kollision verursachen?"

Die Ursachenanalyse führt weitere Gründe für die Kollisionen an: Kurzsichtigkeit des Kapitäns, Missbrauch von Funkfrequenzen, falsch eingestellte Radargeräte. Dadurch werden die irrigen Ausweichmanöver verständlich. Sie erklären aber nicht ihre außergewöhnliche Häufung.

Möglicherweise lassen die Daten auch andere Deutungen zu, und es gibt gar keine außergewöhnliche Häufung. Denn bislang wissen wir nur, wie viele Ausweichmanöver den Kollisionen vorausgingen. Aber sicherlich gibt es eine ganze Reihe von Beinaheunfällen, bei denen ein Zusammenstoß durch ein Ausweichmanöver verhindert werden konnte. Von diesen glimpflich verlaufenen Fällen ist nicht die Rede. Sie entgehen der Aufmerksamkeit.

Die statistischen Daten trage ich in eine *Vierfeldertafel* ein und ergänze sie – mangels echter Daten – durch angenommene Daten. Insgesamt möge es 100 Unfälle und Beinaheunfälle gegeben haben, bei denen Ausweichmanöver in Betracht zu ziehen waren. Wir nehmen an, dass die weitaus meisten Beinaheunfälle, nämlich 71, durch Ausweichmanöver verhindert werden konnten. Die restlichen 3 Beinaheunfälle mögen aus anderen Gründen glimpflich verlaufen sein.

Vier-Felder-Tafel

	K	¬K
R	19	71
¬R	7	3

In der Tabelle steht *R* für den Risikofaktor (hier: Ausweichen) und *K* für die Konsequenz (hier: Kollision).
Das Negationszeichen ¬ markiert das Gegenteil: ¬*R*,
gelesen „nicht-*R*", steht für den fehlenden Risikofaktor und ¬*K* für das Ausbleiben der Konsequenz. Im
Falle des Ausweichens kommen 19 Kollisionen auf insgesamt 90 Begegnungen, das sind etwa 21 %. Dem
stehen 7 Kollisionen in insgesamt 10 Fällen des Nicht-
ausweichens gegenüber, also 70 %. Auch wenn die Daten
nur angenommen sind: das Resultat lässt den Schluss
zu, dass ein Ausweichen sehr wohl das Risiko eines
Zusammenstoßes verringern kann. Charles Perrow ist hier
wohl in eine Denkfalle geraten und hat falsche Schlüsse
gezogen.

Aus der Konsumforschung

Am 1. September 1999 berichtete die Fuldaer Zeitung
über ein Gutachten zur Konsumforschung: „Interessant
[…] ist […], dass über die Hälfte der Passanten täglich
oder mehrmals pro Woche Fuldas Innenstadt aufsuchen.
25,8 % kommen einmal pro Woche oder mindestens
14-täglich. Demnach kann davon ausgegangen werden,
dass die Innenstadt ein umfangreiches Angebot für die
Kunden bereithält."

Offenbar ist beabsichtigt, die Tatsache, dass immerhin
50 % der angetroffenen Passanten täglich und nur 25 %

wöchentlich kommen, als Zeichen der Attraktivität Fuldas hinzustellen.

Zwischen Statistik und Schlussfolgerung gibt es aber keinerlei Zusammenhang, geschweige denn eine Ursache-Wirkungs-Beziehung.

Ein grundlegender methodischer Mangel der Argumentation ist schnell geklärt: Befragt werden kann nur, wer da ist. Nach der Logik des Gutachtens ließe sich auch schließen, dass es überhaupt niemanden gibt, der nicht nach Fulda kommt: Von solchen Leuten wurde ja keiner angetroffen.

Aber man kann es auch andersherum drehen. Hätten die Vielbesucher einen Anteil von 100 %, wäre wohl jedem klar, dass Fulda für Fremde völlig uninteressant ist. Man trifft nur auf Einheimische (Es ist übrigens ein sehr guter Trick, Interpretationen von Statistiken bis an die Grenze zu treiben. Dadurch wird so mancher Unsinn offenbar).

Blickfelderweiterung ist angesagt: Will man die Erhebung methodisch sauber angehen, ist zuerst nach der Grundgesamtheit zu fragen, die es zu beurteilen gilt. Es geht um den Einzugsbereich der Stadt Fulda. Was interessiert, ist das Verhältnis aus der Anzahl der Vielbesucher und der Anzahl der Wenigbesucher in dieser Grundgesamtheit.

Da die Marktforscher nicht alle Bewohner des Einzugsbereichs befragen konnten, mussten sie sich auf eine Stichprobe von – sagen wir – eintausend Personen beschränken. Diese Personen müssten eigentlich rein zufällig aus der Grundgesamtheit ausgewählt werden. Dann ließe sich vom Zahlenverhältnis für die Stichprobe mit einiger Rechtfertigung auf das gesuchte Zahlenverhältnis für die Grundgesamtheit schließen.

In der Konsumstudie wird dieser Grundsatz der schließenden Statistik verletzt. Die Stichprobe wird nicht der Grundgesamtheit, sondern einer „Ersatzgrundgesamtheit" entnommen; das sind die Leute, die am Erhebungstag in Fulda sind (Bei mehreren Erhebungstagen ändert sich das Bild nicht grundlegend). In dieser Ersatzgrundgesamtheit sind sämtliche Vielbesucher vertreten. Die Wenigbesucher treten nur „verdünnt" in Erscheinung: Da sie sich auf die Woche verteilen, ist – so habe ich einmal angenommen – nur jeder Sechste am Erhebungstag in der Stadt.

Unter den 1000 befragten Personen sind demnach ungefähr 500 Vielbesucher und 250 Wenigbesucher. Jeder befragte Besucher vertritt eine Anzahl von Personen der Grundgesamtheit. Nehmen wir einmal an, dass jeder Vielbesucher x Personen der Grundgesamtheit vertritt. Aus dem „Verdünnungsfaktor" ergibt sich, dass jeder Wenigbesucher sechsmal so viele, nämlich $6\,x$ Personen vertritt. In der Grundgesamtheit gibt es demnach $500\,x$ Vielbesucher und $1500\,x$ Wenigbesucher. Also: Die Zahl der Wenigbesucher übertrifft die der Vielbesucher um das Dreifache.

Auch mit diesen Zahlen wären die Konsumforscher sicherlich zurechtgekommen. Diese Interpretationsvirtuosen hätten die von ihnen gewünschte Aussage gewiss problemlos untermauern können. Der Adressat der Nachricht sollte jedenfalls gewappnet sein: Interessengeleitet erstellte und interpretierte Statistiken sind grundsätzlich mit Vorsicht zu genießen.

Plausibles Schließen

„Wenn es regnet, wird die Straße nass." Das ist für uns ziemlich gesichertes Wissen. Nun sei die Straße nass. Naheliegend ist für uns der *Umkehrschluss*: „Es hat geregnet." Plausible Schlüsse dieser Art sind für das Formulieren wissenschaftlicher Theorien unumgänglich.

Sie gehen aber mit einer Blickfeldverengung einher. Der Umkehrschluss ist keinesfalls gesichert. Es könnte ja auch der Sprengwagen der Stadtreinigung vorbeigekommen sein, oder es könnte einen Wasserrohrbruch gegeben haben, oder …

Bei Blickfelderweiterung erhebt sich die Frage, inwieweit wir den plausiblen Schlussfolgerungen vertrauen können.

Der Kern des plausiblen Schließens liegt in folgendem Zusammenhang: Wenn die Beobachtung („Die Straße ist nass") nicht wesentlich häufiger auftritt als der Sachverhalt („Es hat geregnet"), dann lässt sich der Umkehrschluss rechtfertigen: Falls die Straße nass ist, wird es wohl geregnet haben. Andere Ursachen sind zu unwahrscheinlich.

Der folgende Unterabschnitt bringt mehr Klarheit in die Sache; auch die Aussagen der vorangehenden Abschnitte werden darin weiter präzisiert. Es fördert die Lektüre, wenn Sie ein wenig Begeisterung für mathematische Zusammenhänge mitbringen. Wenn Sie nur wissen wollen, was unter plausiblem Schließen zu verstehen ist, können Sie die Herleitungen überschlagen und sich auf die *Formel des plausiblen Schließens* konzentrieren.

Vierfeldertafel, Logik und Wahrscheinlichkeiten

Es lohnt sich, die mathematische Modellbildung etwas weiter zu treiben. Die Vierfeldertafel ist ein ausgezeichnetes und einfach anwendbares Hilfsmittel der Blickfelderweiterung (Sachs 1992).

Die Blickfelderweiterung und das plausible Schließen lassen sich mit etwas Wahrscheinlichkeitsrechnung strenger fassen. Die Voraussetzungen erhalten dann eine präzise Gestalt, und die Schlussfolgerungen bewegen sich im Rahmen eines gesicherten formalen Systems. Ich will die erforderliche elementare Wahrscheinlichkeitsrechnung an einem einfachen Urnenmodell auf der Basis der Vierfeldertafel entwickeln. Es ergeben sich dann ganz zwanglos die für unsere Zwecke benötigten Formeln der Wahrscheinlichkeitsrechnung.

In der Vierfeldertafel werden die Häufigkeiten zweier Merkmale erfasst. Es handelt sich also um eine tabellarische Darstellung statistischer Daten.

Damit wir uns nicht zu sehr im Abstrakten verlieren, wollen wir zunächst bei den Bezeichnungen bleiben, die wir bereits in der Vierfeldertafel im Zusammenhang mit den Ausweichmanövern verwendet haben. Jedoch sollte man sich vor Augen halten, dass die Zusammenhänge ganz allgemein gelten und dass die sich ergebenden Formeln auf sehr unterschiedliche Situationen und Probleme anwendbar sind und dass natürlich auch die Variablenbezeichner von Fall zu Fall der Bedeutung entsprechend gewählt werden sollten.

Das Vorhandensein des ersten Merkmals bezeichnen wir mit R und das des zweiten mit K. Das Fehlen der Merkmale wird jeweils durch das Negationszeichen ausgedrückt: $\neg R$ bzw. $\neg K$.

Generelle Vierfeldertafel

	K	$\neg K$	Zeilensumme
R	a	b	$a+b$
$\neg R$	c	d	$c+d$
Spaltensumme	$a+c$	$b+d$	$a+b+c+d$

RK bezeichnet das gleichzeitige Auftreten der Merkmale R und K; außerdem ist a die Häufigkeit dieses Ereignisses. Analog steht b für die Häufigkeit von $R\neg K$, ferner c für die Häufigkeit von $\neg RK$ sowie d für die Häufigkeit von $\neg R\neg K$. Bei den Ausweichmanövern war $a=19$, $b=71$, $c=7$ und $d=3$.

Urnenmodell mit Zurücklegen

Jede Zahl in der Vierfeldertafel repräsentiert eine entsprechende Zahl von Ereignissen, die dem zugehörigen Feld zugeordnet sind. Wir machen aus der Vierfeldertafel in Gedanken eine Schachtel oder Urne. Diese Urne wird mit Kugeln gefüllt. Jedem statistisch erfassten Ereignis entspricht eine Kugel. Die Kugeln aus verschiedenen Feldern werden durch ihre Farbe unterschieden. Nehmen wir a rote Kugeln (für das Ereignis RK), b grüne (für das Ereignis $R\neg K$), c blaue (für das Ereignis $\neg RK$) und d gelbe (für das Ereignis $\neg R\neg K$).

Diese Urne mit ihren verschiedenfarbigen Kugeln ist ein Modell des uns interessierenden Weltausschnitts. Und wir machen uns die Arbeit leicht: Die Wahrscheinlichkeiten werden nur für diesen kleinen Raum definiert.

Aus der Urne werden nun blind Kugeln gezogen und nach jeder Ziehung wieder zurückgelegt. Vor jeder Ziehung wird die Urne gut geschüttelt, so dass jede Kugel dieselbe Chance hat, bei einer Ziehung ausgewählt zu werden. Dadurch wird dafür gesorgt, dass auf die Ziehungen das *Indifferenzprinzip* angewendet werden darf: Jede Kugel wird mit derselben Wahrscheinlichkeit von $1/(a+b+c+d)$ gezogen. Jetzt lassen sich Wahrscheinlichkeiten für die Ereignisse definieren: Das Ereignis RK (eine rote Kugel) erscheint bei einer Ziehung mit der Wahrscheinlichkeit $a/(a+b+c+d)$. So erhalten wir die Wahrscheinlichkeiten P für die verschiedenen Ereignisse:

$$P(RK) = a/(a+b+c+d),$$
$$P(R\neg K) = b/(a+b+c+d),$$
$$P(\neg RK) = c/(a+b+c+d),$$
$$P(\neg R\neg K) = d/(a+b+c+d),$$

aber auch:

$$P(R) = (a + b)/(a + b + c + d),$$
$$P(\neg R) = (c + d)/(a + b + c + d),$$
$$P(K) = (a + c)/(a + b + c + d),$$
$$P(\neg K) = (b + d)/(a + b + c + d).$$

Von besonderem Interesse sind die *bedingten Wahrscheinlichkeiten*. Die Wahrscheinlichkeit des Ereignisses R unter der Bedingung K wird so geschrieben und definiert:

$$P(R|K) = P(RK)/P(K) = a/(a + c); \quad \text{analog ist:}$$
$$P(K|R) = P(RK)/P(R) = a/(a + b),$$
$$P(R|\neg K) = P(R\neg K)/P(\neg K) = b/(b + d)$$

und so weiter.

Ausweichmanöver

Mit diesen Festlegungen lassen sich die Erkenntnisse der vorangehenden Abschnitte prägnanter formulieren. Im Falle der Ausweichmanöver ist $P(R|K) = 19/26$ bzw. $P(\neg R|K) = 7/26$. Also ist die Wahrscheinlichkeit, dass bei einer Kollision ein Ausweichmanöver vorgelegen hat, fast dreimal so groß wie die Wahrscheinlichkeit, dass es kein Ausweichmanöver gegeben hat. Der daraus vorschnell gezogene Umkehrschluss, dass Ausweichmanöver ursächlich für Zusammenstöße sind, wird sich als falsch herausstellen.

Was wir brauchen, ist nicht die Wahrscheinlichkeit für ein Ausweichmanöver unter der Bedingung einer Kollision, sondern wir brauchen die Wahrscheinlichkeiten einer Kollision erstens unter der Bedingung, dass ein Ausweichmanöver stattgefunden hat und zweitens unter der Bedingung, dass ein Ausweichmanöver unterlassen worden ist: $P(K|R)$ und $P(K|\neg R)$.

Mit diesen Daten ergibt sich das *relative Risiko* aufgrund von Ausweichmanövern zu

$$\frac{P(K|R)}{P(K|\neg R)} = \frac{19}{90} \cdot \frac{10}{7} = 30\,\%.$$

Das relative Risiko ist also kleiner als eins. Das heißt, dass die Ausweichmanöver, anders als zunächst vermutet, das Risiko verringern.

Formel des plausiblen Schließens

Von besonderer Bedeutung ist die *Formel des plausiblen Schließens,* die eine einfache Konsequenz der oben angestellten Überlegungen ist. Sie besagt nichts anderes, als dass ein Sachverhalt *A* durch die Beobachtung *B* um denselben Faktor wahrscheinlicher wird, wie die Beobachtung *B* durch den Sachverhalt *A* wahrscheinlicher wird.

$$\frac{P(A|B)}{P(A)} = \frac{P(B|A)}{P(B)}.$$

Dass ich hier die Ereignisse *A* und *B* als Sachverhalt bzw. Beobachtung bezeichne, ist ohne tiefere Bedeutung. Die Relation gilt für beliebige Ereignisse im Sinne der Wahrscheinlichkeitsrechnung. Das Symbol *P* steht für *Wahrscheinlichkeit* (Probability). In der symbolischen Schreibweise der Mathematik ist $P(A|B)$ die Wahrscheinlichkeit von *A* unter der Bedingung *B*.

Georg Pólya (1963) setzt sich ausgiebig mit dieser Variante der Formel von Bayes auseinander und zeigt, welche Bedeutung sie für plausible Folgerungen in der Wissenschaft hat. Eine wichtige Anwendung findet die Formel des plausiblen Schließens vor Gericht. Der Mordprozess gegen O. J. Simpson zeigt die ganze Tragweite.

Der Modus Tollens

Wenn wir nun wissen, dass die Beobachtung B („Die Straße ist nass") aus dem Sachverhalt A („Es hat geregnet") zwangsläufig folgt, dann ist $P(B|A) = 1$. Die Formel des plausiblen Schließens sagt uns, dass der Sachverhalt A durch die Beobachtung B um den Faktor $1/P(B)$ wahrscheinlicher (oder auch: glaubwürdiger) wird. Der Glaubwürdigkeitszuwachs des Sachverhalts ist umso größer, je kleiner die Wahrscheinlichkeit $P(B)$ der Beobachtung ist.

Wenn die Straße nass ist, hat es vermutlich kürzlich geregnet. Gewiss ist der Sachverhalt damit aber noch nicht. Das ist uns ja bereits ohne viel Mathematik ziemlich klar geworden. Mit der Formel haben wir jetzt darüber hinaus die Möglichkeit, den Zuwachs an Glaubwürdigkeit zu quantifizieren.

Der Hang zu kühnen Umkehrschlüssen verleitet uns dazu, den plausiblen Schluss mit mehr Gewissheit anzureichern. Wir kehren die Implikation „Aus A folgt B" einfach um und schließen aus der Gültigkeit von B, dass auch A wahr sein muss. Dieser Fehlschluss wird *Scheitern am Modus Tollens* genannt (Anderson 1988). Der korrekte Schluss nach dem Modus Tollens aber geht so: Wenn gilt „Aus A folgt B", dann lässt sich aus der Falschheit von B, also aus $\neg B$, sehr wohl folgern, dass dann auch A falsch sein muss und folglich $\neg A$ richtig.

Konsumforschung

Die obige Pressemeldung zur Konsumforschung beinhaltet ebenfalls einen Verstoß gegen die Regeln des plausiblen Schließens. Die Umfrage hat unsere Aufmerksamkeit auf die Befragten B gelenkt: Wir wissen dadurch, dass 50 % der Befragten zu den Vielbesuchern V und 25 %

zu den Wenigbesuchern W gehören: $P(V|B) = 50\,\%$ bzw. $P(W|B) = 25\,\%$.

Nötig ist eine Blickfelderweiterung. Was uns tatsächlich interessiert, sind die Wahrscheinlichkeiten $P(V)$ und $P(W)$, also die Wahrscheinlichkeiten dafür, dass jemand ein Viel- bzw. ein Wenigbesucher ist. Und das Verhältnis dieser Werte ist eben nicht 2:1, wie uns die Umfrage weismachen will, sondern 1:3.

Das Paradoxon von Braess

In manchen Fällen bewirkt eine Aktion genau das Gegenteil dessen, was damit beabsichtigt ist: Eine zusätzliche Entlastungsstraße macht die Verkehrsstaus schlimmer (Braess 1968). Um zu zeigen, wie so etwas passieren kann, habe ich mir das folgende Spiel ausgedacht. Es ist eine vereinfachte Version dieses Verkehrsproblems.

Es handelt sich um ein Zwei-Personen-Spiel. Vorgelegt wird vom Spielleiter die Zeichnung eines Rechtecks (Abb. 3.1 links). Jeder Spieler hat die Aufgabe, entlang der Kanten dieses Rechtecks einen Weg zu suchen, der ihn von der linken oberen Ecke zur rechten unteren Ecke führt, und zwar zu möglichst geringen Kosten. Die Wegekosten betragen 2 Einheiten für jede der horizontalen und

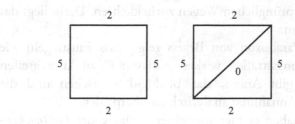

Abb. 3.1 Wegenetze

5 Einheiten für jede der vertikalen Kanten. Wird eine der Kanten von beiden Spielern gewählt, haben sie – wegen gegenseitiger Behinderung – den doppelten Preis zu zahlen. Einer der Spieler wählt seinen Weg „oben herum" und zahlt die Wegekosten 7 ($=2+5$). Der andere geht „unten herum" und zahlt ebenfalls 7 ($=5+2$) Einheiten.

Der Spielleiter eröffnet nun den Spielern die Möglichkeit, ihre Kosten zu senken, indem er eine zusätzliche und kostenlose Verbindung von rechts oben nach links unten einführt. Diese Möglichkeit nutzt einer der Spieler auch tatsächlich aus. Er zahlt nun nur noch 6 ($=2+0+2\cdot2$) Einheiten. Da eine der Verbindungen von beiden benutzt wird, muss der andere Spieler jetzt mehr zahlen, nämlich 9 ($=5+2\cdot2$) Einheiten. Das lässt ihm keine Ruhe, und er macht es wie sein Gegenspieler.

Beide wählen schließlich den z-förmigen Weg und zahlen jeweils 8 ($=2\cdot2+2\cdot0+2\cdot2$) Einheiten. Obwohl beide jetzt schlechter fahren als zu Beginn, als es die Entlastungsverbindung noch nicht gab, kann jeder der Spieler nur noch zu seinem eigenen Nachteil vom z-förmigen Weg abweichen. In der Spieltheorie nennt man so etwas ein *Nash-Gleichgewicht*. Übrigens: Es bringt auch nichts, wenn sich beide absprechen und den vorteilhafteren Weg abwechselnd benutzen. Der Mittelwert liegt dann immer noch höher als bei den getrennten Wegen. Aus dieser misslichen Situation kommen beide nur heraus, wenn sie beschließen, den Entlastungspfad zu ignorieren und zu ihren ursprünglichen Wegen zurückkehren. Darin liegt das Paradoxon.

Das Paradoxon von Braess zeigt, dass Faustregeln wie „Entlastungsstraßen wirken entlastend" zu kurz greifen und es gibt Anlass, das Blickfeld zu weiten und die kühnen Annahmen analytisch zu überprüfen.

Wir haben es hier mit einer Variante des *Gefangenendilemmas* zu tun, das Robert Axelrod (1984) in „The

Evolution of Cooperation" ausgiebig behandelte. Es
wird uns später noch einmal beschäftigen. Hier kurz der
Wesenskern des Gefangenendilemmas: Die beiden Spieler
können miteinander kooperieren, sie nehmen die Wege
außen herum und gehen sich aus dem Weg. Die Kosten
für jeden der beiden beträgt dann 7 Einheiten. Wenn
nur einer der beiden nicht zur Kooperation bereit ist,
wenn er also defektiert, wie es im Jargon der Fachleute
heißt, dann zahlt er 6 Einheiten; der Kooperationswillige
ist der Geleimte und zahlt nun 9 Einheiten. Wenn beide
defektieren, zahlt jeder 8 Einheiten.

Wir wollen nun von der Kosten- auf die Nutzen-
betrachtung übergehen: Jeder bekommt für seinen Spielzug vorab ein Guthaben von 8 Einheiten. Davon gehen
die jeweiligen Kosten ab. Beim Zusammentreffen zweier
Individuen gibt es für sie nur zwei Verhaltensweisen:
Kooperation mit dem Gegenüber oder Defektion, also
Verweigerung der Kooperation oder gar Betrug. Mit jeder
dieser Verhaltensweisen und je nach Verhalten des Gegen-
übers ist eine Auszahlung verbunden. Die folgende *Spielmatrix* zeigt, welche Auszahlung der „Zeilenspieler" in
Abhängigkeit von den Verhaltensweisen erhält.

Gewinn aufgrund der Aktion	Aktion des Gegenübers	
	K	D
K	1	−1
D	2	0

Die Werte in der Matrix werden mit KK, KD, DK und
DD bezeichnet („Zeile zuerst, Spalte später"). Da dem
Spieler nicht bekannt ist, was sein Gegenüber macht,
und da er auch keinerlei emotionale Bindung zu ihm
hat, tut er gut daran, zu defektieren. Er fährt in jedem
Fall besser als mit Kooperation: KD < DD und KK < DK.
Das Dumme ist nur, dass das für *beide* Spieler gilt.

Beide werden betrügen und folglich eine schlechtere Auszahlung erhalten als bei wechselseitiger Kooperation: DD < KK. Außerdem gilt, dass der mittlere Gewinn der beiden Mitspieler auch im Fall der Ausbeutung des einen durch den anderen niedriger ist als im Fall der Kooperation: (KD + DK)/2 < KK.

Das Gefangenendilemma wird nicht durch die konkreten Werte der Spielmatrix, sondern durch die Relationen zwischen ihnen charakterisiert: KD < DD < KK < DK und (KD + DK)/2 < KK.

Unter diesen Bedingungen hat kooperatives Verhalten keine Chance, jedenfalls dann, wenn die Kontrahenten nur einmal im Leben aufeinander treffen oder wenn sie sich beim wiederholten Aufeinandertreffen nicht an frühere Begegnungen erinnern. Wenn ich nur einmal auf mein Gegenüber treffe und nicht weiß, wie er reagieren wird, ist es für mich das Beste, zu betrügen. Denn: Egal, was der andere macht, ich fahre mit Betrug besser als mit Kooperation. Da mein Gegenüber nicht anders denkt, läuft es für uns beide auf gegenseitigen Betrug hinaus, und keiner von uns hat etwas vom Geschäft. Im Falle der wechselseitigen Kooperation wäre uns beiden besser gedient. Weil ich mich auf den anderen aber nicht verlassen kann, haben wir es mit einem echten Dilemma zu tun. Es scheint keinen Ausweg aus der Situation gegenseitigen Betrugs zu geben.

4

Die angeborenen Lehrmeister

*Weiser werden heißt immer mehr und mehr die Fehler kennen
lernen, denen dieses Instrument, womit wir empfinden und
urteilen, unterworfen sein kann.*
(Georg Christoph Lichtenberg,
Sudelbücher, Heft A, Nr. 137)

Die Hauptantriebskraft der Wissenschaft ist unsere *Neugier*.
Die Grundmechanismen des Wissenserwerbs beruhen auf der
Strukturerwartung und der damit einhergehenden Begabung
zur *Mustererkennung*, auf der *Kausalitätserwartung* und auf
der Befähigung zu Erweiterungsschlüssen, zur *Induktion* also.
Diese *angeborenen Lehrmeister* machen wissenschaftliches
Arbeiten überhaupt erst möglich.

„Die angeborenen Lehrmeister sind dasjenige, was
vor allem Lernen da ist und da sein muss, um Lernen
möglich zu machen" (Lorenz 1973). Die Frage, ob die
angeborenen Lehrmeister wirklich angeboren sind oder
ob auch sie teilweise auf erste Erfahrungen zurückgehen,

© Springer-Verlag GmbH Deutschland, ein Teil von Springer
Nature 2020
T. Grams, *Klüger irren – Denkfallen vermeiden mit System*,
https://doi.org/10.1007/978-3-662-61103-6_4

soll uns nicht weiter belasten: Der Begriff drückt ihre fundamentale Bedeutung für das Lernen aus. Das genügt uns.

Die angeborenen Lehrmeister haben eine Kehrseite: „Das biologische Wissen enthält ein System vernünftiger Hypothesen, Voraus-Urteile, die uns im Rahmen dessen, wofür sie selektiert wurden, wie mit höchster Weisheit lenken; uns aber an dessen Grenzen vollkommen und niederträchtig in die Irre führen" (Riedl 1981).

Die dunkle Kehrseite der Mustererkennung zeigt „A Beautiful Mind", ein Film, der von John Nash handelt, einem der Nobelpreisträger von 1994. Russell Crowe spielt den berühmten Wirtschaftswissenschaftler und Spieltheoretiker. In einer Anfangsszene des Films beobachtet Nash eine Gruppe von Tauben und sagt: „Ich hoffe, einen Algorithmus ableiten zu können, um ihre Bewegung zu bestimmen."

Nashs starke Sensibilität für Muster erfährt im Laufe des Films – und wohl auch im realen Leben – eine krankhafte Verstärkung. So erkennt John Nash in einer Sammlung von überwiegend belanglosen Zeitungsmeldungen das Muster einer mächtigen Verschwörung.

Die *Sinnsuche des Wahrnehmungsapparats* hat es nicht allzu weit von der wissenschaftlichen Erkenntnis hin zum Phantasiegebilde und zum Okkultismus.

Strukturerwartung

Die Wissenschaften decken mit großem Erfolg Naturgesetze auf. Diese Entdeckungen werden in technischen Prozessen in allerlei Nützliches und Unnützes verwandelt. Die heutige Landwirtschaft, die Kraftwerke, die Verkehrs- und Kommunikationsmittel, die Spiel- und

Spaß-Industrie zeugen vom Forscherdrang und von der erfolgreichen Verwertung der Naturgesetze. Es ist wirklich wunderbar: Die Welt erscheint uns als strukturiert, und wir können diese Strukturen entdecken und nutzen. Aber wir alle laufen Gefahr, Strukturen auch dort zu sehen, wo es gar keine gibt. Das Leben des John Nash zeigt das nur auf besonders dramatische Weise.

Die *Strukturerwartung* hat sich im Laufe der Evolution als Erfolgsrezept erwiesen. Sie wirkt sich bei der optischen Wahrnehmung als Prägnanztendenz aus. Die Gestalt-gesetze beschreiben einige der Effekte, die auf die Prägnanztendenz zurückgehen. Besonders eindrucksvoll ist der Effekt der *Kontrastbetonung* (Abb. 4.1): Der schmale Balken in dem Bild ist gleichmäßig grau eingefärbt. Sie können das überprüfen, indem sie die Flächen links und rechts des Balkens abdecken. Der Betrachter des Gesamt-bildes nimmt jedoch einen nach oben hin immer dunkler werdenden Streifen wahr. Der Kontrast zwischen dem Balken und seiner Umgebung wird verstärkt.

Die Kontrastbetonung ist ein Grundmechanismus der optischen Wahrnehmung; er spielt auch auf höheren kognitiven Ebenen eine wesentliche Rolle.

Strukturerwartung und Prägnanztendenz schießen zuweilen über das Ziel hinaus; dann kommt es zur *Über-schätzung des Ordnungsgehalts* der Dinge. Die folgenden Beispiele zeigen Täuschungen, die darauf zurückgehen.

Mehrere Rangordnungen und die Qual der Wahl (Condorcet-Effekt)

Wir mögen es geordnet. Wir wollen wissen, welchen Platz unser Landkreis in Bezug auf die Zukunftsfähigkeit ein-nimmt, auf welchem Rang die Hochschule der Kinder

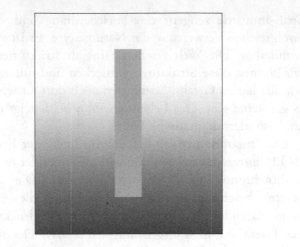

Abb. 4.1 Kontrastbetonung

steht, welche Waschmaschine am preiswertesten ist, welche Diät den besten Erfolg verspricht, wo die dicksten Leute wohnen, und so weiter.

Auch die Redakteure der Tageszeitung wissen: Ihre Leser lieben Rangordnungen. Rangfolgen bringen sogar in trockene Amtsstatistiken so etwas wie Leben hinein, beispielsweise wenn die Polizeipräsidien alljährlich ihre Kriminalstatistiken präsentieren. Da wird darüber geschrieben, welches der Ämter die höchste Aufklärungs-rate vorzuweisen hat und welchen Rang das Präsidium der eigenen Stadt einnimmt. So etwas wird gern konsumiert.

Beim näheren Hinsehen kommen allerdings Zweifel auf: Was hat eine hohe Aufklärungsquote eigentlich zu bedeuten? Fast nichts, lautet die Antwort. Denn in die Aufklärungsquote geht das Schwerverbrechen mit demselben Gewicht ein wie der Ladendiebstahl. Es handelt sich um ein ziemlich willkürlich gewähltes Maß, dessen einziger Zweck zu sein scheint, überhaupt eine

Rangordnung zu liefern. Und das ist die Konsequenz: Der Leser hält sich für informiert; doch hat er eigentlich nur Statistikplunder geschluckt.

Unser Bestreben, alles in eine Reihenfolge zu bringen, stößt zuweilen an unüberwindliche Grenzen. Ein Beispiel dafür ist das berühmte *Wählerparadoxon*, auf das der Marquis de Condorcet 1758 aufmerksam gemacht hat. Ich gebe dazu ein einfaches Beispiel.

In einem Städtchen ist der Bürgermeister neu zu wählen. Drei Kandidaten stellen sich zur Wahl: Astor, Ballheim und Chuntz – wir wollen sie kurz A, B und C nennen. Wir versetzen uns in die Lage eines Wählers. Für ihn sind es drei Qualitäten, die den Kandidaten auszeichnen sollten: ein untadeliger Lebenswandel, ein großer Erfahrungsschatz und die richtigen politischen Vorstellungen. C hat einen sehr guten Leumund, der Lebenswandel von B ist so lala und über A hört man nichts Gutes. Hinsichtlich der Erfahrungen ist B allen anderen überlegen, C ist ein weitgehend unbeschriebenes Blatt, und A liegt in der Mitte zwischen beiden. Die politischen Vorstellungen von A gefallen unserem Wähler sehr gut, die des B lehnt er strikt ab; von C hat er noch nichts besonders Aufregendes gehört.

Die Tabelle der Rangfolgen ist erstellt. Dummerweise gibt es nicht nur eine *Präferenzordnung*, sondern deren drei: je eine für Lebenswandel, Erfahrungen und politische Vorstellungen. Für wen soll unser Wähler stimmen? Er überlegt sich ein einfaches System. Er will denjenigen wählen, der den anderen in wenigstens zwei der drei Qualitäten überlegen ist. Die Auswahl trifft er nach dem K.O.-Prinzip: B schlägt A im Punkt Lebenswandel und Erfahrungen. C schlägt B hinsichtlich des Lebenswandels und der politischen Vorstellungen. Also ist C der Beste – oder?

Das Paradoxon von Condorcet			
Qualitäten	Rangfolge		
Lebenswandel	C	B	A
Erfahrungen	B	A	C
Vorstellungen	A	C	B

Nur zum Spaß vergleicht unser Wähler auch noch A mit C. Verblüfft stellt er fest, dass A sowohl hinsichtlich der Erfahrungen als auch bezüglich der politischen Vorstellung C überlegen ist. C kann also doch nicht der Beste sein. Wer dann? Wir stellen fest: Die Kandidaten lassen sich nicht in eine lineare Ordnung bringen, so dass sie sich hintereinander, unter Einhaltung der Besser-Beziehung, wie Perlen auf einer Schnur aufziehen lassen.

Natürlich gibt es Auswege aus der Situation, beispielsweise indem man die verschiedenen Qualitäten gewichtet. Dann bekommt man für jeden Kandidaten eine Zahl als Gütemaß. Und Zahlen sind ja die lineare Ordnung schlechthin. Aber so richtig schön ist dieser Ausweg auch nicht: In der Gewichtung steckt eine gewisse Willkür, und je nach Gewichtung liegt der eine Kandidat vorn oder ein anderer.

Qualitätsverbesserung durch Selektion

Eine Pressemeldung: „Vor zwei Jahren hat diese Landesregierung die Aufnahmebedingungen für Gymnasien verschärft. Seither haben sich die durchschnittlichen Leistungen an den Gymnasien deutlich verbessert. Auch die Real- und Hauptschulen haben von der Maßnahme profitiert. Denn auch an diesen Schulen sind die Noten im Durchschnitt besser geworden."

Die Opposition erwidert in ihrer Pressemeldung, dass kein Schüler durch die strengeren Aufnahmeprüfungen gefördert würde. Mehr Menschen würden von der höheren Bildung ausgeschlossen, zum Nachteil der Wettbewerbsfähigkeit des Landes.

Wer hat Recht? Die Leistungen eines jeden Schülers ist durch eine Punktzahl bewertet: Je höher diese Punktzahl ist, desto besser sind seine Leistungen. Wir betrachten zwei Klassen. In einer Klasse sind die Leistungen der Schüler im Mittel niedriger als in der anderen. Es möge in der besseren Klasse nun einen Schüler geben, dessen Punktezahl unter dem Durchschnitt seiner Klasse, aber immer noch über dem Durchschnitt der anderen Klasse liegt. Wechselt dieser Schüler von der besseren in die schlechtere Klasse, dann werden die Durchschnittswerte beider Klassen besser.

In der innerschulischen Evaluation schneiden beide Klassen nun besser ab, obwohl sich an den Leistungen der Schüler nichts geändert hat und auch der Durchschnitt über beide Klassen gesehen gleich geblieben ist. Es ist durchaus möglich, dass der zurückgestufte Schüler eine schlechtere Förderung erfährt als vorher. Die Evaluationsergebnisse werden besser, obwohl die Ausbildungsqualität absinkt.

Warum ist das so?
Nehmen wir die abgebende Klasse als Beispiel. Die Leistungen der Schüler seien $x_1, x_2, x_3, \ldots, x_n$. Der Mittelwert ist $m = (x_1 + x_2 + x_3 + \ldots + x_n)/n$. Nehmen wir ferner an, die Leistung des n-ten Schülers sei unter dem Mittelwert: $x_n < m$. Daraus folgt wegen $nm = x_1 + x_2 + x_3 + \ldots + x_{n-1} + x_n$ die Ungleichung $nm < x_1 + x_2 + x_3 + \ldots + x_{n-1} + m$, also $(n-1)m < x_1 + x_2 + x_3 + \ldots + x_{n-1}$. Verlässt der n-te Schüler diese Klasse, so gilt $m < (x_1 + x_2 + x_3 + \ldots + x_{n-1})/(n-1)$. Der neue Durchschnitt ist also größer als der alte. Ebenso zeigt sich, dass in der aufnehmenden Klasse der Durchschnitt

steigt, weil die Leistung des hinzukommenden Schülers dort über dem Durchschnitt liegt.

Ein ähnlicher *Wanderungseffekt* (Stage-Migration-Effekt) tritt auf, wenn durch verbesserte Diagnose einige weniger kritisch Kranke den kritisch Kranken zugeordnet werden. Dann verbessern sich sowohl bei den kritischen als auch bei den weniger kritischen Fällen die Überlebenschancen. Das ist eine Folge der fortgeschrittenen Diagnostik und nicht unbedingte eine Konsequenz besserer Behandlungsmethoden.

Der Wanderungseffekt wurde von Medizinwissenschaftlern zu Ehren eines amerikanischen Humoristen *Will-Rogers-Phänomen* genannt. Die Migration, ausgelöst durch die Wirtschaftskrise der dreißiger Jahre, kommentierte Will Rogers so: „When the Okies left Oklahoma and moved to California, they raised the average intelligence level in both states."

Das Umtauschparadoxon für Fortgeschrittene

Das Umtauschparadoxon hat uns gezeigt, wie leicht es ist, gängige Regeln falsch anzuwenden. In diesem Fall war es das Indifferenzprinzip, das uns in die Irre geführt hat. Nun wissen wir also: Die denkbaren Angebote des Wohltäters aus Kap. 2 können nicht alle dieselbe Wahrscheinlichkeit haben. Kühn schließe ich daraus, dass es wohl keine Möglichkeit gibt, den einzelnen Fällen Wahrscheinlichkeiten zuzumessen derart, dass sich ein Tausch lohnt.

Ich frage meinen Wohltäter, nach welchem Prinzip er die Geldbeträge bestimmt hat. Er verrät mir: Anfangs habe ich in den einen Umschlag 1 € gelegt und in den anderen 2 €. Dann habe ich so lange gewürfelt, bis die Augenzahl 1 oder 2 kam. Immer wenn das nicht der Fall war, also bei den Augenzahlen 3, 4, 5 oder 6, habe ich die Beträge in den Umschlägen jeweils verdoppelt. Das Ergebnis dieser Prozedur – so sagt der Wohltäter – steckt in den Briefumschlägen.

Ich ziehe einen Umschlag und es sind 16 € drin. Ich überlege: Die Wahrscheinlichkeit des Falles, dass das der kleinere Betrag ist, steht zu der Wahrscheinlichkeit des anderen Falles im Verhältnis 2:3. Den kleineren Betrag habe ich also mit der (bedingten) Wahrscheinlichkeit 2/5 oder 40 % gezogen und den größeren mit der Wahrscheinlichkeit 3/5 oder 60 %. Wenn ich tausche, beträgt der Erwartungswert demnach 16 € multipliziert mit dem Faktor 2·40 % + ½·60 %, das sind 110 %. Der Umtausch lässt im Mittel 10 % mehr erwarten, als ich in der Hand halte. Das entspricht einem mittleren Zugewinn um 1,60 €. Das Risiko, mit 60-prozentiger Wahrscheinlichkeit 8 € zu verlieren, fällt nicht so sehr ins Gewicht. Ich finde: Der Tausch lohnt sich. Die Zugewinnerwartung von 10 % bei Tausch gilt für jeden gezogenen Wert über 1 €; bei einem Euro ist sie sogar gleich 100 %.

Auch hier komme ich wieder zu einem Widerspruch: Treffe ich die Entscheidung auf der Basis des zu erwartenden Zugewinns, dann werde ich stets tauschen, egal, welchen Betrag ich zunächst gezogen habe. Um mich für den Tausch zu entscheiden, brauche ich also den Umschlag gar nicht zu öffnen. Durch die virtuelle Tauschentscheidung mache ich 10 % Gewinn. Auch jetzt öffne ich nicht und wiederhole die Tauschentscheidung. Noch einmal 10 % Zugewinn. Und so weiter. Das kann ja wohl nicht sein. Oder?

Der Nachweis, dass die Tausche-immer-Strategie bei Wiederholung des Spiels und auf lange Sicht der Tausche-nie-Strategie überlegen ist, scheitert daran, dass die Erwartungswerte für die Auszahlungen jeweils unendlich groß sind. Tatsächlich ist es so, dass bei subjektiver Bewertung der Gewinnaussichten und der Risiken ein

Tausch immer fragwürdiger wird, je höher der zunächst gezogene Betrag ist. Das Risikoargument nährt übrigens auch erhebliche Zweifel am Angebot und an der Aufrichtigkeit des Wohltäters, dem ja keine unbegrenzten Finanzmittel zur Verfügung stehen.

Auch hier muss der Nachweis scheitern, dass die Tausche-immer-Strategie vorteilhaft ist. Der Widerspruch entsteht nämlich dadurch, dass wir eine Struktur unterstellen (in diesem Falle eine Wahrscheinlichkeitsverteilung), die im Grunde genauso wenig realisierbar ist wie die Gleichverteilung. Die anspruchsvollere Version des Umtauschproblems macht die Aufdeckung dieses Widerspruchs allerdings wesentlich schwerer als die ursprüngliche Variante.

Wir stehen hier vor ähnlichen Realisierungsschwierigkeiten wie bei einem Schneeballsystem, mit dem zu Beginn des vorigen Jahrhunderts Charles Ponzi und in der jüngeren Vergangenheit Bernie Madoff viele Leute um ihr Geld gebracht haben.

Wunder der großen Zahl

Im Muster der Badezimmerkacheln erkennen wir Gesichter. Das Wolkenbild formt sich zu einem Hund. Ich denke an Onkel Karl, von dem ich schon seit Jahren nichts mehr gehört habe, und just an dem Tag ruft er an. Das muss Vorsehung sein.

Phantasie und Spekulation greifen nahezu gewohnheitsmäßig über unsere Erfahrung und unser Wissen hinaus. Das ist die unvermeidliche Sinnsuche unseres Wahrnehmungs- und Denkapparats. Am Beispiel der Katzenjungen haben wir sehen können, wie uns die Strukturerwartung täuschen kann. Wir sind Meister der Mustererkennung. Manche Zufallsmuster erscheinen uns natürlich und repräsentativ, andere wiederum nicht. Außerordentliches regt unsere Phantasie an. Die Struktur-erwartung sagt uns: Da ist ein Plan, eine ordnende Hand. So landen wir unversehens in der Mystik.

Die Frankfurter Allgemeine vom 30.06.2012 meldet: „Am 18. August 1913 gab es in Monte Carlo ein bemerkenswertes Ereignis. In dem legendären Spielcasino, in dem sich die Oberschicht halb Europas in Frack und Abendgarderobe ein Stelldichein gab, landete die Kugel des Roulette stolze sechsundzwanzig Mal hintereinander auf Schwarz."

Ich finde das Ereignis weniger bemerkenswert: Bei vielen Gelegenheiten für Wunder geschieht halt hin und wieder eins. Um dieses spezielle „Casino-Wunder" zu produzieren, müssen weltweit höchstens ein paar hundert Millionen Mal die Rouletteräder gedreht werden. Sehr diesseitig ist das.

Der mathematisch Interessierte fragt sich, wie lange wir im Mittel warten müssen, bis solch eine schwarze Strecke (26-mal hintereinander Schwarz) eintritt. Was bedeutet „im Mittel"? Das Kapitel über Statistik wird sich mit den Begriffen Mittel- und Erwartungswert noch befassen. Hier genügt ein einfaches Gedankenmodell.

Wir stellen uns viele parallele Welten vor, in denen jeweils eine endlose Folge von Rouletterunden gespielt wird, und zwar unabhängig voneinander. In all diesen Welten regiert der Zufall und liefert in jeder der Welten dieselben Statistiken für das Vorkommen der ver-schiedenen Schwarz-Rot-Muster.

Je Rouletterunde gilt das *Indifferenzprinzip*, das heißt: Schwarz oder Rot erscheinen rein zufällig mit der Wahr-scheinlichkeit von jeweils einhalb. Außerdem sind die Ergebnisse der Rouletterunden unabhängig davon, was vorher passiert ist und was nachher passieren wird.

Für jede diese Welten erfassen wir die Anzahl der Runden bis zum ersten Auftreten der schwarzen Strecke und bilden den Mittelwert dieser Zahlen. Fertig.

Der *Mittelwert* für die Anzahl der Runden bis zum erstmaligen Auftreten einer Strecke von sechsundzwanzigmal hintereinander Schwarz ergibt sich zu zwei hoch siebenundzwanzig minus zwei, also etwa 134 Mio.

Eine Herleitung dieses Ergebnisses steht im Rätsel-Buch von Julian Havil (2009, Kap. „Kopf oder Zahl?"). Auch der Lösungsvorschlag zum Problem 24 „Zufall oder nicht?" meiner Problemsammlung Querbeet kann beim Einstieg in die mathematische Analyse helfen.

Für eine möglichst umstandslose Herleitung des Ergebnisses habe ich den folgenden Vorschlag.

Wir denken uns ein Fenster, durch das wir genau sechsundzwanzig hintereinanderliegende Ergebnisse einer Folge von Rouletterunden sehen können. Nun halten wir die Position fest und sehen uns die Roulettefolgen aller Welten an genau dieser Position an. Alle möglichen sechsundzwanzigstelligen Schwarz-Rot-Muster werden im Fenster mit jeweils derselben relativen Häufigkeit von einhalb hoch sechsundzwanzig (2^{-26}) erscheinen.

Dieselbe relative Häufigkeit muss sich voraussetzungsgemäß ergeben, wenn man das Fenster über aufeinanderfolgende Positionen der Rouletterunden einer beliebig ausgewählten Welt schiebt. (Der Physiker nennt diese Eigenschaft der Roulettefolgen, Ludwig Boltzmann folgend, *Ergodizität*.)

Daraus folgt, dass die schwarzen Strecken einen mittleren Abstand von zwei hoch sechsundzwanzig (2^{26}) haben.

Was uns interessiert, ist die mittlere Anzahl von Runden bis zum ersten Auftreten der schwarzen Strecke und nicht etwa der mittlere Abstand von schwarzen Strecken. Aber es gibt einen Zusammenhang; den nutzen wir aus.

Wir stellen uns vor, dass immer sofort nach Auftreten einer schwarzen Strecke das eigentliche Spiel beginnt. Zwei Fälle sind zu unterscheiden: Die erste Runde liefert Schwarz. Dann haben wir, eingedenk der vorhergehenden schwarzen Strecke, bereits eine schwarze Strecke, und ihre Position ist gleich eins. Das trifft in der Hälfte aller infrage kommenden Folgen zu. Dieser Fall trägt zum mittleren Abstand bei, nicht aber zum Mittelwert bis zum ersten Auftreten der schwarzen Strecke. Andernfalls kommt an erster Stelle Rot und das Spiel beginnt regulär erst mit der zweiten Runde. Der Abstand zwischen schwarzen Strecken ist in diesem Fall gleich der Rundenzahl bis zum ersten Auftreten plus eins.

Wir fassen die beiden Fälle zusammen und bilden den Mittelwert für den Abstand unter Verwendung des bislang noch unbestimmten Mittelwerts für das erste Auftreten. Diese Gleichung brauchen wir nur noch nach dem Mittelwert für das erste Auftreten aufzulösen und erhalten so das gesuchte Ergebnis, nämlich zwei hoch siebenundzwanzig minus zwei ($2^{27}-2$).

Es gibt keine endlos langen Folgen von Rouletterunden. Je Roulettetisch möge nach zweihundert Runden für den Tag Schluss sein. Wir können den Erwartungswert bis zur ersten schwarzen Strecke zu dieser Rundenzahl in Beziehung setzen und erhalten eine Wahrscheinlichkeit von etwa 1,3 pro Million dafür, dass an einem bestimmten Tag und einem bestimmten Roulettetisch eine derartige schwarze Strecke erscheint. Dabei ist unter anderem zu berücksichtigen, dass das Muster innerhalb der ersten 25 Runden nicht erscheinen kann.

Bei der weltweit großen Zahl an Spieltischen und bei Hunderten von Spieltagen je Jahr ist das Erscheinen einer schwarzen Strecke im Laufe der Jahre etwas durchaus Irdisches. Man sollte sich wundern, wenn ein solches Ereignis nicht irgendwann einmal eintritt.

Für spirituell Bewegte gibt es den Zufall nicht. Wenn der verhasste Lehrer im Konzert ausgerechnet den Nachbarplatz zugewiesen bekommen hat, kann das nur an einer böswilligen Fügung liegen. Dem Sensiblen und zur Innerlichkeit Neigenden ist dieser Vorfall willkommen; er kann sich im Unglücklichsein üben. Der Gedanke an den Zufall würde diese Gelegenheit zunichtemachen. Für ihn gilt: *Alles hat eine Ursache.*

Dumm ist nur, dass diese Annahme in einen unendlichen Regress führt. Ursachen haben selbst wiederum Ursachen. Die Ursachensuche gerät zu einem endlosen Vorhaben und ist folglich undurchführbar.

Der Esoteriker beendet die Suche, indem er, Hermes Trismegistos folgend, sich auf eine weltimmanente mystische „Kraft eines ruhenden Dinges" beruft, auf einen unbewegten Beweger also. Anders der Pragmatiker: Er redet von Zufall, wenn ihm die Suche nach Gesetzmäßigkeiten aussichtslos erscheint. Darin folgt er ein Stück weit Aristoteles; aber er hält sich zurück, wenn Aristoteles weiter geht und die Natur und die Zweckdienlichkeit dem Zufall und der Spontaneität überordnet.

Auch die Anrufung des Zufalls ist möglicherweise nur eine Ausflucht und kann sich hin und wieder als falsch erweisen, nämlich dann, wenn sich tatsächlich eine gute Erklärung für das Wunderbare findet. Wenn aber, wie beim Wunder von Monte Carlo, Zufall und Indifferenzprinzip das Vorkommnis bestens erklären, gibt es keinen Grund, weiter nach Ursachen zu fahnden. Diese starke Aussage ist Lohn der quälenden Herleitung.

Die grüne Null des Roulettes habe ich bisher außer Acht gelassen. Genau genommen müssten wir das Indifferenzprinzip auf die 37 Nummernfächer des Roulettekessels anwenden. Jede Folge von Rouletterunden wäre nicht mehr eine Folge binärer Werte, sondern eine Folge natürlicher Zahlen, jede höchstens gleich 37. In der

Rechnung ergibt sich dann für Schwarz anstelle von ½ die Wahrscheinlichkeit 18/37. An den Schlussfolgerungen würde sich nichts Wesentliches ändern.

Wunder der kleinen Zahl

Viele Gelegenheiten machen, dass Sonderbares und Unwahrscheinliches tatsächlich auch passiert. Das ist die Macht der großen Zahl und mithin kein Grund, jenseitige Mächte im Spiel zu sehen. Nun zu den besonders kleinen Zahlen. Sie begegnen uns dank ihrer Kleinheit oft. Unser Wahrnehmungs- und Denkapparat lässt kaum eine Gelegenheit verstreichen, Zusammenhänge zu entdecken. Dank der Allgegenwart der kleinen Zahlen und der einfachen Formen hat er dazu reichlich Gelegenheit. Daraus entsteht das Denken in Analogien, das magische Denken der Antike (Foucault 1971). Esoteriker sagen: *Alles ist verbunden*. Ein Vorbild ist ihnen der berühmte Pythagoras (etwa 580–500 v. Chr.).

Die Sinnsuche treibt zuweilen seltsame Blüten. Ich will von der Begegnung mit V erzählen und über mehr oder weniger wundersame Zusammenhänge. Für mich begann alles mit dem Film „V wie Vendetta" (2006). Der Held nennt sich V, nach der Nummer der Zelle, in der er eingekerkert war: Fünf. Es ist ein beliebtes Spiel unter Kinogängern herauszufinden, wo überall in dem Film ein V oder die Zahl Fünf erscheint: bei der Zeigerstellung der Uhr, den Schnitten des Degens, dem Feuerwerk, einem Bild an der Wand, auf den Tasten der Jukebox.

Die Fünf ist von alters her ein Symbol der belebten Natur. Die Fünfzähligkeit zeichnet die Rosengewächse aus. Schneiden Sie einmal einen Apfel quer durch und schauen Sie sich das Kerngehäuse an. Weitere Beispiele sind die fünf Finger unserer Hand und der fünfarmige Seestern.

Dem regelmäßigen Sternfünfeck, dem Penta-gramm, wurden bereits in der Antike magische Kräfte zugeschrieben. Da man die Figur in einem Zug zeichnen kann, galt sie als Symbol für den Kreislauf des Lebens. Heute sieht man das Pentagramm oft auf zwei seiner Spitzen gestellt. Beim Drudenfuß – er soll bis in unsere Tage hinein der Abwehr böser Geister dienen – weist eine Spitze zur Erde. Hier entdecken wir das V schon wieder.

Wem das zu wenig Grusel ist, der möge sich an die auf die Spitze gestellte Version mit dem eingezeichneten gehörnten Ziegenkopf halten (Baphomet). Dann sieht er das Pentagramm als Symbol von Geheimgesellschaften und Satanismus. Davor kann er sich dann so richtig fürchten. (Er könnte das folgenlos aber auch sein lassen.)

Die Spitzen des Pentagramms bilden ein regelmäßiges Fünfeck, ein Pentagon. Das Zentrum des Pentagramms ist ebenfalls von einem Pentagon umgeben. Ein Pentagon entsteht beispielsweise auch beim Knüpfen eines einfachen Knotens (Überhandknoten) mit einem Streifen Papier.

Im Pentagramm ist alles goldener Schnitt. Genauer: Jede geteilte Strecke im Pentagramm ist im Verhältnis des goldenen Schnittes geteilt. Zur Erinnerung: Eine Strecke ist im goldenen Schnitt geteilt, wenn sich die Gesamt-strecke zur größeren Teilstrecke verhält wie die größere Teilstrecke zur kleineren.

Im obigen Pentagramm habe ich mit *a* und *b* die Längen von Streckenabschnitten bezeichnet. Eine Strecke von Spitze zu Spitze hat die Länge $2a+b$. Tatsächlich gelten die Gleichungen des goldenen Schnittes, nämlich $(2a+b)/(a+b) = (a+b)/a = a/b$.

Das Streckenverhältnis des goldenen Schnittes wird mit dem griechischen Buchstaben Φ (Phi) bezeichnet: $\Phi = a/b$. Φ ist Lösung der Gleichung $\Phi^2 - \Phi - 1 = 0$ und hat den Wert 1,61803398874989…

Der goldene Schnitt wird vom Menschen als besonders harmonisches Streckenverhältnis empfunden. Umberto Eco schreibt in seiner Geschichte der Schönheit, dass die göttliche Proportion der goldene Schnitt sei (2004). So lasse sich vielleicht die Vorliebe für fünfeckige Strukturen in der gotischen Kunst, vor allem in den Verstrebungen der Rosetten der Kathedralen, erklären, meint er.

Damit sind wir unversehens vom Kino über Magie und Mathematik zur Architektur und zu den schönen Dingen gekommen. Von hier aus mache ich nun einen kühnen Sprung hinein in die Populationsbiologie. Wie viele Kaninchenpaare kann ein Kaninchenpaar im Laufe der Zeit erzeugen? Diese Kaninchenaufgabe hat Leonardo von Pisa, genannt Fibonacci, im Jahre 1202 gestellt.

Aus dem Lehrbuch des Fibonacci: „Das Weibchen eines jeden Kaninchenpaares gebiert von Vollendung des zweiten Lebensmonats an allmonatlich ein neues Kaninchenpaar." Es ist die Zahl der Kaninchenpaare im Laufe der Monate zu berechnen unter der Voraussetzung, dass anfangs nur ein Kaninchenpaar vorhanden ist und dass die Kaninchen nicht sterben.

Die Zahlenfolge für die Anzahl der Kaninchenpaare ist 1, 1, 2, 3, 5, 8, 13, 21, 34, 55, … Das sind die Fibonacci-Zahlen. Und so lautet das Bildungsgesetz dieser Zahlen: Ab der Zahl 2 ist jede Zahl die Summe ihrer beiden Vorgänger.

Wir bilden nun die Quotienten je zweier aufeinander folgender Fibonacci-Zahlen, und zwar teilen wir die größere der beiden durch die kleinere. Diese Werte streben gegen einen Grenzwert, nämlich gegen die Zahl Φ des goldenen Schnittes. Und damit sind wir wieder beim Pentagramm, der Zahl Fünf und bei V wie Vendetta.

Und was ist der tiefere Sinn des Ganzen? Es gibt ihn nicht. Da ist nichts Mystisches, keine unerklärliche Magie – da ist nur Spiel.

V ist ein sehr einfaches Symbol. Es ist kein Wunder, dass wir es hin und wieder sehen können. Denselben Effekt ruft das „Gesetz der kleinen Zahl" hervor: Eine Zahl wie die Fünf begegnet uns eben immer wieder einmal. Dazu kommt, dass die Sinnsuche unseres Wahrnehmungsapparats vor kleinen Manipulationen nicht zurückschreckt, wie oben bei der leichten Drehung des Pentagramms hin zum Drudenfuß.

Auch wird manch „wundersamer" Fund in der Bedeutung gern überbewertet. Dem Standardwerk zur europäischen Baustilkunde von Wilfried Koch entnehme ich den Hinweis, dass der goldene Schnitt in der Kunst weit seltener angewendet wird als gemeinhin angenommen.

Aber was sagen Sie dazu: Das Symbol V hat den Morsecode „...-", „dididaaa". Da kommt Ihnen etwas in den Sinn? Musik? Eine Symphonie? Von Beethoven? – Richtig: Es ist die Fünfte.

Miniaturen

Zum Abschluss des Abschnitts zur Strukturerwartung bringe ich einige Miniaturen. Wenn Sie Lust und Laune haben, lösen Sie die Aufgaben erst einmal „aus dem Bauch heraus". Dann aber sollten Sie noch einmal genauer hinsehen: Eine Skizze der Abhängigkeiten, die Landkarte, ein Versuch mit Schere, Pappe und Klebstoff, ein Würfelexperiment oder auch ein klein wenig Mathematik schaffen Klarheit.

Pentagramm und goldener Schnitt

Zeigen Sie, dass im Pentagramm jede geteilte Strecke einen goldenen Schnitt bildet.

Das Porträt

Ein Mann blickt auf ein Porträt an der Wand und sagt: „Ich habe weder Brüder noch Schwestern, aber dieses Mannes Vater ist meines Vaters Sohn." Vor wessen Bild steht er?

London – Berlin

Mentale Landkarten sind Ergebnis der Prägnanztendenz. Diese vereinfachten Abbilder der Realität entstehen durch Begradigungen und Entzerrungen. Prüfen Sie selbst und beantworten Sie die Frage, welche Stadt näher am Nordpol liegt: London oder Berlin.

Rutschende Leiter

Eine Leiter steht zunächst senkrecht an der linken Wand. Dann wird ihr Fußende von der Wand weggezogen, bis sie ganz auf dem Boden liegt. Auf welcher Kurve bewegt sich dabei der Mittelpunkt der Leiter? Ist sie konkav, linear oder konvex? Wählen Sie aus:

Das Halbkreis-Experiment

Wie groß ist die Wahrscheinlichkeit, dass drei unabhängig und rein zufällig auf der Peripherie eines Kreises gewählte Punkte auf einem Halbkreis liegen?

Das Egoismus-Paradoxon
Wer behauptet, der Mensch zerstöre seine Lebensgrund-
lagen durch die egoistische Verfolgung seiner Interessen,
der wird allgemeine Zustimmung ernten. Dabei wäre
eine genauere Analyse angebracht. Formulieren wir etwas
genauer: „Wenn wir eine Population von wildlebenden
Tieren maximal ausbeuten, gefährden wir deren Bestand".
Auch dieser Satz wird wohl meist bejaht. Stimmt er
wirklich?

Das Paradoxon der Restlebensdauer
Ein Tramper tritt zu einem zufälligen Zeitpunkt an
die Straße. Die Fahrzeuge bilden einen Strom mit der
mittleren Zwischenankunftszeit zehn Minuten. Wie lange
muss der Tramper im Mittel warten, bis das nächste Fahrzeug kommt? (Dass die Fahrzeuge einen rein zufälligen
Strom bilden, erkennt man unter anderem daran, dass
während eines sehr kurzen Intervalls von sagen wir einer
Sekunde ein Fahrzeug mit der Wahrscheinlichkeit von
1/600 eintrifft, unabhängig vom Zeitpunkt, zu dem
gemessen wird, und von dem was vorher und nachher
passiert.) Zwei Antworten stehen zur Auswahl: 1. Da der
mittlere zeitliche Abstand der Autos zehn Minuten beträgt
und da unser Tramper jeden Zeitpunkt innerhalb eines
solchen Zehn-Minuten-Intervalls treffen kann, wird seine
Wartezeit im Mittel nur fünf Minuten dauern. 2. Es ist
wie beim Lotto: Nur weil lange kein Fahrzeug gekommen
ist, wird ein Eintreffen nicht wahrscheinlicher. Das heißt:
Der Tramper muss im Mittel zehn Minuten warten.
Es ist nämlich egal, ob diese Zeit ab Eintreffen des Vor-
gängerfahrzeugs gemessen wird, oder ab einem beliebigen
anderen Zeitpunkt.

Ein Spoiler

Ein Spoiler ist ein Spaßverderber – beispielsweise wenn in der Kritik eines Kriminalfilms bereits Hinweise auf den Mörder gegeben werden. Einen solchen Spoiler bringe ich hier: Ich verrate, wie ich mit dem Problem der *rutschenden Leiter* umgegangen bin und was ich daraus gelernt habe.

Als mir ein Freund die Aufgabe stellte, fragte ich mich zu allererst, ob es sich wohl um eine nach oben oder nach unten gekrümmte Kurve handelt oder um eine Gerade. Intuitiv vermutete ich – wie auch die Vielen, die ich inzwischen mit dem Problem konfrontiert habe – eine nach oben gekrümmte, also konvexe Kurve:

Aber ich hielt mich zurück, griff zu Kugelschreiber und Papier, stellte die Bedingungen für die Koordinaten des Leitermittelpunkts auf und fand heraus, dass er sich auf einem Viertelkreis bewegt, dessen Mittelpunkt im Fußpunkt der Wand liegt. Die Kurve ist konkav:

Ich bin in diesem Fall nicht meiner Intuition gefolgt, sondern habe gerechnet. Das hat mich vor einer falschen Antwort bewahrt. Hier ist mir einmal gelungen, die Intuition rechtzeitig zu bremsen. In vielen anderen Fällen hat das leider nicht funktioniert.

Inzwischen ist mir auch ein Weg eingefallen, wie man andere ohne große Rechnerei von der Richtigkeit der Lösung überzeugen kann: Der Mittelpunkt der Leiter, die an der Wand herabrutscht, bewegt sich genauso wie der Mittelpunkt einer Leiter, die einfach kippt, bei der also der Fußpunkt unverändert an der Wand bleibt. Dass das so ist, ergibt sich aus folgendem Gedankenexperiment: Man stelle sich zwei Leitern in der Mitte verbunden vor, wie eine Schere. Beim Öffnen dieser „Schere" rutscht die eine Leiter an der Wand entlang, und die andere kippt. Der gemeinsame Mittelpunkt bewegt sich also auf einem Viertelkreis, dessen Enden auf Wand und Boden senkrecht stehen.

Wie kommt es zu der ursprünglichen, intuitiven und falschen Antwort? Man kann sich den Irrtum so erklären: Wir stellen uns vor, wie die Leiter fällt. Dazu bilden wir im Kopf Modelle der Gegenstände und bewegen sie probeweise. Dieses *Probehandeln im vorgestellten Raum* ist eine Art „Simulation im Kopf". Albert Einstein sah darin – wie zuvor bereits Sigmund Freud – das Wesen des Denkens: „Die geistigen Einheiten, die als Elemente meines Denkens dienen, sind bestimmte Zeichen und mehr oder weniger klare Vorstellungsbilder, die ‚willkürlich' reproduziert und miteinander kombiniert werden können. [...] Dieses kombinatorische Spiel scheint die Quintessenz des produktiven Denkens zu sein" (gefunden in Krech et al. 1992).

Der Irrtum liegt hier aber nicht im Probehandeln selbst, sondern in der fehlgeleiteten Beobachtung und Auswertung: Aufgrund der Prägnanztendenz, also der Übertreibung wesentlicher Merkmale, treten auffällige Charakteristika in den Vordergrund. Das funktioniert also nicht nur bei der Betrachtung von Bildern an der Wand, sondern sogar bei Bildern in unserem Kopf. Die uns eigentlich interessierenden Phänomene können durch prägnantere in den Hintergrund gedrängt werden. So ist es im Falle der rutschenden Leiter (Abb. 4.2): Die Hüllkurve (Einhüllende, Enveloppe) der Leiterbewegung drängt sich in den Vordergrund. Die Bewegung des Mittelpunkts der Leiter ist dagegen in der Vorstellung kaum zu verfolgen.

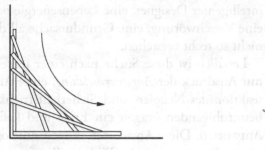

Abb. 4.2 Rutschende Leiter

Kausalitätserwartung

Ein Blick in die Tageszeitung zeigt: Immer, wenn irgendwo etwas Beklagenswertes passiert ist, wird uns gleich gesagt, wer oder was daran Schuld ist. Gern genommen werden der Lokomotivführer, der Pilot und der Kapitän.

Alles muss für uns einen Grund haben. Und ein solcher Grund lässt sich praktisch immer finden. Die Kausalitätserwartung wird von einigen Philosophen sogar zum universell gültigen Prinzip erhoben: „Nichts geschieht ohne Grund". Immanuel Kant ist da etwas vorsichtiger. Für ihn ist Kausalität eine im Erkenntnissubjekt liegende, Erfahrung ermöglichende Verstandesstruktur.

Es ist kein Wunder, dass wir uns dagegen sträuben, den Zufall als eine mögliche Ursache in Betracht zu ziehen, denn das Chaos bietet keinen Hebel zur Beherrschung der Welt.

Zuweilen bleibt unsere Ursachensuche erfolglos, unsere Fähigkeiten und unsere Ausdauer reichen manchmal einfach nicht aus. Aber selbst dann kommt für viele von uns der Zufall als Erklärung nicht in Frage. Irgendeine Ursache muss sich finden lassen. Dann wird eben im Jenseits weitergesucht. Es muss ein göttliches Wesen her, ein intelligenter Designer, eine Lebensenergie oder wenigstens eine Verschwörung, eine Grundursache all dessen, was wir nicht so recht verstehen.

Letztlich ist diese Suche nach einer jenseitigen Ursache nur Ausdruck der *Angstvermeidung*, einer Art Kurzschluss-reaktion des Neugier- und Sicherheitstriebs. Sie setzt den beunruhigenden Fragen ein Ende und liefert letztgültige Antworten. Diese Antworten mögen nutzlos sein, aber sie sorgen für eine stimmige Welt im Kopf.

Kausalitätsfalle

Warum ist diese Sucht nach Erklärungen von Ursache-Wirkungs-Zusammenhängen so tief in uns verwurzelt?

Ein einfaches, aber schlagendes Erklärungsmuster steht unter dem Motto „die Schnellen und die Toten": Wenn unsere Vorfahren die hinter dem Gebüsch aufblitzenden schwarzen und gelben Streifen einem Tiger zuschrieben und sich davon machten, waren sie gut beraten. Die schnelle Entscheidung war lebenserhaltend. Irrtümer wie Weglaufen, obwohl kein Tiger da, fielen demgegenüber nicht ins Gewicht. Wer diesem Ursache-Wirkungs-Denken nicht folgte, gehört nicht zu unseren Vorfahren. Die Kausalitätserwartung hat eine positive und eine negative Seite. – Zunächst zur positiven Seite.

Die Suche nach Kausalzusammenhängen ist ein fundamentales Prinzip der empirischen Wissenschaften. Und dort lässt sich der Begriff der Ursache auch gut fassen. Man beschränkt sich auf Sachverhalte, die sich in kontrollierten und wiederholbaren Experimenten prüfen lassen. Schlage ich gegen ein Glas, bricht es. Führe ich den Schlag nicht aus, so tritt auch die Wirkung nicht ein und das Glas bricht nicht. Die Ursache-Wirkungs-Beziehung ist mit Experimenten nachprüfbar.

Das Kausaldenken ist Grundlage des freien Willens. Der Mensch erlebt sich als denkendes und mit einem freien Willen begabtes Wesen. Er macht sich ein Bild von der Welt und stellt sich – in Grenzen – die Zukunft vor. Er kann sich sogar mehrere Zukünfte vorstellen und durch seine Entscheidungen eine davon Wirklichkeit werden lassen. Das funktioniert zwar nie hundertprozentig, aber immerhin meistens so eindrucksvoll gut, dass der Glaube an die Entscheidungsfreiheit zum festen Inventar unseres Selbstbildes gehört.

Unsere Handlungen erfahren wir als *Ursache* dessen, was sich daraufhin entwickelt. Einiges davon hätte sich auch bei alternativen Handlungen ergeben, manches aber nicht. Dasjenige, was von der getroffenen Entscheidung abhängt, ist die *Wirkung*. Erst das Kausaldenken macht Erweiterungsschlüsse im Sinne der wissenschaftlichen Hypothesen und Theorien möglich und gewährleistet deren erfolgreiche Anwendung.

Kurz: Ursache-Wirkungs-Beziehungen sind der Hebel, mit dem es uns gelingt, den Lauf der Welt in unserem Sinne zu manipulieren. Entscheidungsfreiheit setzt voraus, dass wir eine Vorstellung davon haben, was Ursache und was Wirkung ist. Was nun ist es, das die Kausalität, also den Ursache-Wirkungs-Zusammenhang, ausmacht?

Kausalität ist ein Begriff der Moderne. Das Altertum hatte zur Klärung des Begriffs nur wenig Erhellendes beizutragen. Tatsächlich war die Vergegenwärtigung der Zukunft durch wissenschaftliche Methoden eine Sache des siebzehnten Jahrhunderts. Seit dieser Zeit verlieren Gottergebenheit, haltlose Spekulation und Wahrsagerei ihren lähmenden Einfluss auf unser Denken.

Nun zur negativen Seite des Kausaldenkens.

Die Suche nach der einen Ursache ist ein so erfolgreiches Prinzip, dass wir uns angesichts eines Geschehnisses erst zufrieden geben, wenn uns eine Ursache

genannt wird. Und wir geben uns auch mit faden-
scheinigen Begründungen zufrieden. Zeitungsmeldungen
offenbaren die negative Seite der Kausalitätserwartung.

Unter dem Titel „Treue oder Tod" meldet die Fuldaer
Zeitung vom 03.06.2004: Mediziner hatten 60 registrierte
Fälle analysiert, bei denen ein Partner beim Sex gestorben
war. 56 Opfer waren Männer, die einem Herzinfarkt
erlagen. Mehr als die Hälfte der Betroffenen erlebte dabei
sein letztes Stündlein in den Armen einer Geliebten oder
im Bordell. Nur jedes vierte Opfer entschlummerte im
Ehebett. Als mögliche Ursache wird die These angeboten,
dass sich ältere Männer bei einer Geliebten mehr
anstrengen als zu Hause. Wenn man etwas über die Sache
nachdenkt, fallen einem viele Gründe dafür ein, dass die
Statistik grundlegend verfälscht sein könnte.

Unter der Überschrift „Fehler des Co-Piloten" liest man
in der Fuldaer Zeitung vom 27.10.2004: „Der Absturz einer
Airbus-Maschine in New York kurz nach den Terroran-
schlägen vom September 2001 ist auf einen Fehler des Co-
Piloten zurückzuführen. [...] Zu diesem Schluss kam die
US-Untersuchungsbehörde NTSB. [...] Der Co-Pilot habe
die Maschine nach Turbulenzen stabilisieren wollen, dabei
das Seitenruder des Leitwerks aber falsch bedient. Durch
sein aggressives Eingreifen sei das Leitwerk abgefallen." In
USA Today vom selben Tag lese ich von einer Diskussion
darüber, dass auch falsches Pilotentraining oder eine
Fehlkonstruktion die Hauptrolle gespielt haben könnten.

Der Kausalitätsbegriff

Trotz ihrer Allgegenwart bleiben die Begriffe von Ursache
und Wirkung seltsam vage. Sie entziehen sich einer
präzisen Definition. Es fehlen exakte Kriterien dafür, was
als Ursache und was als Wirkung anzusehen ist.

Nehmen wir als Beispiele die newtonschen und die maxwellschen Gesetze. Sie beschreiben das Verhalten der Materie und der elektromagnetischen Wellen. Von diesen Naturgesetzen erwarten wir, dass sie immer und überall gelten, dass sie bezüglich Zeit und Raum *invariant* sind.

Kausalität hingegen setzt, zumindest in Gedanken, ein zeitliches Nacheinander sowie eine „Verknüpfung der Wahrnehmungen" (Kant 1787, „Analogien der Erfahrung") voraus. So etwas ist in den genannten Naturgesetzen nicht zu finden; sie bieten keinerlei Anhaltspunkte dafür, was als Ursache und was als Wirkung zu gelten hat.

Bertrand Russell drückt es so aus: „In den weit entwickelten Wissenschaften kommt das Wort ,Ursache' nicht vor. Das Kausalitätsgesetz ist, so glaube ich, ein Relikt der Vergangenheit. [...] Die Gesetze der Physik sind samt und sonders symmetrisch, sie sind in beide Richtungen lesbar, die Kausalbeziehungen hingegen haben eine Richtung, von der Ursache zum Effekt." (Zitiert nach Pearl 2000, Epilogue)

Physikalische Prozesse werden aber nicht allein durch die Naturgesetze bestimmt. Sie hängen auch von den Anfangs- und Randbedingungen ab. Über diese kommt die Kausalität ins Spiel: Abwurfgeschwindigkeit und Abwurfrichtung eines Balles können wir als Ursachen ansehen und die sich daraus ergebende naturgesetzliche Flugbahn des Balles als Wirkung. Von grundsätzlicher Bedeutung ist, dass wir die ursächlichen Bedingungen verändern können. Ohne derartige Manipulationsmöglichkeiten wären physikalische Experimente zur Überprüfung der Naturgesetze undenkbar.

Die Interpretation statistischer Daten muss im Allgemeinen ohne solche Eingriffsmöglichkeiten auskommen: Unser Drang, den rechten Hebel für die „Weltbeherrschung" zu finden, trifft auf die Schwierigkeit, mögliche Ursachen als solche zu identifizieren. Ist es die Frauenerwerbstätigkeit, die für eine hohe Abiturientenquote sorgt? Oder ist eine hohe Abiturientenquote dort zu finden, wo der Bildungsstand generell über dem Durchschnitt liegt, wo Frauen bessere Berufschancen haben und wo sie günstigere soziale Bedingungen für die Berufsausübung vorfinden?

Weil sich Ursache-Wirkungs-Beziehungen oft einer klaren und eindeutigen Bestimmung entziehen, haben die Begründer der modernen Statistik, insbesondere Karl Pearson um 1911, ein eigenständiges Konzept der Kausalität grundsätzlich abgelehnt und ihre Wissenschaft auf das Erfassen von ungerichteten Zusammenhängen beschränkt.

Das Verhältnis von Ursache und Wirkung ist ein reiner Verstandesbegriff, der über die statistische Analyse hinausreicht. Wenn wir Ursache-Wirkungs-Beziehungen zu erkennen meinen, dann handelt es sich um Zuschreibungen, die ihren Nutzen zu erweisen haben.

Es folgt eine Annäherung an einen praktikablen Kausalitätsbegriff.

Merkmale der Kausalität

Zur Vermeidung falscher Hoffnungen formuliere ich das
1. Merkmal der Kausalität: Über Ursachen lässt sich nichts Abschließendes sagen.

Die Rolle, die Ursache-Wirkungs-Beziehungen im Zusammenhang mit Entscheidungen spielen, lässt sich durch die folgenden drei Merkmale charakterisieren.
2. Merkmal der Kausalität: Lässt man die Ursache weg, so bleibt die Wirkung aus. Das gilt für kategoriale Zusammenhänge. Für quantitative Zusammenhänge sagt man es besser so: Variiert man die Ursache, dann ändert sich die Wirkung. Die Logik der Kausalität wird

noch deutlicher in der INUS-Bedingung von John Leslie Mackie: Ein Ereignis wird als Ursache eines Ergebnisses wahrgenommen, wenn es ein unzureichender (insufficient) aber notwendiger (necessary) Teil einer Bedingung ist, die selbst nicht notwendig (unnecessary) aber hinreichend (sufficient) für das Ergebnis ist (Pearl 2000).

Um feststellen zu können, ob eine Ursache-Wirkungs-Beziehung vorliegen könnte (Hypothese), muss man sie prüfen können. Und das geht durch Variation der Ursache und Beobachtung der Wirkung. Dabei wird vorausgesetzt, dass sich die Ursache weitgehend isoliert von anderen Größen ändern lässt und dass alle anderen Bedingungen konstant gehalten werden können. Das ist das „Closest world"-Konzept von David Lewis (1973). In vielen Fällen verstößt die Variation der Ursache gegen die Tatsachen. Das heißt, wir haben es mit *kontrafaktischen Schlussfolgerungen* zu tun (Pearl 2000).

Wir sind aber eigentlich auf der Suche nach Ursachen, die der Veränderung zugänglich sind. Von Interesse ist daher für uns das

3. Merkmal der Kausalität: Ursachen sind manipulierbar. Das 2. Merkmal ist prüfbar!

4. Merkmal der Kausalität: Unter allen möglichen Ursache-Wirkungs-Ketten lässt sich keine Schleife finden. Das heißt: Eine Ursache kann sich – auch über eine Kette von Ursache-Wirkungs-Zusammenhängen hinweg – niemals selbst als Wirkung haben.

Den engen Zusammenhang des Kausalitätsbegriffs mit dem Zeitbegriff machen die nächsten beiden Merkmale deutlich.

5. Merkmal der Kausalität: Die Wirkung ist nie vor der Ursache da.

Das Prinzip des gemeinsamen Grundes (Principle of the Common Cause), das im folgenden Merkmal ausgedrückt wird, diente Physikern, darunter vor allem Hans Reichenbach, sogar dazu, die Richtung der Zeit zu definieren.

6. *Merkmal der Kausalität:* Wird ein unwahrscheinliches Zusammentreffen zweier Ereignisse beobachtet, dann gibt es eine gemeinsame Ursache.

Die oben genannten sechs Merkmale der Kausalität geben Hinweise darauf, was möglicherweise als Ursache anzusehen ist und was nicht. Zwingende Aussagen lassen sich daraus nicht ableiten. Letztlich läuft das Erkennen einer Ursache-Wirkungs-Beziehung auf disziplinierte Spekulation hinaus.

Gemüse macht intelligent

Das 6. Merkmal der Kausalität wird gern überstrapaziert: Gibt es eine Koinzidenz oder wenigstens eine Korrelation zwischen zwei Ereignissen, dann wird oft vorschnell eines der beiden als Ursache des anderen angesehen.

In der TIME vom 21. Februar 2011 habe ich diese Meldung entdeckt: Eine britische Studie (ALSPAC) habe zum Thema Kinder und Ernährung ergeben, dass mit viel Früchten, Gemüse, Reis und Teigwaren, kurzum, gesund ernährte Dreijährige im Alter von achteinhalb Jahren einen höheren Intelligenzquotienten hätten als Kinder, deren Ernährung aus viel Fett, Zucker und verarbeiteten Lebensmitteln bestand. Verblüffend sei, dass eine Verbesserung der Ernährung in höherem Alter zwar die Gesundheit insgesamt verbessere, aber keinen Einfluss auf den IQ habe.

Dem Leser wird hier eingeredet, dass eine gesunde Ernährung einen direkten Einfluss auf den Intelligenzquotienten habe. Aber eins ist gewiss: Mit Statistiken lassen sich bestenfalls Zusammenhänge, also Korrelationen, nachweisen, niemals aber Ursache-Wirkungs-Beziehungen.

Wenn die Statistik einen Zusammenhang zwischen zwei Größen A (Ernährung) und B (Intelligenz) ergibt, dann ist möglicherweise eine Veränderung von A tatsächlich die Ursache einer Veränderung von B. Aber es kann auch umgekehrt sein. Oder aber beide Größen hängen von einer dritten Größe C ab. Ein guter Rat ist, sich bei solchen Meldungen immer diese drei grundsätzlichen Möglichkeiten vor Augen zu führen:

1. $A \rightarrow B$,
2. $B \rightarrow A$,
3. $C \rightarrow A$ und $C \rightarrow B$.

Die Zusammenfassung der oben angesprochenen Studie ist etwas zurückhaltender als der Zeitungsbericht. In ihr ist nur von Zusammenhängen (Korrelationen) die Rede. Aber da wir Menschen von Natur aus überall Ursache-Wirkungs-Beziehungen vermuten und suchen, kann der arglose Leser genauso auf diese *Kausalitätsfalle* hereinfallen wie die Redakteure der TIME.

Vorsicht ist bei der Interpretation von Statistiken immer angebracht. Bei der Ernährungsstudie könnte man beispielsweise die durch ein gutes Elternhaus gegebenen Voraussetzungen (C) als ursächlich sowohl für die gesunde Ernährung (A) als auch für den höheren Intelligenzquotienten (B) ins Feld führen.

Die kritische *Untersuchungsmethode der drei Möglichkeiten* hilft, Kausalitätsfallen zu entschärfen, auch wenn die Welt tatsächlich viel komplexere Zusammenhänge zu bieten hat. Hier noch ein Beispiel, an dem Sie diese simple Methode ausprobieren können.

Ein berühmter Fall von angeblicher Diskriminierung

In einer Diskriminierungsklage gegen die Universität von Kalifornien in Berkeley wurde vorgebracht, dass im Herbst 1973 die Aufnahmequote für Frauen im Schnitt niedriger lag als die für Männer. Tatsächlich wurden bei den Männern 46 % der Bewerber zum Studium zugelassen, während es bei den Frauen nur 30 % waren.

Diese Schieflage musste eine Ursache haben. Und eine solche war auch schnell gefunden: Die Geschlechterzugehörigkeit der Bewerber musste ausschlaggebend für die Zulassung sein. Die Frauen wurden demnach benachteiligt.

Aber es stellte sich heraus, dass dieser Schluss voreilig war. Bei genauerem Hinsehen entpuppte sich der Vorwurf als nicht haltbar. Die folgende Tabelle zeigt die nach Fächern aufgeschlüsselten Daten, die ich der Wikipedia (en) entnommen habe (2010).

Bewerbungs- und Aufnahmezahlen Berkeley 1973				
	Fächer mit hohen Zulassungsquoten		Fächer mit niedrigen Zulassungsquoten	
	Zugelassen	Bewerber	Zugelassen	Bewerber
Männer	864	1385	328	1205
Frauen	106	133	451	1702

Offenbar sind die Frauen weder bei den Fächern mit hohen Zulassungsquoten noch bei den Fächern mit niedrigen Zulassungsquoten benachteiligt. Im ersten Fall ist es sogar so, dass die Frauen mit einer Zulassungsquote von 79 % gegenüber den Männern mit 62 % leicht im Vorteil sind. Bei den Fächern mit niedriger Zulassungsquote ist die Sache gut ausbalanciert: Für beide Geschlechter ist die Quote gleich 27 %.

Das ist paradox: Die Frauen scheinen benachteiligt zu sein, wenn man die zusammengefassten Daten für die gesamte Hochschule betrachtet, und die Benachteiligung verschwindet vollkommen, wenn man nach den einzelnen Fächern schaut. Der Widerspruch löst sich auf, wenn man bedenkt, dass die Frauen bevorzugt Fächer mit niedriger Aufnahmequote wählen, wohingegen es Männer überwiegend zu den weniger überlaufenen Fächern mit hohen Aufnahmequoten zieht.

Was durch die Diskriminierungsklage und deren Aufarbeitung in Berkeley sichtbar wurde, ist übrigens auch anderswo zu beobachten: Frauen studieren tendenziell am wirtschaftlichen Bedarf vorbei: Je höher die Arbeitslosenquote eines Berufszweiges ist, desto mehr zieht er die Frauen an – gegenläufig zum Trend bei den Männern.

Bei Deutschlands Frauen sind Germanistik und Sozialwesen besonders beliebt. Und diese Fächer bereiten auf Berufe mit besonders hohen Arbeitslosenquoten vor. Überwiegend die Männer bevorzugen Informatik, Naturwissenschaften und technische Disziplinen. Dort sind die Aufnahmequoten günstiger – und auch die späteren Chancen auf eine Beschäftigung. Aber es gibt Zeichen, die Hoffnung machen: Das Fach Mathematik zieht inzwischen hauptsächlich Frauen an.

Das simpsonsche Paradoxon

Die angebliche Geschlechterdiskriminierung von Berkeley ist ein Musterbeispiel für das sogenannte simpsonsche Paradoxon. Es zeichnet sich dadurch aus, dass durch die *Aggregation* (Zusammenfassung) von Daten Scheinzusammenhänge erzeugt werden, die in den Rohdaten so nicht vorhanden sind.

Nur der Dumme fälscht eine Statistik, wenn er damit täuschen will. Der smarte Betrüger verlegt sich stattdessen darauf, Daten – rechtlich einwandfrei – so zusammenzufassen und zu gruppieren, dass sich die von ihm gern gesehenen Zusammenhänge zeigen. Die Kausalitätserwartung sorgt dann dafür, dass wir eine Ursache für einen nur scheinbar vorhandenen Zusammenhang finden; und damit wird die Täuschung perfekt.

Schauen wir uns die Mechanismen des simpsonschen Paradoxons an einem anderen Fall noch etwas genauer an. Hans-Peter Beck-Bornholdt und Hans-Hermann Dubben (2001) berichten über eine Raucherstudie. An ihr lassen sich einige der notorischen Sünden im Umgang mit Statistiken studieren.

Nehmen wir das Ergebnis der verblüffenden Ursache-Wirkungs-Analyse vorweg. Ausgangspunkt sind Daten zur Sterblichkeit in einer ausgewählten Kohorte von Rauchern und Nichtrauchern. Nach zwanzig Jahren waren noch 47 % der Raucher, aber nur 44 % der Nichtraucher am Leben. Also: Rauchen verlängert das Leben.

Daten der Raucherstudie				
	Alter zu Studienbeginn: 55–64		Alter zu Studienbeginn: 65–74	
	Überlebende (20 Jahre)	Teilnehmer insgesamt	Überlebende (20 Jahre)	Teilnehmer insgesamt
Raucher	64	115	7	36
Nichtraucher	81	121	28	129
Summe	145	236	35	165

Wir gehen ins Detail. In der Kohorte wurden zwei Altersklassen unterschieden. Zur ersten gehörten Personen, die zu Studienbeginn wenigstens 55, aber höchstens 64 Jahre alt waren, und zur zweiten gehörten Personen ab 65 Jahre.

Das Beispiel zeigt das Wesen des simpsonschen Paradoxons: Wir haben es mit einer Gesamtpopulation zu tun, die auf dreierlei Weisen in je zwei Teilmengen zerlegt wird.

Da ist erstens der untersuchte *Effekt*: Der Effekt tritt ein, oder auch nicht. Im Beispiel geht es um das Überleben der Studienteilnehmer.

Die zweite Unterscheidung betrifft die Unterteilung der Gesamtpopulation im Hinblick auf den Untersuchungsgegenstand, das *Ziel* der Untersuchung. In unserem Beispiel soll die Wirkung des Rauchens ermittelt werden. Die Population wird also aufgeteilt in Raucher und Nichtraucher.

Und drittens gilt es einen weiteren Einfluss zu berücksichtigen, nämlich das Alter der Studienteilnehmer im Falle der Raucherstudie. Auch hier werden zwei Klassen gebildet: Die der Jüngeren und die der Älteren.

Nur wenn der Einfluss des Alters außer Betracht bleibt, ergibt sich der beobachtete Zusammenhang. In jeder Altersgruppe ist es tatsächlich so, dass die Überlebenschance der Raucher niedriger ist als die der Nichtraucher (56 % gegenüber 67 % bei den jüngeren und 19 % gegenüber 22 % bei den älteren Teilnehmern).

Die Verhältnisse lassen sich am besten mit einer Vektordarstellung vor Augen führen (Abb. 4.3). Auf der x-Achse werden die Populationsgrößen angetragen und auf der y-Achse die Effekte, in unserem Fall die Zahl der Überlebenden. Die Strecken, ausgehend vom Ursprung der Grafik, stellen die Verhältnisse für die jüngere Altersgruppe dar. Die Steigungen der Geraden sind groß, weil die Jüngeren gute Aussichten haben, die folgenden zwanzig Jahre zu überleben.

Auf die Endwerte dieser Stecken werden nun die Werte für die Klassen der Älteren addiert. Es entsteht ein Knick, denn die Steigungen sind aufgrund des höheren Alters der Gruppenmitglieder nun deutlich kleiner. Die

Verbindungen der nun erreichten Endpunkte mit dem Ursprung, die gestrichelten Linien, haben Steigungen, die den Überlebenschancen der Nichtraucher einerseits und denen der Raucher andererseits entsprechen.

Offenbar schneiden in der Gesamtbewertung die Raucher allein deswegen günstiger ab, weil sie in der Klasse der Älteren, also unter denen mit höherer Sterblichkeit, nur einen verschwindenden Anteil ausmachen und die niedrige Überlebensquote in dieser Klasse vor allem Nichtraucher trifft.

Dass der Raucheranteil unter den Älteren so gering ist, dafür lassen sich Gründe finden: Mit zunehmender Lebensklugheit lässt man von dem einen oder anderen Laster ab, auch die geringere Lebenserwartung lässt die Raucher im Alter seltener werden.

Durch die Aggregation der Zähldaten entsteht demnach ein typischer Je-schlechter-desto-besser-Effekt: Raucher haben eine verkürzte Lebenserwartung, und gleichzeitig

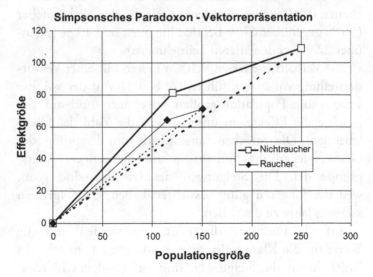

Abb. 4.3 Grafik zur Raucherstudie

schneiden sie bei der Ermittlung der Überlebenswahr-
scheinlichkeit innerhalb einer altersgemischten Kohorte
besser ab.

Die Anlage zur Induktion

Sie erinnern sich an das Kaffeetassen-Beispiel zu Anfang
des 2. Kapitels: Damit wollte ich vor Augen führen, dass
in der von uns erfahrbaren Welt nicht das Chaos herrscht,
sondern dass wir Regeln finden können, nach denen diese
Welt funktioniert.

Die angeborenen Lehrmeister sind es, die uns in erster
Linie zur Welterkenntnis befähigen. Da ist einmal die
Kausalitätserwartung: Ich lasse los – die Tasse zerschellt;
ich erkenne das Loslassen als Ursache, das Zerschellen als
Wirkung.

Bereits das Kind macht die Erfahrung: Wenn ich
meinen Teddybär loslasse, dann fällt er zu Boden. Auch
andere Gegenstände zeigen dieses Verhalten: Lasse ich
etwas los, fällt es herunter. Und das tut es nicht nur im
Esszimmer, sondern auch im Wohnzimmer, im Bad; sogar
auf der Straße passiert es. Das Kind wird nicht überrascht
sein, wenn es sogar im Wald geschieht. Am nächsten Tag
verhält es sich nicht anders. Das Kind hat bald begriffen,
dass jeder Gegenstand, der nicht festgehalten wird,
herunter fällt – und zwar *überall* und *jederzeit*.

Damit hat das Kind aus ein paar einzelnen
Beobachtungen eine allgemeine Lehre gezogen: Alles,
was nicht irgendwie gehalten wird, fällt herunter. Ein
solcher Erweiterungsschluss wird in der Erkenntnislehre als *Induktion* bezeichnet. Und damit sind wir beim
Thema: Wir haben von Kindesbeinen an eine *Anlage zur
Induktion*.

Die *Kausalitätserwartung* und die Anlage zur *Induktion* sind unerlässlich, wenn wir, getrieben durch unsere *Neugier*, wirklich etwas über die Welt herausbekommen wollen. Im Zusammenwirken dieser Lehrmeister entstehen unsere Vorurteile, Hypothesen und letztlich gar die wissenschaftlichen Theorien.

Bleiben wir bei dem einfachen Beispiel und erkunden wir das Wesen der Hypothesen und der Theorien. Sei H eine dieser Theorien, beispielsweise die naive Theorie, dass jeder Gegenstand, der nicht gehalten wird, zu Boden fällt. Dann ist da die konkrete Beobachtung E, gemacht in einem Experiment an einem bestimmten Ort zu einer bestimmten Zeit und mit einem bestimmten Gegenstand: Nach dem Loslassen fällt der Gegenstand auf den Boden.

Nun wird es einmal geschehen, dass unser Kind einen Luftballon in die Hand gedrückt bekommt. Und siehe da, nach dem Loslassen entschwindet der Ballon gen Himmel. Das Unerwartete ist geschehen, der Gegenstand fällt nicht, es gilt $\neg E$. Und nach dem Modus Tollens ist damit die Theorie H widerlegt. Kurz gesagt: Es gilt $\neg H$. Die naive Hypothese H sollte durch eine bessere ersetzt werden. Spätestens in der Schule wird ein Lehrer dem Kind dabei helfen.

Den plausiblen Schlüssen haftet etwas Vorläufiges an. Scheinbar sicheres Wissen kann in einem Nu obsolet werden.

Plausibles Schließen in Wissenschaft und Alltag

Wir können uns der aus Erfahrung gewonnenen Erkenntnis niemals sicher sein. Mit jeder im Experiment gemachten bestätigenden Beobachtung E steigt unser Vertrauen in die dieses Ereignis implizierende Theorie H.

Aber bewiesen wird H durch diese Beobachtung nicht. Auch nicht durch sehr viele derartige Beobachtungen.

In der Wissenschaftsgeschichte gab es Bestrebungen, den Theorien wenigstens eine Wahrscheinlichkeit zuzumessen. Ein Vertreter dieser Denkrichtung ist Georg Pólya (1963). Er hat seine Vorstellung in Büchern zur Mathematik des plausiblen Schließens ausführlich dargelegt. Und es gibt Gegner dieser Denkrichtung. Einer ihrer prominentesten Vertreter ist Karl Raimund Popper (1982). Obwohl ich eher der Auffassung Poppers zuneige, will ich Pólyas Gedankengang skizzieren. Er lässt sich nicht mit ersehnter Klarheit mathematisch präzisieren; dennoch bietet er die Möglichkeit, einige Wesenszüge des Erkenntnisprozesses wenigstens zu erahnen. (Wer tiefer in diese Gedankenwelt des sogenannten Positivismus eindringen will, kommt am Werk von Rudolf Carnap nicht vorbei. Speziell an ihn und seine Mitstreiter richtete Karl Raimund Popper seine Kritik.)

Pólya spricht nicht von Wahrscheinlichkeit, sondern von *Glaubwürdigkeit*, wenn es um den Geltungsrang von Theorien und *Hypothesen* geht. Mit Glaubwürdigkeiten rechnet er dann aber ganz genau so wie mit den Wahrscheinlichkeiten. Von zentraler Bedeutung ist dabei die *Formel des plausiblen Schließens*. Ich will sie hier in die Terminologie der Erkenntnislehre übersetzen. Die Formel nimmt jetzt die Gestalt

$$\frac{P(H|E)}{P(H)} = \frac{P(E|H)}{P(E)}$$

an und besagt: Die Glaubwürdigkeit einer Hypothese H wächst aufgrund einer Beobachtung E in demselben Verhältnis, wie sich die Glaubwürdigkeit dieser Beobachtung durch die Gültigkeit der Hypothese erhöht.

Mit welcher Kühnheit Pólya zu Werke geht, zeigt das von ihm angeführte Rechenexempel zur Entdeckung des Planeten Neptun. Worum geht es da? Den Astronomen Urbain Jean Joseph Le Verrier brachte die seinerzeit unerklärliche Bahn des Planeten Uranus auf die Vermutung, dass die Störung der Uranusbahn durch einen noch unbekannten Planeten verursacht sein müsse. Kurz darauf, im Jahr 1846, wurde dann tatsächlich an der von Le Verrier mittels der newtonschen Theorie vorausberechneten Position ein weiterer Planet entdeckt. Er erhielt den Namen Neptun.

Pólyas Überlegungen dazu sehen kurz gefasst so aus: H bezeichnet die newtonsche Theorie und $P(H)$ deren Glaubwürdigkeit vor Entdeckung des Planeten Neptun. Mit E bezeichnen wir die Vermutung Le Verriers, dass es da noch einen Planeten geben müsse, der die Uranusbahn beeinflusst; und $P(E)$ ist die Glaubwürdigkeit dieser Vermutung vor der Entdeckung des Planeten.

Zu den Glaubwürdigkeitswerten hat Pólya einige Überlegungen angestellt. Er kommt zu folgendem Ergebnis: Vor Entdeckung des Neptun hatte Le Verriers Vermutung eine sehr geringe Glaubwürdigkeit, vor allem wenn man dabei nicht an Newtons Theorie denkt. Er setzt nach einigen Überlegungen $P(E) = 0,00007615$ (witzig, diese Genauigkeit!). Andererseits liegt die Vorhersage auf Basis der newtonschen Theorie schon in der Nähe der Gewissheit: $P(E|H) = 1$. Die Formel des plausiblen Schließens zeigt nach diesen Überlegungen, dass die Glaubwürdigkeit der newtonschen Theorie aufgrund der Entdeckung des Planeten Neptun um wenigstens den Faktor 10.000 gestiegen ist.

Spätestens an dieser Stelle kann man ins Grübeln kommen: Die Glaubwürdigkeit ist also um den Faktor 10.000 gestiegen, es gilt $P(H|E)/P(H) = 10.000$. Glaubwürdigkeiten können, wie Wahrscheinlichkeiten, höchstens gleich eins sein.

Das hat zur Folge, dass das Vertrauen in Newtons Theorie vor der Entdeckung des Neptuns, gegeben durch $P(H)$, höchstens gleich 1/10.000 gewesen sein kann. Ein verschwindend geringes Vertrauen ist das. Trotzdem wurde in der wissenschaftlichen Welt bereits vor der Entdeckung des Neptuns unverdrossen mit Newtons Theorie gerechnet.

Für Karl Raimund Popper ergibt das Ganze nur Sinn, wenn wir den Hypothesen und Theorien von vornherein eine Wahrscheinlichkeit (Glaubwürdigkeit ist nur eine von Vorsicht diktierte Umschreibung derselben) von exakt null zuschreiben: „Denn meiner Ansicht nach besteht das, was wir ‚empirische Erkenntnis' nennen können, einschließlich der ‚wissenschaftlichen Erkenntnis', aus *Vermutungen,* und viele dieser Vermutungen sind unwahrscheinlich (haben die Wahrscheinlichkeit 0), obwohl sie gut *bewährt* sein können." (Popper 1982, S. 319)

Links vom Gleichheitszeichen der Formel des plausiblen Schließens steht 0/0, wenn wir uns der Argumentation Poppers anschließen. Dieser Quotient ist unbestimmt und kann jeden Wert annehmen. Welchen, das sagt uns die rechte Seite der Gleichung. Was bleibt, ist die Erkenntnis: Wir können zwar abschätzen, welchen relativen Erkenntnisgewinn eine Beobachtung liefert. Welche Glaubwürdigkeit unsere Erkenntnis tatsächlich besitzt, bleibt verborgen.

Wir machen jeden Tag und unablässig Plausibilitätsüberlegungen. Plausible Schlussfolgerungen gehören zum Wissenschaftsbetrieb, wie wir gerade gesehen haben. Sie sind unerlässlich zur Lebensbewältigung; und sie bergen die Gefahr der Blickfeldverengung. Die erfolgreiche Anwendung plausibler Schlussweisen bestärkt uns immer aufs Neue in ihrer Anwendung.

Wenn sich aus der Theorie (Hypothese) H ein Ereignis E vorhersagen lässt und wenn gleichzeitig das

Ereignis E aufgrund des bisherigen Wissens recht unwahrscheinlich ist, dann wird die Theorie H aufgrund einer Beobachtung des Ereignisses E glaubwürdiger. Kurz: Aus „H impliziert E" und „E ist wahr" folgt „H ist glaubwürdiger".

Anstelle von „H ist glaubwürdiger" denken wir uns der Einfachheit halber „H ist wahr". Diese *Überbewertung bestätigender Information* (Confirmation Bias) ist eine Denkfalle. Ein Blick auf die linke Seite der Formel mahnt uns zur Bescheidenheit. Dort steht 0/0, und dieser unbestimmte Ausdruck sagt uns, wie wenig wir tatsächlich wissen und dass der Wissenszuwachs aufgrund von Experimenten und Beobachtungen daran im Grunde nichts zu ändern vermag.

Wasons Auswahlaufgabe

Vier Karten liegen vor Ihnen auf dem Tisch. Sie wissen, dass jede der Karten auf der einen Seite einen Buchstaben und auf der anderen eine Zahl trägt. Zu sehen sind E, K, 4 und 7. Welche Karten müssen Sie notwendigerweise umdrehen, wenn Sie feststellen wollen, ob folgende Aussage gilt: „Wenn auf einer Seite der Karte ein Vokal abgebildet ist, dann steht auf der anderen Seite eine gerade Zahl"?

In einem psychologischen Experiment wählten die meisten Versuchspersonen die Karte mit dem E und die mit der 4. Dabei bringt es gar nichts, die Karte mit der 4 umzudrehen. Welcher Buchstabe auch immer auf der Rückseite steht, er passt zur zu prüfenden Aussage. Nur durch Umdrehen der Karten mit dem E und der 7 haben wir eine Chance, die Aussage zu widerlegen. Diese Möglichkeit wählte nur eine Minderheit von 4 % der Befragten (Anderson 1988).

Hier tritt die Tendenz zu Tage, eine plausible Schluss-folgerung (Induktionsschluss) mit größerer Bestimmtheit anzureichern: Aus „*H* impliziert *E*" und „*E* ist wahr" meinen wir auf „*H* ist wahr" schließen zu können – ein unerlaubter *Umkehrschluss*. Die Induktions-Denkfalle schlägt in Wasons Auswahlaufgabe gleich zweimal zu.

1. Da die Theorie *H* – hier die Aussage „Wenn auf einer Seite der Karte ein Vokal abgebildet ist, dann steht auf der anderen Seite eine gerade Zahl" – durch ein korrekt vorhergesagtes Ereignis *E* glaubwürdiger wird, suchen wir nach genau solchen Ereignissen. Die Überbewertung bestätigender Information ist ein unvermeidlicher Begleiter unserer Anlage zur Induktion. Sie verleitet uns dazu, die Karte mit der 4 umzudrehen.
2. Die Theorie *H* ist selbst als Implikation formuliert: Aus „Auf der Karte steht ein Vokal" folgt „Auf der Karte steht eine gerade Zahl". Der gern gezogene aber unerlaubte Umkehrschluss sieht so aus: Aus „Auf der Karte steht eine gerade Zahl" folgt „Auf der Karte steht ein Vokal". In diesem Licht ist dann auch die Auswahl der Karte mit der 4 vernünftig. Durch den unerlaubten Umkehrschluss erscheint die Theorie strenger, als sie ist. In dieser strengeren Fassung könnte sie sogar durch die Karte mit dem K widerlegt werden, beispielsweise dann, wenn auf der Rückseite eine 2 stünde.

Wollte man eine Theorie auf dem Weg der Bestätigung beweisen, müsste man alle ihre Vorhersagen überprüfen – nicht nur einige der richtigen. Bei wissenschaftlichen Theorien mit ihren weit reichenden Aussagen ist das ein aussichtloses Unterfangen. Dagegen lassen sich Theorien durch Aufzeigen eines einzigen Gegenbeispiels widerlegen (falsifizieren). Diese Chance bieten in unserem Fall nur die Karte mit dem E und die mit der 7. Auch wenn wir nicht nach Widerlegungen suchen: Wir sehen sie schnell ein. Wir verhalten uns wie „passive Popperianer", meint Evans (1989). Besser jedoch ist, von vornherein nach Widerlegungen zu fahnden.

Die Harvard-Medical-School-Studie

Wir betrachten einen Test für eine Krankheit mit der Basisrate 1/1000 – also: Einer unter eintausend Menschen ist krank. Der Test liefert mit der Wahrscheinlichkeit von 5 % ein falsches Ergebnis. Insbesondere hat er eine Falsch-positiv-Rate von 5 %. Das heißt: In 5 % der Fälle ist der Testergebnis fälschlich positiv; die Krankheit wird attestiert, obwohl sie tatsächlich nicht gegeben ist. Wie hoch ist die Wahrscheinlichkeit, dass eine Person mit einem positiven Testergebnis die Krankheit tatsächlich hat?

Das häufigste Urteil von Professoren, Ärzten und Studenten ist „95 %". Die Analyse zeigt aber, dass die Wahrscheinlichkeit tatsächlich unter 2 % liegt. Der folgende Balken möge eintausend Personen repräsentieren. Von den tausend Personen ist (im Durchschnitt) eine wirklich krank. Sie wird durch das dunkle Feld ganz links repräsentiert. Bei etwa 50 Personen ist der Test falschpositiv. Von den 51 Personen mit positivem Testergebnis ist also nur eine wirklich krank, was einem Anteil von weniger als 2 % entspricht (Hell et al. 1993).

1	50	949

Der aufgedeckte Fehlschluss ist eine stochastische Variante der kühnen Umkehrschlüsse. Wir schließen von der Wirkung auf die Ursache. Aber bestenfalls können wir die Ursache aufgrund der beobachteten Wirkung als plausibler ansehen – nicht jedoch als zwingend. Bei der Harvard-Medical-School Studie ist es die Krankheit, die wir als Ursache des positiven Testergebnisses ansehen. Auch hier wird von vielen der Befragten ein bestenfalls plausibler Rückschluss als zwingend überinterpretiert. Die systematische und krasse Fehlschätzung beruht auf einer Überbewertung bestätigender Informationen.

Die negative Methode

Das Leben ist theoriegetränkt. Wir leben davon, dass wir Hypothesen über unsere Umwelt bilden und dass wir damit treffende Vorhersagen machen können. Erst so erwerben wir das, was Gott dem Menschen zugestanden hat: Freiheit der Entscheidung (1. Mose).

Je leistungsfähiger unser Theoriegebäude ist, desto mehr Gestaltungsmacht liegt in unseren Händen. Der Wissenszuwachs hat sich auf Grund der immer besseren Kommunikationstechniken, angefangen bei der Schrift über den Buchdruck bis hin zum Internet, in der Neuzeit sehr stark beschleunigt. Die Techniken, die selbst wieder Resultat dieses Wissens sind, haben die Welt von Grund auf umgestaltet.

Wissenschaftliche Erkenntnis formt unser Leben. Und doch: Trotz ihrer Erfolge bleibt Wissenschaft immer vorläufig. Wir hätten zwar gern wahres Wissen über die Welt, also Theorien, die absolut unstrittig sind. Aber so etwas ist nicht zu haben. Theorien sind Hypothesen, und diese wiederum sind im Kern nichts anderes als Vorurteile. Es gibt bestenfalls graduelle Abstufungen: Vorurteile nennen wir das noch weitgehend Ungeprüfte; Hypothesen haben schon der einen oder anderen Prüfung standgehalten; von Theorien sprechen wir erst, wenn sie bereits harte Bewährungsproben hinter sich haben.

Da wir über den Wahrheitsgrad einer Theorie, vielleicht gemessen an der Wahrscheinlichkeit dafür, dass sie korrekt ist, nichts erfahren können, müssen wir uns damit bescheiden, ihren *Bewährungsgrad* zu bestimmen. Wenn wir uns darauf einigen wollen, was dieser Bewährungsgrad sein soll, müssen wir uns dem Begriff über die rechte Seite der Formel des plausiblen Schließens nähern.

Mit jedem bestandenen Test E nimmt die Glaubwürdigkeit der Theorie H zu. Es liegt nahe, für die Festlegung des Bewährungsgrades die bestandenen Tests heranzuziehen: Wir nennen eine Theorie bewährt, wenn sie alle unsere Prüfungen besteht. Und da kommt es nicht so sehr auf die Zahl der bestandenen Prüfungen an. Ausschlaggebend ist die Strenge der Prüfung: Wir müssen also nach Testfällen E suchen, von denen wir annehmen, dass unsere Theorie sie mit hoher Wahrscheinlichkeit nicht besteht; dann ist $P(E)$ sehr klein und der Glaubwürdigkeitszuwachs nach Bestehen der Prüfung entsprechend groß. Dieses Vorgehen wollen wir die *negative Methode* nennen: Wir halten Ausschau nach Widerlegungsmöglichkeiten; Bestätigung suchen wir nicht.

An dieser Stelle geraten wir in einen Grundkonflikt: Wir wollen glücklich sein; dazu gehört ein positives Selbstbild und die Zufriedenheit mit unserem Wissen über die Welt. Die negative Methode verlangt von uns, Widerstände zu überwinden, gegen den Hang zur Selbstbestätigung anzugehen und die liebgewonnenen Theorien und Vorurteile anzuzweifeln. Das ist ziemlich unangenehm. Aber nur das Streben nach *Falsifizierung* der Theorien, die Suche nach falsifizierenden Experimenten, sorgt wirklich für Wissenszuwachs. So lange die Falsifizierung misslingt, wächst unser Vertrauen in die Theorie. Gelingt die Falsifizierung, werden wir schwache Theorien los, und die Denkbahnen werden frei für neue und bessere. Klug irren will gelernt sein!

Die negative Methode hat in Wissenschaft und Technik, aber auch im Alltag, große Bedeutung. Sie kann Denkfallen aufdecken und überwinden helfen. Die negative Methode umfasst die folgenden allgemeinen Verhaltensregeln:

1. Warnzeichen für die Unangemessenheit der eigenen Gewohnheiten, Rezepte und Methoden suchen und ernst nehmen.
2. Nicht nach Bestätigung von Vorurteilen und Hypothesen suchen, sondern vor allem nach Gegenbeispielen und Widerlegungen Ausschau halten.
3. Die Ursachen von Fehlern gründlich analysieren.
4. Das aus einzelnen Fehlern Gelernte auf eine ganze Klasse ähnlicher Fehler übertragen.

Aggressive Tests zeichnen die negative Methode aus. Ziel ist eine möglichst große Wirksamkeit, also eine möglichst kleine Wahrscheinlichkeit dafür, dass unser Werk den Test besteht. Aber es ist gar nicht so leicht, die negative Methode gegen das eigene Werk zu wenden. Am besten ist der Blick von außen. Ein Freund leistet da gute Dienste.

Eine gesunde Haltung ist, den eigenen Entscheidungen gründlich zu misstrauen, sie einer sorgfältigen Prüfung zu unterziehen, bevor es endgültig ans Werk geht. Die negative Methode kann vor Fehlentscheidungen beim Hausbau und bei anderen teuren Investitionen bewahren.

Der Neugier- und Sicherheitstrieb

Ich komme aus dem Kino, noch voller Eindrücke vom Film und bester Laune. Jetzt noch ein Bier zum Abschluss, und der Abend gehört zu den gelungenen. Frohgemut nehme ich die Stufen zum Eingang der Kneipe – und falle

auf die Nase. Was war denn das? Unachtsamkeit? Nein:
Ein Beispiel für „gefährliche Sicherheit" (von Cube 1995).

Es gibt ein Normmaß für die Höhe von Treppenstufen,
etwa 18 cm. Diese Normierung soll wohl der Sicherheit
dienen. Man kann sich darauf verlassen. Die Bewegungs-
abläufe spielen sich ein, werden sozusagen automatisiert,
und wir kommen beim flotten Treppensteigen nicht ins
Stolpern – jedenfalls solange sich die Handwerker an die
Regel gehalten haben. Nun handelt es sich in meinem
Fall um ein älteres Gebäude; die Norm war zur Zeit der
Erstellung wohl noch nicht in Kraft.

Die durch Normierung angestrebte Sicherheit ist
trügerisch: Wir gewöhnen uns an das Regelmaß und
werden blind für die Unebenheiten unserer Umwelt. Ein
wichtiger Mechanismus wird außer Kraft gesetzt: unsere
Fähigkeit zur Exploration, zur Bewegung im unvertrauten
Gelände. Das meine ich sowohl im konkret physikalischen
Sinn als auch im übertragenen Sinn einer geistigen Land-
schaft.

Lernzyklus

Unser größtes Bestreben ist ein Leben in Sicherheit. Aber
das ist nicht einfach zu haben. Ständig stehen wir irgendwelchen Herausforderungen gegenüber: Es fängt damit an,
dass wir auf eigenen Beinen stehen müssen. Handgriffe
sind zu erlernen: Schuhe binden, mit Messer und Gabel
essen, Fahrrad- und Autofahren. Weiter geht es mit den
Anforderungen des beruflichen Alltags. Immer wieder
stehen wir vor der Aufgabe, neues Terrain zu erobern,
Wagnisse einzugehen. Wer sich dem entzieht, der fällt
zurück, verliert Sicherheit; sein Leben gerät in Gefahr.

Der Mensch ist auf das Explorieren angelegt. Das ist
eine unentbehrliche Mitgift für ein Lebewesen, das den

göttlichen Auftrag erfüllen soll, der da lautet: Machet euch die Erde untertan (1. Mose 1, 28). Wir sind mit dem Neugiertrieb ausgestattet, der uns genau das ermöglicht. „Das Unbekannte, das Neue, das Unsichere wird aktiv aufgesucht mit dem Zweck, es dem bestehenden Sicherheitssystem einzuverleiben. Die Erkenntnis, dass der Neugiertrieb in Wirklichkeit ein Sicherheitstrieb ist, ist fundamental für das Verständnis menschlichen Verhaltens" (von Cube 1995).

In unbekanntes Terrain vorstoßen, sich neuen Herausforderungen stellen, ist stressig, gar mit Angst verbunden. Es könnte ja schief gehen. Da trifft es sich gut, dass unserem Neugiertrieb ein sehr effektives Belohnungssystem beigesellt ist. Haben wir unsere Angst einmal überwunden und schließlich das Problem gelöst, kommt es zur Ausschüttung von Glückshormonen. Am spektakulärsten tritt dieser Effekt wohl bei den Risikosportarten in Erscheinung.

Schauen wir uns die Phasen des Lernzyklus an (Abb. 4.4): Die Unfähigkeit, gewisse Aufgaben angemessen zu lösen, ist uns zunächst nicht bewusst. Wir wenden automatisch unsere Methoden, Regeln oder Schemata an, die sich in anderen Zusammenhängen bewährt haben, hier jedoch nicht passen (Zustand 1). Irgendwann wird uns diese Unfähigkeit hoffentlich bewusst (Zustand 2).

Jetzt kommt die schmerzliche und stressige Phase. Wir müssen uns der Herausforderung stellen, machen uns schlau und gehen zu besseren Lösungswegen über (Zustand 3). Die Spannung löst sich, und das Belohnungssystem tut seinen Teil: „Hurra, ich hab's gefunden." Die neuen Lösungswege müssen wir zunächst ganz bewusst verfolgen. Mit der Zeit erwerben wir Routine und erreichen eine höhere Stufe des Expertentums (Zustand 4).

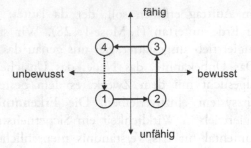

Abb. 4.4 Lernzyklus

Da sich die Anforderungen an unsere Lösungskompetenz nicht zuletzt wegen der sich wandelnden Technik ändern, kommt es zu neuen Problemen. Unsere Rezepte hören auf, zu passen. Früher oder später landen wir wieder im *Zustand unbewusster Inkompetenz* (Zustand 1). Der Kreis ist geschlossen. Ein solcher Lernzyklus wird von Programmierern immer wieder durchlaufen (Grams 2001).

Die Umwandlung von Unsicherheit in Sicherheit ist ein ständiger und anstrengender Prozess. Letztendliche Sicherheit und endgültige Wahrheiten sind nicht zu erwarten. Mancher mag es da bequemer. Er verfällt der Sicherheitsillusion. Weit verbreitet sind alle möglichen Spielarten von Welterklärungen und Heilslehren. Zu den trivialeren gehören das Intelligent Design und alle Varianten der Esoterik. Sie bieten letzte Wahrheiten an. Das beendet jegliche Exploration. Letztlich sind Wahrheitsangebote nur Ausdruck der Angstvermeidung, einer Art Kurzschlussreaktion des Neugier- und Sicherheitstriebs.

Problemlösen macht glücklich

Übertragen wir die Überlegungen zum Lernzyklus auf die schulische Realität.

Mathematik erscheint vielen Schülern und Studenten nicht als Glückverheißung, sondern als öde Plackerei. Viele Mathematiklehrer sind offenbar vollauf damit beschäftigt, der Sache wenigstens notdürftig den Schrecken zu nehmen. Wie die Erfahrung zeigt, haben solche Anstrengungen nur mäßigen Erfolg. Schauen wir uns an, warum das so ist.

In den 1950er Jahren hat mich eine Reklametafel gewaltig beeindruckt: Ein Mann steht in der Wüste, die Ärmel hochgekrempelt, die Jacke in der einen Hand, die andere Hand über den Augen, zum Schutz gegen die Sonne. Sein Blick ist nach oben, auf ein riesiges Glas Bier gerichtet. „Durst wird durch Bier erst schön" steht auf dem Plakat.

Hunger, Durst, Stress – all das sind wichtige Signale, mit denen der Körper sagt, was er braucht: Essen, Trinken, oder auch die Lösung eines Problems. Wer dem Körper alle Befriedigung im Überfluss vorab bietet, wer Hunger, Durst und Stress sorgsam vermeidet, der versäumt Glücksmomente. (Von großer Not und von chronischem Stress ist hier nicht die Rede.)

Lässt sich daraus vielleicht sogar lernen, wie man Mathematik mit Freude lernen kann?

Die pädagogische Volksweisheit sagt, dass es Aufgabe des Lehrers ist, den Schüler dort abzuholen, wo er ist: Vor allem werden Hindernisse aus dem Weg geräumt. Der Schüler wird positiv eingestimmt und mit hohem Aufwand „motiviert". Spaß muss sein. Denn das weckt die Lernbereitschaft. Abstraktionen sind Überforderungen des Gehirns und werden folglich vermieden. Alle Themen sind konkret, anschaulich und praxisnah aufbereitet. Ausführliche Erklärungen gehören dazu. Bilder und Animationen lockern das Ganze auf. Die Zahlen erhalten Gesichter, Arme und Beine. Sie sprechen und tanzen. Die Fallgesetze sind schwer zu verstehen? Da muss ein Bild des schiefen Turms von Pisa her – schon geht es leichter. Die Mathematik wird zum launigen Cartoon.

Das ist eine gut gemeinte, aber leider ziemlich erfolglose Pädagogik. Was ist falsch daran? Ich bringe es auf eine einfache Formel: Die Belohnung kommt vor der Leistung. Und das funktioniert eigentlich nie. „Mehr desselben", also noch mehr Belohnung vor der Leistung, ist kein Erfolgsrezept.

Schlankwerden geht nicht ohne Disziplin, Starkwerden nicht ohne schweißtreibendes Training, Klugwerden nicht ohne geistige Anstrengung. Der Lohn der Mühe kommt eigentlich immer hinterher. So ist es nun einmal beim Lernen: Zuerst muss das (mathematische) Problem richtig wehtun; dann bringt seine Bewältigung Glück, und die Lösung hinterlässt Gedächtnisspuren.

Das ungelöste Problem verursacht Stress. Aber genau der Stress ist es, der für eine erhöhte Plastizität des Gehirns sorgt und es für das Lernen bereit macht. Ist das Problem unter Anstrengung gelöst, stellt sich Glücksempfinden ein. Die anfängliche Unsicherheit und Anspannung wird durch das Gefühl der Sicherheit abgelöst. Das ist die „Biologie der Angst" (Hüther 2005).

Der Verhaltensbiologe und Erziehungswissenschaftler Felix von Cube drückt es sinngemäß so aus (1995, S. 81): Lust ohne Anstrengung ist ein „Langweilfaktor". Die verdiente Belohnung von Anstrengung erfahren wir intensiver. Seiner Meinung nach liegt das daran, dass der Mensch von der Evolution für eine harte Wirklichkeit – sozusagen für den Ernstfall – programmiert ist und nicht für das Schlaraffenland.

Erfolgreiches Lernen startet mit einem Gefühl der *Betroffenheit* und des Unbehagens angesichts eines schier unlösbaren Problems. Und damit einher geht die freudige Erwartung, dass sich das Problem irgendwie meistern lässt. Sobald sich der Knoten löst und das Belohnungssystem sein erfreuliches Werk tut, kommt es zu rauschhaften Glücksgefühlen. Nach einer Weile lassen die Glückgefühle wieder nach, und es stellt sich der Drang nach neuen Herausforderungen ein. Auf einer höheren Anspruchsebene wiederholt sich der Prozess. Es kommt zu einem Lernzyklus (Abb. 4.4), genauer: zu einer *Lernspirale*. Diese Lernspirale ist Beispiel für eine Flow-Aktivität im Sinne von Mihaly Csikszentmihalyi (1992).

Mathematische Knobeleien anstelle von Risikosport

Sie wollen die Ausschüttung von Glückshormonen erreichen? Risikosport ist Ihnen zu gefährlich? Rauschgift ist auch nicht so ihr Ding. Außerdem ist es ja verboten. Hier ist ein ungefährlicher Weg: mathematische Knobeleien, Denksportaufgaben, Unterhaltungsmathematik. Wenn Sie sich darauf einlassen wollen: Hier habe ich aus meiner Querbeet-Sammlung ein paar Aufgaben für den Anfang zusammengestellt. Sie zeigen Ihnen den Zugang zum Gefilde der Glücklichen.

Sie werden merken: Je länger Sie sich mit einer Aufgabe herumgequält haben, je mehr das Denken geschmerzt hat, desto beglückter sind Sie, wenn sich der Knoten schließlich gelöst hat. Sie werden mehr von dem Zeug wollen. In meiner Problemsammlung Querbeet (s. Internet-Adressen) finden Sie noch härteren Stoff. Es gibt dort auch Lösungen. Aber Achtung: Musterlösungen sind Spaßverderber. Auch sind sie oft gar nicht sehr musterhaft. Sie sollten sich erst dann einer Lösung zuwenden, wenn Sie Ihre Lösung bereits gefunden haben. Lernen Sie, die Spannung eines ungelösten Problems auszuhalten. Es macht auch nichts, wenn Sie nie auf die Lösung kommen. Davon geht die Welt nicht unter. Um Spaß geht es, um nichts sonst.

Knoten oder nicht?

Sie wachen auf und sehen, dass einer ihrer Schnürsenkel in der hier dargestellten Weise auf dem Fußboden liegt. Sie sind noch nicht wach genug, um zu sehen, wie sich der Schnürsenkel mehrmals kreuzt. Mit welcher Wahrscheinlichkeit entsteht ein Knoten, wenn Sie den Schnürsenkel an beiden Enden hochheben?

Der Weg der Spinne

In einer fünfzehn Meter langen, sechs Meter breiten und sechs Meter hohen Halle sitzt in der Mitte einer Stirnwand eine Spinne, fünfzig Zentimeter über dem Boden. In der Mitte der gegenüberliegenden Stirnwand hat sich in ihrem Netz eine Fliege verfangen, fünfzig Zentimeter unterhalb der Decke. Was ist der kürzeste Weg, den die Spinne zur Fliege zurücklegen muss?

Männerphantasien

Wir sind in Frankfurt auf der Zeil. Torsten folgt einer Frau, rein zufällig. Ihre Beine faszinieren ihn. Er geht näher ran, um diese unter optimal großem Blickwinkel zu sehen. In welcher Entfernung ist der Blickwinkel auf die Beine am größten?

Wie weiter?

Setzen Sie die folgenden Zahlenreihen fort:

a) 11, 8, 6, 7, 20, ... (Für die nächste Stelle stehen zur Auswahl: 1, 12, 14 und 27.)
b) 12, 1, 1, 1, 2, 1, 3, ... (Nennen Sie die nächsten vier Zahlen.)
c) 1, 2, 3, 4, 7, 13, 14, 17, 20, 21, 22, 23, ... (Nennen Sie die nächsten zwei Zahlen.)
d) 77, 49, 36, 18, ... (Welche Zahl kommt jetzt? Und welche danach?)

Wie alt sind die Söhne?

Zwei Männer treffen sich auf der Straße. Sie sprechen über dies und das. „Sie sind Professor für Mathematik. Ich habe hier ein Problem für Sie. Heute ist ein besonderer Tag für mich. Meine drei Söhne feiern heute ihren Geburtstag. Können Sie mir sagen, wie alt sie sind?" – „Sicher. Sie müssen mir aber noch etwas über Ihre Söhne sagen." – „Stimmt. Also: Wenn ich die Alterszahlen meiner Söhne miteinander multipliziere, ergibt sich 36." – „Schön, aber ich brauche mehr als das." – „Zähle ich die Alterszahlen meiner Söhne zusammen, komme ich auf eine Zahl, die so groß ist, wie die Zahl der Fenster in diesem Gebäude hier." Der Mathematiker denkt eine Weile nach und sagt: „Ich brauche noch einen Hinweis." – „Gut. Mein ältester Sohn hat blaue Augen." – „Jetzt kenne ich die Lösung", sagt der Mathematiker. Was hat der Mathematiker herausgefunden? Wie ist er darauf gekommen?

Drei Wägungen

Von zwölf Kugeln, die alle genau gleich aussehen, sind elf auch gleich schwer; nur eine hat ein abweichendes Gewicht. Zur Verfügung steht eine Balkenwaage, die nur anzeigt, auf welcher Waagschale das größere Gewicht liegt oder ob Gleichgewicht herrscht. Wie kann man durch höchstens drei Wägungen die besondere Kugel finden und bestimmen, ob sie schwerer oder leichter als jede der anderen ist? (Für die Lösung dieses Problems sollten Sie sich etwas Zeit nehmen.)

Drei Kandidaten und fünf Hüte

In einem Königreich ist ein Ministerposten neu zu besetzen. Der König leitet das Auswahlverfahren höchstpersönlich. Er will den intelligentesten Vertreter seines Volkes. Drei Kandidaten sind nach strengen Prüfungen übrig geblieben. Es kommt zur entscheidenden Prüfung, in der der schnellste Denker herausgefunden werden soll. Man zeigt den Dreien fünf Hüte: drei rote und zwei blaue. Dann werden ihnen die Augen verbunden, und der König setzt jedem einen roten Hut auf. Die beiden blauen Hüte werden weggeräumt. Nun werden den Kandidaten die Augenbinden abgenommen. Jeder kann seine Mitbewerber sehen und auch deren Hüte. Seinen eigenen Hut kann er nicht sehen. Der König sagt nun: Ich habe jedem von euch einen der Hüte aufgesetzt, die ihr vorher sehen konntet. Wer mir nun als erster sagt, von welcher Farbe sein Hut ist, der bekommt den Ministerposten.

Nach einer kleinen Weile meldet sich einer der Kandidaten und sagt: „Ich muss einen roten Hut aufhaben." Er wird Minister. Wieso konnte er sich seiner Antwort so sicher sein?

Mathematiker und Physiker

„Schade, dass man Winkel konstruktiv nicht dritteln kann", seufzt der Mathematiker. Der Physiker, der gerade Wagners „Ritt der Walküren" auf den Plattenteller legen will, entreißt dem Mathematiker Lineal, Zirkel und Stift. Neben seiner Lieblingsplatte hat er nun alles beisammen, um damit einen Winkel zu dritteln. Wie macht er das?

Die Brücke

Zwischen den Städten A und B soll eine Straße gebaut werden, und zwar eine möglichst kurze. Außer dem Fluss zwischen den Städten gibt es keine weiteren Hindernisse. An welcher Stelle muss die Brücke errichtet werden?

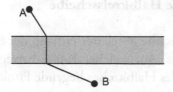

Würfelspiele

Vergleichen Sie die folgenden beiden Spiele. Beim ersten muss der Spieler mit vier Würfen wenigstens eine Sechs würfeln, um zu gewinnen. Beim zweiten Spiel hat er 24 Würfe mit zwei Würfeln. Er gewinnt, wenn er zwei Sechsen gleichzeitig hat. Bei welchem der beiden Spiele ist die Gewinnchance größer?

Wie heißt der Lokführer?

Das Personal im Transcontinental-Express besteht aus dem Schaffner, dem Heizer und dem Lokführer. Die drei heißen Jones, Miller und Babbitt. Aber nicht unbedingt in dieser Reihenfolge. Drei promovierte Reisende in diesem Zug haben zufällig dieselben Namen: Dr. Jones, Dr. Miller und Dr. Babbitt.

a) Dr. Babbitt wohnt in Chicago.
b) Dr. Jones verdient 2500 $ monatlich.
c) Der Schaffner wohnt auf halber Strecke zwischen Chicago und New York.
d) Sein Nachbar, einer der Passagiere, verdient genau dreimal so viel wie er.
e) Der Namensvetter des Schaffners wohnt in New York.
f) Miller besiegt den Heizer im Schach.

Wie heißt der Lokführer?

Die rutschende Halbkreisscheibe

Eine halbe Kreisscheibe gleitet entlang der Schenkel eines rechten Winkels. Auf welcher Kurve bewegt sich der auf der Peripherie des Halbkreises liegende Punkt P?

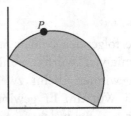

Heuristiken im Sinne von Lösungsfindeverfahren

Sie mögen sich gefragt haben, was die Denksportaufgaben des letzten Abschnitts mit Denkfallen zu tun haben. Im

Unterschied zu Denkfallen im engeren Sinne wird hier nicht der falsche Gedanke provoziert, sondern meistens gar keiner. Das Denken frisst sich sozusagen fest. Man stiert auf das Problem, wie der Hund auf den Fressnapf hinter dem Drahtzaun, und findet den problemlösenden Umweg nicht. Aber es gibt die Chance, Denkblockaden zu überwinden. Darum soll es jetzt gehen.

Den Begriff der Heuristik habe ich bisher im Sinne von Entscheidungshilfen verwendet, wie das auch Kahneman und Gigerenzer tun. Eigentlich aber versteht man unter einer Heuristik ein Lösungsfindeverfahren, eine Faustregel, die dem schöpferischen Prozess, der Kreativität dient. Solche Heuristiken sollen den Gedanken Flügel verleihen, sie sollen uns helfen, auf neue Lösungen zu kommen. Diese Bedeutung wird auch durch die Herkunft des Wortes belegt: Heureka! – Ich hab's gefunden! – soll Archimedes ausgerufen haben, als er in der Badewanne das Prinzip des Auftriebs entdeckt hatte. Heuristiken in diesem Sinne sind Lösungsfindeverfahren für Probleme. So kommt das Neue in die Welt.

Neues finden heißt, die richtigen Fragen zu stellen. Hier sind die aus meiner Sicht sieben wichtigsten Faustregeln für das Problemlösen.

1. *Analogie*: Habe ich etwas Ähnliches schon einmal gesehen? Kenne ich ein verwandtes Problem?
2. *Generalisierung*: Bringt mich der Übergang von einem Objekt zu einer ganzen Klasse von Objekten weiter?
3. *Spezialisierung:* Komme ich weiter, wenn ich zunächst einmal einen leicht zugänglichen Spezialfall löse?
4. *Variation:* Kann ich durch die Veränderung der Problemstellung der Lösung näher kommen? Kann man das Problem anders ausdrücken?

5. *Rückwärtssuche:* Hilft es, wenn ich beim gewünschten Resultat anfange? Welche Operationen können mich zu diesem Ergebnis führen?

6. *Teile und herrsche:* Lässt sich das Problem in leichter lösbare Teilprobleme zerlegen?

7. *Vollständige Enumeration* (Aufzählung): Kann ich mir Lösungen verschaffen, die wenigstens einen Teil der Zielbedingungen erfüllen? Kann ich mir sämtliche Lösungen verschaffen, die diese Bedingungen erfüllen?

Das ist eine kleine Aufstellung von Prinzipien des schöpferischen – auch: produktiven – Denkens. Wer tiefer eindringen will, dem empfehle ich das herrliche Büchlein „Schule des Denkens" von Georg Pólya. Es wird in Informatikerkreisen hoch geschätzt. In der Schule, für die es eigentlich gedacht war, ist es – leider, leider – aus der Mode gekommen. Ich fand es seinerzeit so fesselnd, dass ich es während eines Paddelurlaubs an der Ardèche durchgearbeitet habe.

Unter Realisten gibt es eine Fraktion, die dazu tendiert, alle Behauptungen über das Geschehen in der Welt, die nicht mit den „unwandelbaren Naturgesetzen" im Einklang stehen, dem illusionären Denken zuzuordnen und als Pseudowissenschaft abzutun. Aber die Wissenschaft braucht den schöpferischen Freiraum und eine gewisse Leichtigkeit der Bewegung. Das ständige Streben nach Wahrheitsgewissheit und Fehlerfreiheit ist dem schöpferischen Prozess abträglich, es ist im Grunde wissenschaftsfeindlich. Erst dann, wenn wir Lösungsansätze gefunden haben, können wir den kritisch-rationalen Apparat anwerfen und die guten von den weniger guten Lösungsversuchen scheiden. So funktioniert das Entdecken und Erfinden, auch das Erforschen der Naturerscheinungen.

Es folgen zwei Beispiele, die zeigen sollen, was Heuristiken leisten können: das Taxi-Problem und das Problem der Schlucht.

Das Taxi-Problem (Analogie)

Zu lösen ist das folgende Problem:

Nehmen wir an, Sie sitzen etwas gelangweilt in einem Café und notieren sich die Nummern der vorbeifahrenden Taxis: 477, 491, 342, 596, 68, 251, 258, 917, 775, 954, 160, 875, 618, 74, 457, 100, 181, 628, 512 und 729. Sie fragen sich nun, wie viele Taxis es in der Stadt wohl gibt.

Um überhaupt zu einem mathematisch lösbaren Problem zu kommen, brauchen wir ein paar Annahmen: 1. Die Taxis der Stadt sind von 1 bis zu einer Zahl N lückenlos durchnummeriert. 2. Das Vorbeifahren geschieht rein zufällig: Jede der Nummern von 1 bis N erscheint also mit derselben Wahrscheinlichkeit vor dem Fenster des Cafés. 3. Jedes mehrfach erscheinende Taxi wird nur einmal erfasst. Für den Statistiker ist das ein *Urnenmodell ohne Zurücklegen*. Wir sind am Wert von N interessiert.

Mit a will ich die kleinste der beobachteten Taxinummern bezeichnen und mit b die größte. Die Zahl der insgesamt beobachteten Taxis ist n, hier ist sie gleich 20.

Dass die Nummer $b = 954$ bereits die größte der Nummern und damit gleich der Anzahl der Taxis ist, dass also $b = N$ gilt, ist ziemlich unwahrscheinlich. Zur besseren Abschätzung des Wertes N schlage ich Ihnen die Formel $N = b \cdot (n+1)/n - 1$ vor. Das ergibt im vorliegenden Fall den Wert 1001

Auf diese Formel bin ich durch *Analogie-Heuristik* gekommen. Tatsächlich hat das Taxi-Problem eine gewisse

Ähnlichkeit mit dem Problem „Das erste Ass". Ich will meinen Lösungsvorschlag für dieses Problem kurz darstellen und dann den Lösungsvorschlag auf das Taxi-Problem übertragen.

Beim Problem „Das erste Ass" geht es um einen gut gemischten Stapel aus 52 Spielkarten. Gefragt ist, wie viele Karten man im Mittel wohl aufdecken muss, bis das erste der vier Asse erscheint. Wer die Aufgabe selbst lösen will, unterbricht die Lektüre am besten jetzt.

Wir können annehmen, dass die vier Asse gleichmäßig im Stapel verteilt sind, dass die Abstände zwischen ihnen also gleich verteilt sind. Störend ist dabei die Sonderrolle des Anfangsstapels bis zum ersten Ass und die des Reststapels hinter dem letzten Ass. Diese Sonderrolle verschwindet, wenn wir uns die Karten zyklisch angeordnet vorstellen. Diese Vorstellung wird erleichtert durch ein fünftes Ass, das uns die Stelle des Abhebens markiert. Wir haben jetzt fünf Asse im Stapel und brauchen uns um Anfangs- und Endstück nicht mehr zu kümmern: Alle fünf Asse sind beim Mischen völlig gleichberechtigt und das *Indifferenzprinzip* ist anwendbar. Die Abstände der Asse haben folglich denselben Mittelwert, und der muss genau ein Fünftel der Kartenanzahl sein. Bis zum ersten Ass ab dem „Markierungs-Ass" sind im Mittel 53/5 Karten aufzudecken.

Mit der Übertragung des Spielkartenproblems auf das Taxi-Problem setze ich ebenfalls auf das Indifferenzprinzip. Eine Argumentation, die auf einer Art Symmetrieprinzip beruht, bietet das Buch von Michalewicz und Michalewicz (2008). Ich finde den Gedankengang dort allerdings nicht restlos überzeugend.

Wenn wir uns die eigentlich als rein zufällig anzusehende Nummerierung der Taxis als analog zum Mischungszustand eines Kartenstapels denken, dann sind wir sofort fertig: Man kann sich die Taxis als zyklisch angeordnet vorstellen mit einem zusätzlichen nullten Taxi, das den Anfang der Folge markiert. Dieses nullte Taxi wird den beobachteten Taxis zugeschlagen.

Der Mittelwert der insgesamt $n+1$ Abstände zwischen den beobachteten Taxis einschließlich des nullten Taxis ist folglich durch den Quotienten $(N+1)/(n+1)$ gegeben. Wenn wir, ausgehend vom nullten Taxi, nur die folgenden n Abstände betrachten, den Abstand des b-ten Taxis vom darauffolgenden nullten Taxi also außer Acht lassen, erhalten wir mit b/n eine weitere Abschätzung dieses mittleren Abstands. Gleichsetzen dieser beiden Mittelwerte und Auflösen nach N liefert die gesuchte Formel für den Schätzwert.

Die Schlucht (Generalisierung)

Zu lösen ist das folgende Problem:

Vier Reisende – A, B, C und D – wollen eine Schlucht überqueren. Es ist Nacht und ohne Licht ist der Weg über die Brücke zu gefährlich. Leider steht nur eine Lampe zur Verfügung und außerdem dürfen höchstens zwei Personen gleichzeitig auf der Brücke sein. Die Personen sind nicht alle gleich gut zu Fuß. A ist jung und beweglich. Er braucht nur eine Minute, um über die Brücke zu kommen. B braucht zwei und C fünf Minuten. D ist ein älterer Herr, der erst kürzlich eine Hüftoperation überstanden hat. Er benötigt zehn Minuten. Wenn zwei gemeinsam gehen, brauchen beide Licht. Also bestimmt der langsamere von beiden das Tempo. Wie sieht der optimale Plan aus, so dass alle in möglichst kurzer Zeit auf der anderen Seite sind?

Person	Zeitbedarf in Minuten
A	1
B	2
C	5
D	10

Zunächst geht es darum, das Problem so darzustellen, dass es mathematisch behandelbar wird. Dafür stellen wir in einer Tabelle die wichtigen *Daten* zusammen. Dann geht es darum, die möglichen Abläufe zu beschreiben. Dazu benötigen wir eine *Codierung* der Zustände, die im Laufe des Überquerungsprozesses erreicht werden. Ich lege mich auf die Seite fest, von der aus die Leute starten, und beschreibe den Zustand durch Auflistung der dort Anwesenden – einschließlich eventuell der Lampe (L). Unter Berücksichtigung der Randbedingungen (höchstens zwei Personen gehen weg oder kommen an, und jedes Mal geht die Lampe mit) und unter der naheliegenden Annahme, dass stets zwei Personen weggehen, lassen sich die Zustände und die Übergänge zwischen ihnen in eine grafische Form bringen. Die Übergänge werden durch Pfeile dargestellt, über denen jeweils der zugehörige Zeitbedarf steht. Der Mathematiker nennt so etwas einen *gerichteten Graphen mit nichtnegativer Kantenbewertung*. Hier liegt nun noch eine Besonderheit vor: Die Zustände sind in aufeinanderfolgenden Stufen angeordnet (Abb. 4.5).

Na fein. Das soll uns der Lösung näher gebracht haben? Jetzt können wir zwar alle möglichen Abläufe sehen. Wir können auch den einen oder anderen Pfad vom Ausgangspunkt zum Ziel durchgehen. Aber es sind sehr viele Pfade, und es sind ziemlich unsinnige darunter, beispielsweise dieser, der fünfzig Minuten in Anspruch nimmt:

$$(ABCDL) \rightarrow (AB) \rightarrow (ABDL) \rightarrow (B) \rightarrow (BDL) \rightarrow (\ ).$$

Aber gemach. Wenn wir wirklich den günstigsten Ablauf finden wollen, ist es gar nicht so übel, sich erst einmal alle denkbaren Möglichkeiten vor Augen zu führen. Und die grafische Darstellung leistet das sehr gut. Nun gilt es, unter den 108 möglichen Pfaden durch den Graphen den oder die günstigsten herausfinden.

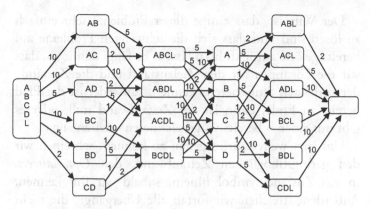

Abb. 4.5 Grafische Darstellung zum Schlucht-Problem

Welche der Heuristiken des schöpferischen Denkens könnten dabei helfen? Naheliegend ist die *vollständige Enumeration*. Das bedeutet, alle möglichen Pfade zu durchwandern und die jeweils benötigte Zeit zu registrieren. Der Pfad mit dem geringsten Zeitaufwand löst das Problem.

Das ist ziemlich viel Arbeit. Als Erleichterung bietet sich an, mit dem Durchwandern eines Pfades immer dann aufzuhören, wenn ein schlechteres Ergebnis zu erwarten ist als beim bisher günstigsten Pfad. Aber es geht weit besser. Die Heuristik der *Generalisierung* sagt uns, wie.

Der Übergang von einem Objekt zu einer ganzen Klasse von Objekten bringt uns weiter. Wir betten die Problemstellung, das „Objekt", in eine verallgemeinerte Problemstellung ein. Es geht nun nicht mehr nur darum, möglichst günstig vom Anfangszustand (ABCDL) zum Endzustand () zu gelangen. Jeder Zustand des Graphen kann als Anfangszustand dienen. Wir haben jetzt nicht nur ein Problem, sondern deren 22, für jeden Zustand eines.

Dieses *Einbettungsprinzip* macht auf den ersten Blick alles nur noch schlimmer: Anstelle eines Problems sind es jetzt viele.

Der Witz ist, dass einige dieser Probleme sehr einfach zu lösen sind und dass sich die schwereren Probleme auf bereits gelöste zurückführen lassen. Es fängt damit an, dass wir die Lösungen für den Zielzustand und die Zustände der vorletzten Stufe bereits kennen. Entweder ist der Pfad bereits zu Ende, dann ist der Zeitaufwand null, oder es gibt nur einen – bereits vorgezeichneten – Übergang.

Um jetzt weiter zurückgehen zu können, schreiben wir den geringstmöglichen Zeitaufwand, den *Optimalwert*, in das Zustandssymbol hinein, sobald wir ihn kennen. Außerdem streichen wir fortan alle Übergänge, die nicht optimal aus einem Zustand herausführen.

Nun gehen wir zur vorvorletzten Stufe. Für jeden Zustand dieser Stufe betrachten wir die herausführenden Übergänge und addieren jeweils den Wert des Übergangs zum Optimalwert des so erreichten Zustands. Dann wählen wir den Übergang aus, bei dem der Zeitaufwand am geringsten ist. Der so ermittelte minimale Aufwand wird in die Zustandsmarkierung eingetragen, und alle nichtoptimalen Zustandsübergänge werden gestrichen. So geht es Stufe für Stufe bis zum Startzustand. Das Ergebnis dieser *Rückwärtsrechnung* zeigt Abb. 4.6.

Die Lösung des ursprünglichen Problems liegt nun auf der Hand: Man verfolgt die verbliebenen Pfade vom Start- zum Zielzustand (Vorwärtsrechnung). In unserem Fall ergeben sich zwei Möglichkeiten, die sich folgendermaßen charakterisieren lassen: Zuerst marschieren die beiden Schnellsten los, also A und B. Einer von beiden (A oder B) bringt die Lampe zurück. Dann gehen die beiden Langsamsten los. Sie übergeben die Lampe dem noch anwesenden Schnellen (B oder A). Der bringt sie zurück und schließlich können auch A und B zusammen über die Brücke gehen. Insgesamt dauert die Überquerung der Schlucht 17 min. Auch das zeigt die Methode: Eine bessere Lösung kann es nicht geben.

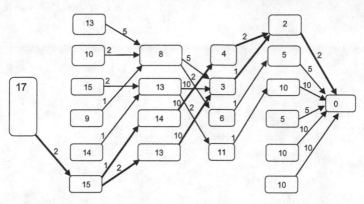

Abb. 4.6 Ergebnis der Rückwärtsrechnung zum Schlucht-Problem

Diese Denksportaufgabe hat uns zu einem Vorgehen geführt, das in der Unternehmensforschung seinen Platz hat: die *dynamische Optimierung*. Bereits aus der Schule kennen wir eine Anwendung des Einbettungsprinzips: das pascalsche Dreieck.

5

Der Jammer mit der Statistik

Das ist das Schöne an einem Fehler: Man muss ihn nicht zweimal machen.

(Thomas Alva Edison)

Über Deutlichkeit und Größe statistischer Zusammenhänge

Physik, Chemie, Biologie und Mathematik sind hartes Brot. Da lebt es sich mit einfachen Erklärungen doch wesentlich leichter. Und die werden in den Esoterik-Ecken der Buchhandlungen und auf den Unterhaltungsseiten der Zeitungen geboten: Astrologie, übernatürliche Fähigkeiten, Hellsehen, Wünschelrutengängerei, Feng Shui, und was es da sonst noch gibt.

Die Frage ist, ob man damit wirklich besser durchs Leben kommt. Oder ob es Irrwege sind – Aufwand ohne angemessenen Nutzen.

© Springer-Verlag GmbH Deutschland, ein Teil von Springer Nature 2020
T. Grams, *Klüger irren – Denkfallen vermeiden mit System*,
https://doi.org/10.1007/978-3-662-61103-6_5

Jedenfalls lohnt es sich, die eine oder andere Sache einmal etwas genauer unter die Lupe zu nehmen. Es zahlt sich aus, wenn man die Spreu vom Weizen trennen kann. Und dazu braucht es manchmal eine Portion Mathematik. Damit kann man auch den allgegenwärtigen Überredungsversuchen, den Statistiken über Wahl- oder Kaufverhalten, den Berichten über die Macht der Sterne und vielem anderen mehr gelassener gegenübertreten.

Jeder kennt Meldungen über mehr oder weniger wundersame Zusammenhänge: Bei Vollmond gibt es mehr Zwillingsgeburten als sonst. Italiener sind kinderfreundlicher als Deutsche. Besonders die Frauen bevorzugen Geländewagen. Ehen werden überdurchschnittlich oft zwischen Partnern desselben Sternbilds geschlossen. Solche Aussagen werden meist noch mit dem Hinweis auf Statistiken belegt. Und das naive Vertrauen in solche Zahlenwerke gibt einem dann den Rest. Der Reinfall ist gesichert.

Statistiken bieten eine Menge von Denkfallen. Oft steckt hinter den irreführenden Statistiken keine böse Absicht, aber manche sind auch in teuflischer Absicht erstellt. Jedenfalls tun wir gut daran, uns gegen Irreführung zu immunisieren.

Wir konzentrieren uns hier auf zwei Fragen: Wie *groß* ist ein in einer Meldung hochgejubelter Zusammenhang tatsächlich? Wird dieser Zusammenhang in der Statistik auch *deutlich* genug sichtbar?

Dabei gehen wir von folgender Grundsituation aus: Wir betrachten ein gewisses Merkmal, das entweder vorliegt oder nicht, beispielsweise die Zwillingsgeburt. Außerdem möge es zwei Statistiken geben, in denen das Merkmal erfasst ist. Diese Statistiken können aus verschiedenen Zeiträumen sein, zum Beispiel die eine aus dem Jahr 2006 und die andere aus dem Jahr 2008. Die Statistiken können aber auch nach einem weiteren Merkmal unterschieden sein wie Vollmond oder kein Vollmond.

Studie zu Trends beim Autokauf

Nehmen wir ein Beispiel aus der Aral-Studie „Trends beim Autokauf 2009". Darin steht: „4 % der Männer und 8 % der Frauen würden als nächsten Wagen einen Ford kaufen."

Befragt worden sind 301 Personen. Nehmen wir ferner an, dass es gleich viele Männer wie Frauen waren. Wir rechnen im Folgenden der Einfachheit halber mit 150 befragten Frauen und genau so vielen befragten Männern. Der Aussage liegt eine Statistik zugrunde, die in der folgenden *Vierfeldertafel* zusammengefasst ist.

Geschlecht	Auto		Zeilensumme
	Ford	andere	
Frau	12	138	150
Mann	6	144	150
Spaltensumme	18	282	300

Wir haben es bei der Aral-Studie mit einer Stichprobe von Befragten zu tun, die nach zwei Merkmalen aufgeschlüsselt ist: Automarke und Geschlecht: Die befragte Person kann weiblich oder männlich sein, und sie kann einen Ford bevorzugen oder eine andere Marke.

Die Frage ist nun, was die Statistik tatsächlich über die *Größe* und *Deutlichkeit* der erhöhten Vorliebe der Frauen für die Automarke Ford aussagt. Für die Größe haben wir einen Anhaltspunkt: Da stehen die 8 % (12/150) bei den Frauen den 4 % (6/150) bei den Männern gegenüber. Aber ist diese Differenz auch deutlich genug, um von einer Vorliebe der Frauen für Ford sprechen zu können?

Könnte es sein, dass sowohl Männer als auch Frauen mit jeweils derselben 6-prozentigen Wahrscheinlichkeit Ford bevorzugen und dass die Stichprobe rein zufällig die Werte der Tabelle produziert hat?

Die Auswertung der Vierfeldertafel mittels Kombinatorik

Wir teilen die Gesamtheit der befragten Personen, die Stichprobe, in zwei Gruppen auf: Die erste Gruppe umfasst alle befragten Frauen und die zweite die Männer. Nun setzen wir voraus, dass die Vorliebe für Ford sich rein zufällig auf sämtliche Personen verteilt, ohne Bevorzugung oder Benachteiligung einer der Gruppen. Das ist die *Zufallshypothese:* Bei 18 der 300 Personen fällt die Wahl auf Ford. Die Wahrscheinlichkeit dafür, dass ein beliebig herausgegriffener Mann Ford bevorzugt, ist genauso groß, wie die Wahrscheinlichkeit dafür, dass eine Frau diese Vorliebe hegt, nämlich gleich 18/300 gleich 6 %.

Wir bezeichnen den Fall, dass sich eine Frau für Ford entscheidet, als Treffer und wollen wissen, wie wahrscheinlich die Trefferzahl 12 ist. Dazu schauen wir uns die Menge der Fordliebhaber an. Sie besteht aus 18 Personen. Jede der 300 Personen der Gesamtheit hat gemäß der Zufallshypothese dieselbe Chance, in diese Auswahl zu kommen.

Bei dieser Auswahl kann es vorkommen, dass unter den 18 Personen keine Frau ist, oder aber eine oder zwei oder drei usw. Im Extremfall sind alle 18 Fordliebhaber Frauen. Zu jeder dieser Trefferzahlen lässt sich die Wahrscheinlichkeit mit den Mitteln der Kombinatorik berechnen. Diese Berechnung werde ich etwas später, im Abschnitt über die Wahrscheinlichkeitsverteilung (Vierfeldertafel), ausführen und begründen. Sie liefert für die Wahrscheinlichkeit, dass unter den 18 Fordliebhabern genau 12 Frauen sind, den Wert 6,85 %. Am wahrscheinlichsten ist die Trefferzahl 9. Hier liefert die Kombinatorik den Wahrscheinlichkeitswert 19,13 %.

Die Grafik (Abb. 5.1) zeigt die Wahrscheinlichkeitswerte für alle möglichen Trefferzahlen. Die dunklen Balken für die Trefferzahlen von 5 bis 13 addieren sich auf eine Wahrscheinlichkeit von insgesamt 95 % oder möglichst wenig mehr. Die hellen Balken repräsentieren die seltener vorkommenden Trefferzahlen und ergeben zusammen die restliche Wahrscheinlichkeit von weniger als 5 %.

Alle dunklen Balken sind mit der Hypothese vereinbar, dass es sich um reine Zufallsergebnisse handelt. Die zu den hellen Balken gehörenden Werte sind so unwahrscheinlich, dass man die Zufallshypothese ablehnen sollte. Sie bilden den *Ablehnungsbereich* zum *Signifikanzniveau* von 5 %.

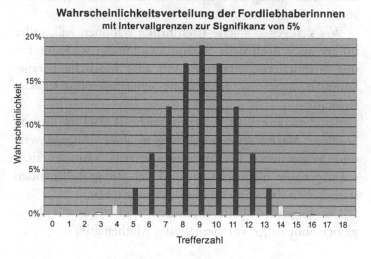

Abb. 5.1 Trends beim Autokauf – Zufallshypothese

Alle Trefferzahlen im Ablehnungsbereich sind deutliche Anzeichen für eine tatsächlich vorhandene Abhängigkeit zwischen den Merkmalen (in unserem Fall Frau einerseits und Marke Ford andererseits). Und der Grad der *Deutlichkeit* wird durch das Signifikanzniveau bestimmt.

Was die Aral-Studie zum Autokauf betrifft, ist die Vorliebe der Frauen für Ford durch die statistischen Daten nicht belegt. Sogar unter Anlegung des schwachen Maßstabs der 5-prozentigen Signifikanz zeichnet sich die Präferenz nicht deutlich genug ab. Der Wert liegt im Nicht-Ablehnungsbereich, und er ist durchaus noch verträglich mit der Annahme, dass es sich um ein Zufallsergebnis handelt.

Diese Trendstudie zum Autokauf ist typisch für spektakuläre Aussagen, die uns täglich in den Medien begegnen und die mit Statistiken untermauert werden: Die schmale Zahlenbasis gibt die starken Aussagen in vielen Fällen nicht her. Das präsentierte Ergebnis ist gemessen am Datenmaterial nicht deutlich; es hebt sich nicht stark genug von irgendwelchen Zufallsergebnissen ab.

Wer sich gegen solche Irreführung wappnen will, sollte immer auch nach dem Stichprobenumfang schauen: Bei nur dreihundert Befragten kann alles Mögliche herauskommen, sogar eine spektakuläre Schlagzeile ohne jegliche Relevanz.

Ben Goldacre (2013) nennt solche verdächtig kleinen Studien *Marketingstudien*. Wegen ihrer Allgegenwart und wegen ihres Irreführungspotenzials lohnt es sich, etwas genauer hinzuschauen und sich die grundlegenden statistischen Zusammenhänge klar zu machen.

Die folgenden Unterabschnitte sind etwas für Neugierige ohne Angst vor elementarer Mathematik.

Die Nullhypothese

Für die weitere Analyse gehen wir von einer generalisierten Vierfeldertafel aus. Die Prüfverfahren auf Basis der Vierfeldertafel werden in den Statistiklehrbüchern behandelt. Meine Darstellung folgt dem Buch „Angewandte Statistik" von Lothar Sachs (1992).

Die Vierfeldertafel dient der Auswertung einer Stichprobe von Objekten, denen gewisse Merkmale zukommen oder auch nicht. Wir beschränken uns auf die Untersuchung zweier Merkmale: A und B. Die Häufigkeiten, mit denen die Merkmalskombinationen AB, $A \neg B$, $\neg AB$ und $\neg A \neg B$ auftreten, erhalten die Namen a, b, c und d gemäß der folgenden Tabelle.

Generelle Vierfeldertafel

Häufigkeiten	B	$\neg B$	Zeilensumme
A	a	b	$a + b$
$\neg A$	c	d	$c + d$
Spaltensumme	$a + c$	$b + d$	$a + b + c + d$

Im Fall der Autokaufstudie definiert das Merkmal A die Teilstichprobe der Frauen und $\neg A$ die der Männer. Das Merkmal B steht für die mutmaßlichen Ford-Käufer und $\neg B$ für die anderen.

Die Größe der Gesamtstichprobe n ist gegeben durch

$$n = a + b + c + d.$$

Am Anfang der Deutungsversuche steht die Frage, ob die beiden Merkmale unabhängig voneinander auftreten oder ob wir davon ausgehen müssen, dass ein Zusammenhang zwischen ihnen besteht. Wir formulieren dazu die so genannte

Nullhypothese: Die relative Häufigkeit des Vorliegens eines Merkmals hängt nicht davon ab, ob gleichzeitig auch das andere Merkmal vorliegt oder nicht.

Die Hypothese besagt, dass das Merkmal B in der Stichprobe A, abgesehen von den Zufälligkeiten der Stichprobenentnahme, relativ genau so häufig vorkommt wie unter den Objekten der Stichprobe $\neg A$. Im Idealfall gilt $a/b = c/d$ und damit auch

$$a/(a + b) = c/(c + d) = (a + c)/n.$$

Gilt die Nullhypothese, lassen sich die Werte der Vierfeldertafel aus den Randwerten, den Zeilen- und den Spaltensummen, ermitteln. Beispielsweise ist $a = (a + b)$ $(a + c)/n$. Wegen der Zufälligkeit der Stichprobenbildung können wir nicht erwarten, dass diese Gleichung exakt gilt. Wir bilden aus den Randwerten einen Schätzwert $\tilde{a}$ für a:

$$\tilde{a} = (a + b)(a + c)/n.$$

Für die Abweichung des Wertes a der Vierfeldertafel von diesem Schätzwert schreiben wir Δ:

$$\Delta = a - \tilde{a} = \frac{ad - bc}{n}.$$

Für die Werte b, c und d ergeben sich betragsmäßig, also abgesehen vom Vorzeichen, dieselben Differenzen. Im Idealfall, also wenn die gemessenen Werte mit den Schätzwerten übereinstimmen, sind diese Differenzen gleich null.

Die zentrale Frage lautet, ob die Differenz allein auf den Zufall zurückzuführen ist. Falls das nicht der Fall ist, wenn also die betragsmäßige Abweichung $|\Delta|$ so groß ist, dass sie unter der Nullhypothese nahezu ausgeschlossen werden kann, dann wird die Nullhypothese verworfen und wir können davon ausgehen, dass die Merkmale voneinander statistisch abhängig sind.

Nehmen wir den Fall der Tabelle über die Beliebtheit der Automarke Ford: Für die Zahl der befragten Frauen, die einen Ford kaufen würden, ergibt sich der Schätzwert 9. Die Abweichung des Umfrageergebnisses vom Schätzwert beträgt also $12 - 9 = 3$.

Nun ist die Frage zu beantworten, ob diese Differenz noch dem Zufall angelastet werden kann, oder ob tatsächlich eine Vorliebe der Frauen für Ford vorliegt. Diese Frage haben wir weiter oben anhand des Diagramms durch Betrachtung der Ereigniswahrscheinlichkeiten beantwortet. In den nächsten Abschnitten werden wir sehen, wie diese Verteilung zustande kommt.

Bei sehr großen Stichproben, also bei Stichprobenumfängen von mehreren Tausend oder Millionen, ist die Betrachtung der Ereigniswahrscheinlichkeiten zu aufwendig. Im Anschluss an die Untersuchung der Wahrscheinlichkeitsverteilung ergibt sich ein Kriterium für die Differenz Δ, das die Entscheidung erlaubt, ob ein statistischer Zusammenhang zwischen zwei Merkmalen vorliegt oder nicht.

Das pascalsche Dreieck – Wie viele verschiedene Stichproben gibt es?

Bei der Stichprobenbildung wird aus einer *Grundgesamtheit* – beispielsweise aller Deutschen, die sich demnächst ein Auto kaufen wollen – eine Teilmenge als *Stichprobe* ausgewählt. Wir fragen uns, wie viele solcher Stichproben es überhaupt gibt, genauer, wie groß die Anzahl der Teilmengen ist, deren jeweils k Elemente aus einer Grundgesamtheit mit genau n Elementen entnommen werden. Das ist das Grundproblem der *Kombinatorik*.

Wir machen uns die Beantwortung der Frage einfach, indem wir von den leicht zugänglichen Fällen ($n = 0, 1, 2$) ausgehen und Schritt für Schritt zu den schwierigeren weitergehen. Das ist eine Anwendung des Einbettungsprinzips. Dazu bauen wir eine Tabelle auf. In diese Tabelle tragen wir von oben nach unten den Umfang der Grundgesamtheit ein und von links nach rechts denjenigen der Teilmenge. In der Spalte k der Zeile n steht also die Anzahl aller möglichen Stichproben vom Umfang k aus einer Grundgesamtheit vom Umfang n. Es ergibt sich das *pascalsche Dreieck*, dessen Anfang die folgende Tabelle zeigt.

Anzahl möglicher Stichproben (pascalsches Dreieck)

n \ k	0	1	2	3	4	5	6	7	8	9
0	1									
1	1	1								
2	1	2	1							
3	1	3	3	1						
4	1	4	6	4	1					
5	1	5	10	10	5	1				
6	1	6	15	20	15	6	1			
7	1	7	21	35	35	21	7	1		
8	1	8	28	56	70	56	28	8	1	
9	1	9	36	84	126	126	84	36	9	1

Das Bildungsgesetz ist einfach: Man beginnt mit einer Grundgesamtheit mit null Elementen und trägt die Anzahl der Teilmengen ein: Die einzige Menge vom Umfang null ist die leere Menge. Und sie hat auch nur die leere Menge als Teilmenge. Damit erhalten wir in Zeile 0 und Spalte 0 den Wert 1.

Jede der anderen Zahlen der Tabelle ergibt sich, indem man die darüber stehende zu der links daneben addiert. Leere Felder haben den Wert null.

Wie kommt es zu diesem Bildungsgesetz für die Tabelle? Nun: Gegenüber der vorherigen Zeile hat sich die Grundmenge um ein Element vergrößert. Die Anzahl aller Teilmengen des gegebenen Umfangs, in denen dieses letzte Element nicht enthalten ist, steht genau darüber, denn die Elemente müssen alle aus der um ein Element verringerten Gesamtheit ausgewählt werden. Die Anzahl aller Teilmengen, in denen das letzte Element enthalten ist, steht links daneben, denn jetzt ist zur Ergänzung der Auswahl ein Element weniger aus der um ein Element verringerten Grundgesamtheit auszuwählen.

Aus dem Bildungsgesetz folgt sofort, dass sich die Zeilensummen von Zeile zu Zeile verdoppeln. Denn jede der Zahlen einer Zeile wird in der Zeile darunter genau zweimal berücksichtigt.

Die Zahlen des pascalschen Dreiecks heißen *Binomialkoeffizienten*. Der Binomialkoeffizient aus Zeile n und Spalte k wird üblicherweise mit $\binom{n}{k}$ bezeichnet und „n über k" gelesen. Binomialkoeffizienten heißen so, weil sie als Beiwerte (Koeffizienten) beim Auswerten der Potenzen von Binomen (zweiteiligen Summenausdrücken) auftreten. Hier gelten nämlich dieselben Gesetzmäßigkeiten, die uns beim Aufbau der Tabelle geleitet haben. Nehmen wir als Beispiel den Ausdruck $(a+b)^3$. Er ist gleich $1a^0b^3 + 3a^1b^2 + 3a^2b^1 + 1a^3b^0$. Die Beiwerte dieses Ausdrucks sind die Binomialkoeffizienten der Zeile 3.

Wir halten fest: Die Anzahl der k-elementigen Teilmengen einer n-elementigen Menge ist gleich n über k. Oder auch so: Die Anzahl der Möglichkeiten, eine Auswahl von k Elementen aus einer Menge mit n Elementen zu treffen, ist gleich n über k.

Wahrscheinlichkeitsverteilung (Vierfeldertafel)

Wir tun so, als sei die Statistik der Vierfeldertafel alles, was wir kriegen können. Alle erfassten Elemente – also unsere Stichprobe – bilden gleichzeitig die Grundgesamtheit. Wir teilen diese Stichprobe in zwei Teilstichproben auf: Die erste Teilstichprobe umfasst alle Objekte mit dem Merkmal A. In der zweiten befinden sich die restlichen Objekte, also diejenigen, denen das Merkmal fehlt, kurz: $\neg A$.

Die Gesamtstichprobe besteht aus $n = a + b + c + d$, die erste Teilstichprobe aus $a + b$ und die zweite Teilstichprobe aus $c + d$ Objekten. Die Grundgesamtheit enthält $a + c$ Objekte mit dem Merkmal B.

Die Nullhypothese besagt, dass die Objekte der ersten Teilstichprobe rein zufällig aus der Gesamtstichprobe gewählt sind. Wir wollen nun festhalten, dass unter diesen ausgewählten Objekten genau k das Merkmal B tragen, und fragen nach der Wahrscheinlichkeit, mit der es zu dieser Auswahl kommt.

Es gibt $\begin{pmatrix} a + b + c + d \\ a + b \end{pmatrix}$ Möglichkeiten, $a + b$ Objekte aus der Grundgesamtheit auszuwählen, das haben die Überlegungen zum pascalschen Dreieck gezeigt. Das Indifferenzprinzip ist anwendbar: Alle diese Auswahlen haben dieselbe Wahrscheinlichkeit, und diese ist gleich dem Kehrwert ihrer Anzahl.

Nun interessiert uns, wie viele dieser Auswahlen genau k der B-Objekte enthalten.

Es gibt genau $\begin{pmatrix} a + c \\ k \end{pmatrix}$ Möglichkeiten, genau k der B-Objekte auszuwählen. Zu jeder dieser Möglichkeiten gibt es $\begin{pmatrix} b + d \\ a + b - k \end{pmatrix}$ Möglichkeiten, die erste Stichprobe mit $\neg B$-Objekten aufzufüllen. Das Produkt dieser beiden

Zahlen ist gleich der Anzahl von Teilstichproben der Größe $a+b$ mit genau k B-Objekten. Wir brauchen diese Zahl nur noch mit der Wahrscheinlichkeit einer Auswahl zu multiplizieren, also durch die Anzahl aller Auswahlmöglichkeiten zu dividieren.

Die Wahrscheinlichkeit p_k, in der ersten Teilstichprobe auf genau k B-Objekte zu treffen, ergibt sich so zu

$$p_k = \frac{\binom{a+c}{k} \cdot \binom{b+d}{a+b-k}}{\binom{a+b+c+d}{a+b}}$$

Mit einem Tabellenkalkulationsprogramm wie Excel verschaffen wir uns eine Darstellung dieser Wahrscheinlichkeitsverteilung. Als Beispiel dient die Vorliebe der Frauen für die Automarke Ford, die in der Studie Trends beim Autokauf so hervorsticht. Wir stellen fest, dass das Maximum der Wahrscheinlichkeitsverteilung beim Schätzwert $\bar{a}=(a+b)(a+c)/n$ liegt und dass links und rechts davon die Wahrscheinlichkeiten glockenförmig abfallen (Abb. 5.1).

Die wahrscheinlicheren Werte liegen in der Nähe des Maximums der *Glockenkurve*. Die an den Rändern der Glockenkurve liegenden Werte treten seltener auf. Die zugehörigen Wahrscheinlichkeiten der eher unwahrscheinlichen Werte sind in der Grafik als helle Balken dargestellt.

Wenn die Nullhypothese gilt, sollte der tatsächliche Wert a zu den wahrscheinlichen gehören. Oder anders herum ausgedrückt: Wenn der tatsächliche Wert zu den unwahrscheinlichen gehört, wollen wir die Nullhypothese ablehnen und sagen, dass die Abweichung des Wertes vom Schätzwert deutlich, also signifikant ist und nicht mehr dem Zufall allein zugeschrieben werden kann. Andernfalls wollen wir die Nullhypothese beibehalten.

Präzisierung des Tests

Wir teilen den Wertebereich in einen inneren und einen äußeren Bereich auf. Der innere Bereich enthält die wahrscheinlichen und der äußere die an den Rändern der Glockenkurve liegenden, unwahrscheinlichen Werte. In der Grafik „Trends beim Autokauf" (Abb. 5.1) sind die Wertebereiche durch unterschiedlich gefärbte Balken markiert: dunkel die inneren, hell die äußeren.

Den ersten und den letzten Wert des inneren Bereichs bezeichnen wir als unteren bzw. oberen *Grenzwert*. Diese Grenzwerte werden folgendermaßen bestimmt: Zunächst wird das Signifikanzniveau α festgelegt. Die Wahrscheinlichkeit dafür, dass ein rein zufälliger Wert in den äußeren Bereich fällt, soll geringer als α sein.

Die untere Grenze u wollen wir so festsetzen, dass die Summe der Wahrscheinlichkeiten aller Werte unterhalb dieser Grenze kleiner als $\alpha/2$ ist und dass durch Einbeziehung des unteren Grenzwerts diese Wahrscheinlichkeit erreicht oder überschritten wird. Analog dazu fordern wir für die obere Grenze o: Die Wahrscheinlichkeit, dass ein Wert oberhalb dieser Schranke liegt, ist kleiner als $\alpha/2$. Bei Einbeziehung des oberen Grenzwerts wird diese Wahrscheinlichkeit erreicht oder überschritten.

Unter der Nullhypothese, also wenn die Unabhängigkeitsannahme gilt, ist die Wahrscheinlichkeit für eine Grenzwertüberschreitung kleiner als α. Anders herum ausgedrückt: Unter der Unabhängigkeitsannahme liegt der Wert a mit einer Wahrscheinlichkeit von wenigstens $1 - \alpha$ im Intervall von u bis o, also: $u \leq a \leq o$.

Die äußeren Werte bilden den *Ablehnungsbereich*. Jetzt können wir die Regel für den Test knapp formulieren:

Liegt der Wert *a* im Ablehnungsbereich, dann wird die Nullhypothese mit einer Irrtumswahrscheinlichkeit von α abgelehnt, und die Abweichung vom Schätzwert wird als signifikant auf dem Niveau α eingestuft. Andernfalls wird die Nullhypothese beibehalten.

Für $\alpha = 5\,\%$ und wenn der Wert im Ablehnungsbereich liegt, nennen wir die Abweichungen vom Schätzwert „schwach signifikant". Bei $\alpha = 1\,\%$ ist sie „signifikant" und bei $\alpha = 1\,‰$ „hoch signifikant". In der Grafik (Abb. 5.1) ist der Ablehnungsbereich für das Signifikanzniveau von 5 % durch die helleren Balken markiert.

Das Testkriterium

Als standardisiertes Maß für die Abweichung der Größe *a* vom Schätzwert *ā* wird in der angewandten Statistik die Prüfgröße

$$P = \frac{(n-1)(ad-bc)^2}{(a+b)(a+c)(b+d)(c+d)}$$

verwendet.

Bei Gültigkeit der Nullhypothese weicht die Größe *a* nicht allzu stark vom Schätzwert *ā* ab. Genauer: Für jedes Signifikanzniveau α lässt sich eine Schranke $S = S(\alpha)$ angeben, so dass folgende Aussage gilt:

Überschreitet die Prüfgröße *P* die Schranke $S(\alpha)$, dann wird die Nullhypothese bei einer Irrtumswahrscheinlichkeit von α abgelehnt und die Differenz Δ wird als signifikante Abweichung auf dem Niveau α eingestuft. Andernfalls wird die Nullhypothese beibehalten.

Dabei wird vorausgesetzt, dass die Stichprobenumfänge nicht zu klein sind; insbesondere soll $5 < a$ und $5 < d$ sein. Die folgende Tabelle zeigt die zu den drei üblicherweise gewählten Signifikanzniveaus gehörenden Schranken.

	Schranken für die Prüfgröße		
	Schwach signifikant	Signifikant	Hoch signifikant
α	5 %	1 %	1 ‰
$S(\alpha)$	3,841	6,635	10,828

Was die Vorliebe der Frauen für die Automarke Ford angeht, erhalten wir für die Prüfgröße den Wert $P = 2,12$. Die Abweichung ist also noch nicht einmal schwach signifikant. Aber das haben wir ja schon anhand der Wahrscheinlichkeitsverteilung herausbekommen.

Bei zu kleinen Stichproben werden auch größere systematische Abweichungen nicht deutlich genug erkannt. Die meisten der in den Zeitungen veröffentlichten Statistiken fallen in diese Kategorie. Sie haben einen viel zu kleinen Stichprobenumfang, als dass interessante Effekte überhaupt erkennbar sein könnten. Meist werden irgendwelche Zufälligkeiten im Zusammenhang mit der Stichprobenentnahme überinterpretiert und zu Gesetzmäßigkeiten hochgejubelt. Beispiele sind die Aral-Studie zum Autokauf und alle möglichen Meinungsumfragen.

Dass bei einem vergrößerten Stichprobenumfang mit deutlicheren Ergebnissen zu rechnen ist, ergibt sich aus einer einfachen Überlegung: Bleiben bei einer Vergrößerung der Stichprobe um einen gewissen Faktor die Zahlenverhältnisse gleich, so vergrößern sich alle Zahlen der Vierfeldertafel um diesen Faktor. Dementsprechend wird auch die Prüfgröße P um wenigstens diesen Faktor größer.

Das andere Extrem ist die sehr kleine systematische Abweichung, die durch eine extrem große Stichprobe deutlich herauskommt. In diesem Fall kann die Differenz von ziemlich unbedeutenden Einflussfaktoren herrühren. Dabei können Einflüsse eine Bedeutung erlangen, die man eigentlich glaubte vernachlässigen zu können. Beispiele dafür sind im Abschnitt zur Astrologie zu finden.

Jedenfalls eines können wir den ganzen Überlegungen bisher entnehmen: Eine veröffentlichte Statistik ohne erkennbaren Stichprobenumfang ist wertlos. Werden uns dann noch irgendwelche Schlussfolgerungen aus dieser Statistik nahe gebracht, liegt der Verdacht eines Manipulationsversuchs nahe.

Selbst wenn das Ergebnis signifikant ist, sollte der Leser skeptisch bleiben: Die Schranke zur schwachen Signifikanz wird schon rein zufällig mit einer Wahrscheinlichkeit von 5 %, also bei jeder zwanzigsten Auswertung, überschritten. Im Rahmen einer Studie wie der von Aral werden viele Zusammenhänge ausgeleuchtet. Es wäre ein Wunder, wenn da nicht auch einmal eine (schwach) signifikante Abweichung von der Norm erschiene.

Besonders problematisch ist die Berufung auf schwach signifikante Zusammenhänge bei den Arzneimittelprüfungen. Von angehenden Ärzten und Pharmazeuten werden unzählige Versuche gemacht. Wenn ein Versuch nichts Besonderes erbringt, wird weitergemacht. Irgendwann wird sich schon etwas Verwertbares zeigen. Nur Signifikantes wird veröffentlicht. *Fishing for Significance* heißt diese Praxis. Sie stellt eine große Herausforderung an die Qualitätssicherung im Gesundheitswesen dar (Goldacre 2013; Beck-Bornholdt und Dubben 2001).

Erwartungswert und Standardabweichung einer Zufallsgröße

Diese Begriffe kommen hier immer wieder vor: *Erwartungswert* oder Mittelwert und *Standardabweichung*.

Das sind theoretische Kenngrößen von Zufallsvariablen. Eine solche Zufallsvariable kann beispielsweise die Größe der Männer einer bestimmten Population sein. Die Größe eines rein zufällig aus dieser bestimmten Population ausgewählten Mannes ist dann eine Realisierung dieser Zufallsvariablen. Ein weiteres Beispiel für eine Zufallsvariable liefern Stichproben mit vorgegebenem Umfang, deren Objekte ein bestimmtes Merkmal tragen oder nicht. Der Wert der Zufallsgröße bestimmt sich dann nach der Anzahl der Merkmalträger in der Stichprobe. Jede dieser Stichproben liefert eine Realisierung der Zufallsvariablen. Das uns vertraute Beispiel ist die Anzahl der Fordliebhaberinnen (Merkmal) unter den Frauen (Stichprobe), die einer Grundgesamtheit von männlichen und weiblichen Autointeressenten entnommen wird.

Für den hier verfolgten Zweck brauchen wir keine exakte Definition dieser Kenngrößen. Es genügt, sich eine präzise Vorstellung davon zu machen.

Unter einer Stichprobe verstehen wir eine Folge von Realisierungen einer Zufallsvariablen. Beispielsweise die Größe von Hans Maier in Duisburg, die von Bernd Schmitt in Bremen, die von Gerd Hobbe in Klein-Kleckersdorf usw. Eine Stichprobe vom Umfang n wird niedergeschrieben als Folge dieser Werte: $x_1, x_2, ..., x_n$.

Der *Erwartungswert* (auch: Mittelwert) m einer Zufallsgröße ist eine Kennzahl, die durch das arithmetische Mittel einer ausreichend großen Stichprobe beliebig genau angenähert werden kann: $m \approx (x_1 + x_2 + ... + x_n)/n$.

Die Standardabweichung s ist ein Maß für die Streuung der Zufallsvariablen. Sie lässt sich dadurch charakterisieren, dass die meisten Realisierungen einer Zufallsvariablen um höchstens das Zweifache dieses Wertes vom Erwartungswert abweichen.

Genauer gesagt: Wenigstens 75 % aller Werte einer großen Stichprobe sind wenigstens gleich $m - 2\,s$ und höchstens gleich $m + 2\,s$. In diesem $2\,s$-Intervall liegen sogar wenigstens 95 % der Stichprobenwerte, wenn die Wahrscheinlichkeitsverteilung eine Glockenkurve ist.

Der Nicht-Ablehnungsbereich zum Signifikanzniveau von 5 % entspricht etwa dem $2\,s$-Intervall. Die Wahrscheinlichkeitsverteilung der Fordliebhaberinnen hat den Mittelwert 9, und die Standardabweichung ist etwas größer als 2. Das $2\,s$-Intervall umfasst die Werte 5, 6, 7, ..., 13.

Übrigens ist die Prüfgröße P gleich Δ^2/s^2.

Falls Sie an der wahrscheinlichkeitstheoretischen Definition der Größen interessiert sind und sich vielleicht die Formel der Prüfgröße selbst herleiten wollen, bringe ich hier ein paar Hinweise, die den Zusammenhang herstellen.

Basis der Überlegungen ist eine (sehr große) Stichprobe. Jeder der möglichen Werte der Zufallsvariablen tritt darin mit einer gewissen relativen Häufigkeit auf. Wenn Sie jede dieser relativen Häufigkeiten mit dem zugehörigen Wert der Zufallsvariablen multiplizieren und diese Produkte aufaddieren, erhalten Sie genau den arithmetischen Mittelwert der Stichprobe.

Die relativen Häufigkeiten sind näherungsweise gleich den Wahrscheinlichkeiten der Variablenwerte. Der arithmetische Mittelwert ist also näherungsweise gleich der Summe aller Produkte aus Variablenwert und zugehöriger Wahrscheinlichkeit, und genau das ist definitionsgemäß der Erwartungswert der Zufallsvariablen.

Das Quadrat s^2 der Standardabweichung ist gleich der mittleren quadratischen Abweichung der Variablen vom Mittelwert. Die Mittelwertbildung wird jetzt nicht über die Werte der Zufallsvariablen selbst ausgeführt, sondern über die quadratischen Abweichungen vom Mittelwert. Die Stichprobe ist die Folge der Werte $(x_1 - m)^2$, $(x_2 - m)^2$, $(x_3 - m)^2$, ..., $(x_n - m)^2$.

Die Herleitungen sind samt und sonders elementar; allerdings gerät man knietief in die Kombinatorik hinein. Kenntnisse der wichtigsten Umformungsregeln und der vollständigen Induktion sind unentbehrliches Rüstzeug für diese Unternehmung. Tipp: Leiten Sie zunächst den Mittelwert m (in der Literatur: μ) und die Streuung s^2 (in der Literatur: σ^2) der *hypergeometrischen Verteilung* her. Die Übertragung der Ergebnisse auf die Vierfeldertafel ist dann eine leichte Übung. Wer's bequemer mag, übernimmt einfach die Kennzahlen der hypergeometrischen Verteilung aus der Literatur oder aus dem Internet.

Korrelation und Kausalität: Sex ist gesund

Keine Angst. Jetzt kommt nicht schon wieder die Geschichte von den Störchen und den Geburtenzahlen. Die ernst gemeinten Zeitungsmeldungen sind viel lustiger.

Die Fuldaer Zeitung meldete am 10. Januar 1998:

„Männer, die häufiger Sex haben, leben länger als Sexmuffel. [...] Drei Forscher aus Bristol und Belfast untersuchten dazu 918 Männer zwischen 45 und 59 Jahren auf ihren Gesundheitszustand und ihre sexuellen Aktivitäten über zehn Jahre hinweg. Das Ergebnis: Bei den Männern, die die meisten Orgasmen hatten (mindestens zwei pro Woche), war die Sterblichkeitsrate nur halb so hoch wie bei denjenigen der enthaltsamsten Gruppe, die seltener als einmal pro Monat aktiv waren."

Die Autoren der Studie schreiben in ihrem Bericht „Sex and death: are they related? Findings from the Caerphilly cohort study" (Smith et al. 1997), dass ihre Ergebnisse im Gegensatz zu der in vielen Kulturen vertretenen Ansicht stehe, dass das Vergnügen des Geschlechtsverkehrs nur auf Kosten der Vitalität und des Wohlbefindens zu haben sei.

Auf ähnliche sonderbare Meldungen in Zeitung, Radio und Fernsehen werden Sie nicht lange warten müssen. Dann sollten Sie an die oben beschriebene *Untersuchungs-methode der drei Möglichkeiten* für Ursache-Wirkungs-Beziehungen denken.

Übrigens kann man den Autoren der zitierten BMJ-Studie kaum einen Vorwurf machen. Hier haben die Journalisten etwas für bare Münze genommen, das nicht ganz so ernst gemeint sein kann. Die Autoren schreiben nämlich, wohl im Spaß:

> „Der in dieser Studie beschriebene Zusammenhang zwischen Orgasmushäufigkeit und Sterblichkeit ist aus epidemiologischer und biologischer Sicht wenigstens genauso überzeugend wie viele der in anderen Studien berichteten Zusammenhänge. [...] Auch könnten Gesundheits-programme in Erwägung gezogen werden, vielleicht so wie die anregende Wenigstens-fünfmaltäglich-Kampagne zur Förderung des Obst- und Gemüsekonsums – obwohl man die Zahlenvorgabe etwas anpassen sollte. [...] Die enttäuschenden Ergebnisse von Gesundheitsförderungs-programme könnten hier ausbleiben, da es sich um potenziell freudvolle Aktivitäten handelt."

Schlank in 14 Tagen

Den Bauch wegzubekommen, sei nicht einfach, sagt der Fitness-Manager. Aber er wolle, dass wir gesund bleiben. Um den Speck weg und den Bauch wieder flacher zu bekommen, biete er ein „Bauch-Fett-weg-Programm" nach dem Simply-Belt-Konzept an. Diese Nachricht habe ich in der aktuellen Beilage „Wellness & Gesundheit" meiner Tageszeitung gefunden; dort wird auch verraten, wie die Sache funktioniert:

> „Der Gürtel wird auf dem T-Shirt getragen – was die Anwendung noch hygienischer macht. Das Prinzip des Bauchgurts beruht auf einem Drei-Kammern-Luftsystem, bei dem der Druck von außen zur Mitte des Bauchbereichs im Wechsel in die Luftdruckkammern gepumpt wird. Damit ist nicht nur eine passive Wechselwirkung gegeben, sondern zusätzlich erfährt der Körper – wie bei der traditionellen Lymphdrainage – eine effektive, zum Kernpunkt des Körpers führende Massage. [...] Dadurch wird die Durchblutung gefördert; die Fettsäuren können über das Blut dorthin transportiert werden, wo sie verbrannt werden – im Muskel."

Gewiss, viele Leute empfinden sich als zu dick und zu unförmig. Eigentlich wissen sie auch, was dagegen zu tun ist: Langsam essen und sich regelmäßig bewegen. Bequemlichkeit und Nachlässigkeit lassen Soll und Ist, Plan und Ausführung auseinanderdriften. Wir stecken in einem Problem und leiden darunter. Und aus dieser Situation lässt sich Gewinn schlagen. Das machen dann die anderen. Sie versprechen uns, dass wir mühelos schlank werden können. Und sie sagen auch, wie.

Die einen raten uns, Mittelchen einzunehmen, beispielsweise Fat-burner und Sattmacher, oder sich mit Anti-Cellulite-Creme einzuschmieren. Andere preisen ihre Diätratschläge in Buchform oder auf DVD an; und wieder andere raten dazu, das von ihnen ersonnene trickreiche Gerät, den Simply-Belt beispielsweise, zu benutzen. Uns liegt an einem schlankeren Körper; die Anbieter haben vor allem unseren Geldbeutel im Visier. Skepsis ist also durchaus angebracht.

Prüfen im Vorfeld der Wissenschaft

Die Werbesprüche für derartige Angebote suggerieren wissenschaftliche Fundierung („Fettsäuren können über das Blut dorthin transportiert werden, wo sie verbrannt werden") und sie arbeiten mit plausiblen Analogien („erfährt der Körper – wie bei der traditionellen Lymphdrainage – eine effektive, zum Kernpunkt des Körpers führende Massage").

Das klingt überzeugend. Aber: Was ist dran an all den Behauptungen? Was ist Tatsache, was Wunschdenken und was reine Verführungskunst? Wie kann ich vermeiden, Geld für nutzloses Zeug auszugeben?

Zunächst einmal zur Aussagekraft von Analogien: Sie werden zwar gern zur Begründung irgendwelcher okkulter Effekte herangezogen. Aber Analogien sind nur in der Phase der Ideenfindung interessant; als Belege oder gar Beweise taugen sie grundsätzlich nicht. Nach dieser Klärung sind wir zwar das eine oder andere Argument los. Aber ob das Angebot etwas taugt oder nicht, wissen wir damit immer noch nicht. Wir müssen tiefer in die Sache eindringen.

Bleiben wir beim eingangs dargestellten Beispiel. Ich will wissen, was am Simply-Belt-Konzept dran ist, und halte mich an die ersten zwei Regeln gesunder Skepsis:

Nicht glauben, wenn man nachsehen und prüfen kann.

Die Beweispflicht liegt bei dem, der Außerordentliches behauptet.

Also frage ich im Fitness-Studio nach Belegen. Ich erhalte den Hinweis auf eine Studie über ein vergleichbares Produkt, genannt Slim-Belly. Das Institut für medizinische und sportwissenschaftliche Beratung (IMSB

Austria) hat die „ABC-one-Studie 2010 – Regionale Fettverbrennung" durchgeführt. Unter anderem wurde ermittelt, welchen Effekt der Gürtel hat: Eine Gruppe trainierte mit, die Kontrollgruppe ohne Gürtel, bei ansonsten gleichen Bedingungen. Das ganze Experiment erstreckte sich – einschließlich Messungen – über 14 Tage.

Wie glaubwürdig ist die Quelle?

Tests auf Glaubwürdigkeit betreffen zunächst die Institution selbst, denn die Studie kann durch Verstoß gegen die Regeln sauberer Versuchsanordnung und -durchführung irreführende Ergebnisse liefern. Sie kann sogar auf bloße Täuschung angelegt sein.

> Der Skeptiker fragt: Ist die Studie von einer angesehenen und unabhängigen Institution durchgeführt worden? Wer hat sie in Auftrag gegeben? Wer hat sie bezahlt?

Was die Reputation des Prüfinstituts angeht, habe ich im Internet nichts Nachteiliges finden können. Initiatoren der Studie sind die Erfinder des Slim-Belly-Gürtels von der Firma ABC-one. Sie begründen die Studie so: „Ziel der Studie war es, […] die Wirkung der Geräte Slim-Belly® und Slim-Back&Legs® auf die regionale Fettverbrennung zu testen und die Effizienz der beiden Produkte zu beurteilen. Und das unter streng wissenschaftlichen Rahmenbedingungen."

Offensichtlich ist die Studie Element eines Werbekonzepts. Die offene Sprache der Publikation stimmt mich positiv, aber angesichts der Interessenlage ist weiterhin Skepsis angebracht. Wir müssen noch eine Schicht tiefer gehen und versuchen, Informationen über die Qualität der

Studie zu gewinnen. Als Quelle ist zunächst nur die Studie selbst greifbar.

Der Skeptiker fragt: Sind Planung und Durchführung der Studie ausreichend dokumentiert? Werden die wissenschaftlichen Standards eingehalten?

Zu den wissenschaftlichen Standards gehört die umfassende Dokumentation sämtlicher Versuche zum selben Gegenstand. Macht man nämlich eine ganze Reihe von gleichartigen Versuchen, so ergeben sich im Allgemeinen rein zufällig verschiedene Resultate. Und in dieser Ergebnisvielfalt lässt sich dann sicherlich auch etwas finden, das den gewünschten Effekt besonders deutlich zeigt. Diese Ergebnisse werden dann veröffentlicht. Ein solches Fishing for Significance muss ausgeschlossen sein. Die Studie sagt nichts darüber aus, und auch seitens der Herstellerfirma wird Fishing nicht ausdrücklich ausgeschlossen.

Zur sauberen Versuchsplanung und -durchführung gehört auch, dass die Teilgruppen (Produktanwender und Kontrollgruppe) durch reine Zufallsauswahl gebildet werden. Davon ist aber in der Studie nicht die Rede. Von der durchführenden Ärztin habe ich diese Antwort bekommen: „Die Auswahl und die Zuteilung der jeweiligen Personen in die Gruppen mit Slim-Belly bzw. Slim-Back&Legs und Kontrollgruppe haben wir nicht selber bestimmt. Dieses wurde von den Organisatoren der Studie entschieden" – also von der Herstellerfirma ABC-one.

Dafür, dass bei dieser Studie die wissenschaftlichen Standards womöglich nicht eingehalten worden sind, ist also die Herstellerfirma verantwortlich. Die Tätigkeit des Prüfinstituts beschränkte sich offenbar auf die Messungen und die statistische Auswertung.

Was sagen die Daten wirklich aus?

Zum guten Schluss können wir noch die mitgeteilten Daten und Schlussfolgerungen unter die Lupe nehmen.

> Der Skeptiker fragt: Ist die Studie inhaltlich glaubwürdig? Enthält sie Widersprüche? Wie groß und wie deutlich sind die behaupteten Effekte?

Unter anderem wird in der Studie behauptet, „dass durch die Anwendung mit dem ‚Slim-Belly' die Fettreduktion im Hüftbereich 8-fach höher war als ohne Gerät". Das klingt beeindruckend. Aber was steckt dahinter? Die Hautfalten-dicke nahm bei den Versuchspersonen, die einen Gürtel trugen, im Mittel um 40 mm ab, mit einer Standardab-weichung von 28 mm. Bei den Versuchspersonen ohne Gürtel betrug die mittlere Abnahme nur 5 mm bei einer Standardabweichung von 20 mm. Der Quotient der Mittel-werte ergibt tatsächlich den Faktor 8. Wie unsinnig diese Zahlenangabe ist, wird klar, wenn man bedenkt, dass hier Messergebnisse für 32 Personen, die den Gürtel trugen, und 34 Personen der Kontrollgruppe in statistische Kennzahlen gepresst worden sind. Wie hätte der Quotient ausgesehen, wenn die Kontrollgruppe im Mittel überhaupt keine Reduktion oder gar eine geringe Zunahme zu verzeichnen gehabt hätte? (Das hätte leicht passieren können, denn die Standardabweichung ist deutlich größer als der Mittelwert.)
   Die Studie enthält einen Hinweis darauf, dass es bei der Gruppenaufteilung möglicherweise nicht mit rechten Dingen zugegangen ist. Die Personen der Kontrollgruppe waren im Mittel um fast drei Zentimeter größer als die der Slim-Belly-Gruppe (Kontrollgruppe 166,5 cm, Slim-Belly-Gruppe 163,8 cm) bei nahezu gleichem Gewicht (Kontrollgruppe 83,3 kg, Slim-Belly-Gruppe 83,5 kg). Bei der etwas „schlankeren" Kontrollgruppe könnte die

Chance abzunehmen tatsächlich von vornherein etwas geringer sein.

Die Ergebnisse der Studie liegen teilweise knapp unter und teilweise knapp über dem 5 %-Signifikanzniveau. Einen nach diesem Maßstab signifikanten (deutlichen) Effekt findet man schon rein zufällig in 5 % aller Fälle, also in jedem zwanzigsten Versuch, auch dann, wenn es den Effekt im Grunde gar nicht gibt. Bei einem derartig schwachen Signifikanzkriterium ist eine Dokumentation der insgesamt durchgeführten Versuche eigentlich unerlässlich. Aber eine solche Dokumentation fehlt hier.

Fazit Wir haben es hier mit einer inhaltlich wertlosen Studie zu tun; ihr Zweck ist Werbung und weiter nichts.

Eine Bachelor/Master-Erfolgsmeldung

Wir haben Grund zur Freude. Wenigstens die Nachrichten über die Studienreform – die Einführung der Bachelor/Master-Studiengänge – hellen unseren ansonsten durch Katastrophenmeldungen ' über Staatsverschuldungen und weitere Misslichkeiten eingetrübten Alltag etwas auf. So schreibt Jan-Martin Wiarda in seinem Beitrag „Vor dem Sturm" (DIE ZEIT, Nr. 32, 4. August 2011, S. 67): „Um zu begreifen, wie weitreichend die Effekte der Reform sind, genügen ein paar Zahlen: Laut jüngsten Erhebungen des Statistischen Bundesamtes verstreichen vom Studienstart bis zum Masterabschluss im Schnitt 10,5 Semester – anderthalb Semester beziehungsweise ein Achtel weniger Zeit als beim Erwerb das alten Diploms."

Die Zahl von 10,5 Semestern vom Studienstart bis zum Masterabschluss hat der Autor offenbar aus der Tab. 3.3.3 der „Statistische Daten zur Einführung von Bachelor- und Masterstudiengängen Wintersemester 2010/2011 – Statistiken zur Hochschulpolitik 2/2010", herausgegeben von der Hochschulrektorenkonferenz (HRK), Bonn, November 2010 (www.hrk.de, www.hrk-nexus.de). Die Zahl besagt, dass im Berichtsjahr 2008 alle Master-Absolventen die Regelstudienzeit von zehn Semestern nur um ein halbes Semester überschritten haben.

Die Ingenieurwissenschaftler stechen aus der Masse der Studenten durch besonders unbändiges Studieren heraus: Sie kamen mit einer mittlerem Gesamtstudiendauer von 9,8 Semestern aus und blieben damit sogar noch unter der Regelstudienzeit. Demgegenüber musste derjenige, der nicht im gestuften System studiert, mit einer um wenigstens zwei Semester längeren Studiendauer rechnen.

Das ist doch Grund zu jubeln. – Oder?

Wir halten inne und vergegenwärtigen uns, dass die Einführung der neuen Studiengänge gerade erst geschehen ist. Im Jahrzehnt vor der Jubelmeldung wurde im Laufe des Bologna-Prozesses das alte System mit seinen Diplomen und Magistern Schritt für Schritt durch das neue ersetzt. Dementsprechend hat die Zahl der durch die Reform betroffenen Studienanfänger Jahr für Jahr zugenommen.

Wer zwei Jahre nach Einführung des viersemestrigen Masters mit dem Masterstudium fertig wird, gehört zu den „frühen Vögeln"; er wird notgedrungen in der Regelstudienzeit fertig. Ein Jahr später gesellen sich zu den „frühen Vögeln" die Nachzügler des Jahrgangs zuvor. Diese Nachzügler verschlechtern den Durchschnitt der Studiendauer der Absolventen. Mit jedem Jahr kommen weitere Nachzüglergenerationen hinzu. Dieser Effekt ist noch für ein paar Jahre festzustellen. Damit haben wir eine Erklärung für die niedrigen Studiendauern der ersten Masterabsolventen.

Ist es wirklich die mittlere Studiendauer der Absolventen, die uns interessiert? Nein! Die mittlere Studiendauer muss sich – wenn sie halbwegs aussagekräftig sein soll – auf die Kohorte derjenigen Studenten beziehen, die zur selben Zeit das Fachstudium angefangen haben, und nicht etwa auf diejenigen, die zur selben Zeit ihre Prüfung ablegen. Letzteres wird berichtet und für Ersteres ausgegeben. Uns wird ein X für ein U vorgemacht.

Natürlich ist es nicht leicht, die Daten für die Kohorte zu bekommen: Man muss warten, bis auch der Letzte fertig ist oder aufgegeben hat. Und das kann dauern und erfordert die mühsame Verfolgung von Einzelschicksalen. Also lässt man es sein.

In Zeiten des gleichmäßigen Betriebs, also dann, wenn die Zahlen der Studienanfänger konstant und die Studienbedingungen gleich bleiben (der Ingenieur spricht vom eingeschwungenen Zustand), verschwindet der Unterschied zwischen der mittleren Studiendauer der aktuellen Absolventen und derjenigen einer Kohorte. Aber *Übergangseffekte* führen zu Diskrepanzen: In der Einführungsphase wird die kohortenbezogene mittlere Studiendauer durch die mittlere Studiendauer eines Absolventenjahrgangs systematisch unterschätzt.

Widersprüche

Auch bei Berücksichtigung des Übergangseffekts sind die Zahlen viel zu gut, um wahr zu sein.

Wir setzen diese Zahlen in Beziehung zu weiteren Daten der HRK-Veröffentlichung: Die mittleren Fachstudienzeiten für Bachelor und Master addieren sich auf 11,2 Semester für alle Studierenden der gestuften Studiengänge und auf 11,7 Semester bei den Ingenieurstudiengängen. Selbst wenn die Masterstudenten im Schnitt das Bachelorstudium etwas schneller beenden als die anderen, liegt man eher bei mehr als 11 Semestern als bei 10,5 für die mittlere Studiendauer des gesamten Studiums. (Achtung: Auch hier wurde nur über die Absolventen gemittelt und nicht etwa über die Kohorte!)

Zur Klärung der Widersprüche lieferte die HRK diese Auskunft:

„Die Studierenden, die hier in Deutschland einen Bachelor absolviert haben und nun einen Master machen wollen, werden in der amtlichen Hochschulstatistik als Studierende im 1. Fachsemester aufgeführt. Im Bachelor erbrachte Semester werden für die Gesamtstudienzeit mitgezählt. Die ausländischen Studierenden, die in Deutschland einen Master machen wollen, werden in der amtlichen Hochschulstatistik als Studierende im 1. Hochschulsemester aufgeführt, da sie neu ins System kommen. Die Studienleistungen, die die Ausländer im Ausland erbracht haben, werden vom Statistischen Bundesamt nicht berücksichtigt und gehen damit nicht in die Gesamtstudienzeit ein. Der Anteil der ausländischen Studierenden in der Prüfungsgruppe Master ist, insbesondere auch zu dem Zeitpunkt, als die jetzigen Absolventen (2009) den Master begonnen haben, relativ hoch. Der Ausländeranteil in der Prüfungsgruppe Master in 2009 beträgt bei ‚Fächergruppen zusammen‘ ca. 1/3 der Absolventen, in den ‚Ingenieurwissenschaften‘ liegt der Ausländeranteil jedoch bei 44 %. Da der Anteil der Absolventen in den ‚Ingenieurwissenschaften‘ 21 % von ‚Fächergruppen zusammen‘ ausmacht, wirkt sich dies auf die Gesamtstudienzeit dahingehend aus, dass die Gesamtstudienzeit der ‚Ingenieurwissenschaften‘ unter der von ‚Fächergruppen zusammen‘ liegt. Dies wird sich ändern, da die Entwicklung mit einer steigenden Zahl von Absolventen deutscher Bachelorstudiengänge einher geht, dementsprechend der Anteil deutscher Masterabsolventen steigt."

Da kann man sich schon auf den Arm genommen fühlen. Hier wird mit irreführenden Daten Stimmung für eine im Grunde misslungene Studienreform gemacht.

Stellvertreterstatistiken

Die Bachelor/Master-Erfolgsmeldung ist ein Musterbeispiel für *Stellvertreterstatistiken*. Darrell Huff spricht im berühmten Büchlein „How to Lie with Statistics" von „Semiattached Figures". Dem Datenmanipulanten gibt er den Rat: Wenn du nicht beweisen kannst, was du beweisen willst, dann demonstriere etwas anderes und behaupte, es sei dasselbe. – Hier ein paar Beispiele aus meiner Sammlung:

Konsumforschung: Wenn du nicht zeigen kannst, wie oft die Bewohner der Region in die Stadt kommen, dann zeige, dass die, die da sind, oft kommen, und behaupte, dass das auch für die Bewohner der Region gilt.

Burn-out: Wenn du nicht feststellen kannst, ob unter den heutigen Menschen der Burn-out grassiert, dann berichte stattdessen über die stark zunehmenden Aktivitäten zur Bekämpfung des Burn-outs und behaupte, dass diese Zunahme für wachsenden Stress in Alltag und Beruf spricht.

Wissenschaftliche Reputation: Wenn du nicht feststellen kannst, welche Fachbereiche an den Hochschulen gute Forschung machen, dann schau auf die eingeworbenen Drittmittel und behaupte, dass viele Drittmittel für gute Forschung stehen. Wenn du nicht weißt, wie gut die Professoren in der Forschung sind, dann miss die Längen ihrer Publikationslisten und nimm diese Zahlen als Maß für die Bedeutung der Forscher.

Und so weiter. Die Zeitungen und Wissenschaftsjournale sind voll von solchem Zeug. Stellvertreterstatistiken dieser

Art sind die unangenehme Kehrseite der Substitution, einer oft hilfreichen Entscheidungsheuristik.

Ich erinnere mich an ein Erlebnis aus meiner Zeit in der Industrie: Der Forschungsmanager rief zur Steigerung der Reputation seines Instituts seine Mitarbeiter dazu auf, ihre Forschungsergebnisse möglichst mehrfach zu veröffentlichen. Sie mögen nur darauf achten, dass die Bilder immer etwas anders aussehen, so dass die Mehrfachverwertung nicht so auffällt. Bewertungsmaßstäbe prägen das Verhalten der zu Bewertenden.

Size matters

Spektakuläres aus der Wissenschaft

„Koreanische Wissenschaftler haben eine neue Anwendung für die Kunst des Handlesens entdeckt – angesichts der Finger ihrer männlichen Probanden vermochten die Forscher um Kim Tae Beom vom Gachon University Gil Hospital deren Penislänge einzuschätzen. Je kleiner der Quotient aus den Längen von Zeige- und Ringfinger der rechten Hand, desto stattlicher der Penis, berichten die Wissenschaftler."

So steht es im Nachrichtenmagazin „Der Spiegel" unter dem reißerischen Titel „Finger verrät Penislänge", Ausgabe 27/2011, S. 120.

Da haben wir wieder einmal eine jener vermeintlich spektakulären wissenschaftlichen Entdeckungen, die von den Medien so gerne an die große Glocke gehängt werden. Für Partygespräche mag so etwas gut sein. Aber was steckt dahinter? Ist es für den Hausgebrauch – im Swingerclub beispielsweise – von irgendwelchem Nutzen? Sehen wir doch einmal genauer nach.

Was herausgefunden wurde

Der Spiegel gibt die qualitativen Aussagen des Original-artikels „Second to fourth digit ratio: a predictor of adult penile length" korrekt wieder. Aber solche qualitativen Aussagen sind im Grunde belanglos.

Grundsätzlich liefern statistische Studien quantitative Ergebnisse, die etwas darüber aussagen, wie *groß* und wie *deutlich* der gefundene Effekt ist. Wenn wir verstehen wollen, was bei der Studie, über die hier berichtet wird, wirklich herauskam, müssen wir uns demnach mit Zahlen beschäftigen. Etwas Mathematik ist zum Verständnis unerlässlich. (Die Mathematik, von der hier die Rede ist, sollte zumindest zukünftig zur mathematischen Allgemeinbildung zählen).

Es geht um den statistischen Zusammenhang zweier Größen. Hier ist es der Zusammenhang zwischen dem Längenverhältnis von Zeige- und Ringfinger und der Penislänge. Aus der Stichprobe der 144 Männer wurden für die untersuchten Größen die Schätzwerte (Mittelwert $\pm$ Standardabweichung) ermittelt: $0,97 \pm 0,04$ für das Längenverhältnis und $11,7 \pm 1,9$ cm für die Penislänge. Den Zusammenhang zwischen den beiden Größen beschreibt der Korrelationskoeffizient. Die Studie ergab den Wert $r = -0,216$.

Ein kleines Experiment

Was sagen uns diese Zahlen über *Größe* und *Deutlichkeit* des Zusammenhangs aus? Um das zu klären, schiebe ich ein kleines Rechenexperiment ein, das sich mit einem ganz normalen Tabellenkalkulationsprogramm (beispielsweise Excel) durchführen lässt.

Die Deutlichkeit des Zusammenhangs lässt sich daran ermessen, inwieweit sich das gefundene Ergebnis von einem reinen Zufallsfund abhebt. Wir gehen also erst einmal von der Hypothese aus, dass es keinen Zusammenhang zwischen den beiden untersuchten Größen gibt (Nullhypothese). Für unser kleines Experiment nehmen wir an, dass die Größen einer Normalverteilung unterliegen. Durch Mittelwert und Standardabweichung sind die den Größen zugeordneten Zufallsvariablen eindeutig bestimmt.

Ich erzeuge eine Stichprobe aus 144 voneinander statistisch unabhängigen Wertepaaren der uns interessierenden Größen mit dem Zufallsgenerator und lasse diese in einer x-y-Grafik anzeigen. Der lineare Trend (die Regressionsgerade) hat eine Steigung, die proportional zum ermittelten Korrelationskoeffizienten der Stichprobe ist. Nach ein paar Experimenten (etwa zehn bis zwanzig Neuberechnungen des Arbeitsblattes) ergibt sich eine Grafik, die derjenigen der Originalveröffentlichung verblüffend ähnlich sieht. Der Korrelationskoeffizient beträgt in dem von mir gefundenen Fall sogar $-0,26$. Offenbar lässt sich nicht ausschließen, dass es sich bei dem Ergebnis der Studie um einen reinen Zufallsfund handelt.

Die Autoren haben ihr Ergebnis als signifikant eingestuft. Dabei legen sie, wie in solchen Studien leider üblich, ein Signifikanzniveau von nur 5 % zugrunde. Das heißt: Unter zwanzig Zufallsergebnissen findet sich im Mittel eines, das in diesem Sinne signifikant ist. Oder so: Der Zufall produziert mit der Wahrscheinlichkeit von 5 % Ergebnisse, die signifikant in diesem Sinne sind.

Als Faustregel kann gelten: Wenn das Quadrat des Korrelationskoeffizienten, das sogenannte Bestimmtheitsmaß, den Kehrwert des um eins verminderten Stichprobenumfangs um wenigstens den Faktor vier übersteigt, dann ist der Zusammenhang signifikant auf dem 5 %-Niveau. Bei der hier vorliegenden Stichprobengröße von 144 und dem Korrelationskoeffizienten $r = -0,216$ ist die Bedingung erfüllt.

Die Faustregel sagt uns darüber hinaus, dass mit sehr großen Stichproben auch ziemlich kleine Korrelation deutlich erkennbar sind.

Interpretation der Grafiken und der Zahlen

Selbst wenn Zweifel bleiben: Wir nehmen das gefundene Ergebnis als einen deutlichen Hinweis auf den Zusammenhang. Das fällt auch deshalb leicht, weil dem Bericht über die Studie zu entnehmen ist, dass es kein *Fishing for Significance* gegeben hat: Es wurden also nicht viele verschiedene Einflussgrößen (Länge der Nase, Schuhgröße, Größenverhältnisse aller möglichen Finger- und Zehenpaarungen usw.) untersucht und aus der Menge der Befunde dann der mit dem deutlichsten Zusammenhang ausgewählt. Bei einem solchen Vorgehen wäre es nämlich nahezu unausweichlich, einen zufällig vorgetäuschten „signifikanten" Zusammenhang zu entdecken.

Aber wie steht es um die Größe des Einflusses? Da sieht es mager aus: Das Quadrat des Korrelationskoeffizienten, das Bestimmtheitsmaß also, ergibt für die Studie den Wert 4,7 %.

Das Bestimmtheitsmaß sagt etwas darüber aus, welcher Anteil der Varianz einer Größe (hier: Penislänge) durch den linearen Trend erklärt wird. Hier sind das weniger als fünf Prozent. Die Grafiken der Studie geben beredtes Zeugnis davon, wie wenig eine Prognose auf Basis des Größenverhältnisses der Finger mit den tatsächlich stark schwankenden Werten zu tun hat.

Fazit

Ja, es kommt auf die Größe an, auf die Größe des Zusammenhangs. Die Studie hat einen möglicherweise tatsächlich vorhandenen Effekt gezeigt. Aber er ist winzig und für Vorhersagen unbrauchbar. In der Tat: Size matters.

Zu diesem Thema habe ich noch etwas, nämlich einen pfiffigen Streich des Gunter Sachs.

Die Akte Astrologie

Gunter Sachs hat ein datenreiches Buch zur Astrologie vorgelegt. Seine Statistiken erfassen – anders, als die der Studie zum Autokauf – sehr viele Fälle, in der Regel mehrere hunderttausend.

In den Tabellen des Buches findet man beispielsweise, dass Mann und Frau mit demselben Tierkreiszeichen überdurchschnittlich oft einander heiraten.

Nehmen wir als Beispiel die Widder-Menschen. Die folgende Tabelle zeigt: Von den insgesamt 358.709 erfassten Paaren sind 33.009 Männer und 32.830 Frauen im Tierkreiszeichen Widder geboren. Würde die Paarbildung rein zufällig erfolgen, ergäben sich im Durchschnitt 33.009 · 32.830/358.709 = 3021 reine Widder-Paare. Wie diese Zahl zustande kommt, war im Abschnitt über die Nullhypothese zu sehen.

Die Statistik weist aus, dass es tatsächlich 3154 Widder-Paare sind, also 133 mehr als erwartet.

Wer heiratet wen?

Mann	Frau Widder	andere	Zeilensumme
Widder	3.154	29.855	33.009
andere	29.676	296.024	325.700
Spalten-summe	32.830	325.879	358.709

Die Tafel der Eheschließungen bezieht sich auf die Schweiz und die Jahre 1987 bis 1994. Verblüffend ist, dass über die gesamte Tabelle gesehen zwischen den Tierkreiszeichen und den Eheschließungen ein Zusammenhang im Sinne der Astrologie erkennbar ist. Die Zusammenhänge sind meist signifikant. Der Wert der Prüfgröße im Vier-Felder-Schema für Widder-Paarungen ist beispielsweise $P = 7,09$, und das zeichnet den Zusammenhang als signifikant auf dem 1 %-Niveau aus.

Muss der Astrologie-Skeptiker aufgrund dieser Zahlen sein Weltbild revidieren? Oder sind die Abweichungen noch mit der Zufallsannahme vereinbar? Letzteres wohl nicht. Fishing for Significance kann man als Ursache für das verblüffende Ergebnis ebenfalls ausschließen, dazu gibt es zu viele Anzeichen im Sinne der Astrologie.

Diese Erkenntnis hat einige Gegner der Astrologie in ziemliche Aufregung versetzt. Die Aufregung war unnötig. Diese Kollegen haben etwas übersehen, nämlich dass es nicht nur auf die Signifikanz eines Zusammenhangs ankommt, sondern auch auf dessen Größe. Und daran mangelt es in diesem Fall. Die Vorhersagen der Astrologen sind zwar deutlich belegt, aber die Effekte sind klein.

Es lohnt sich, nach den Ursachen für die Zusammenhänge nicht nur im Himmel zu forschen, sondern auch im ganz Irdischen. Bei der Analyse sollten wir auch geringe Einflüsse in Betracht ziehen, vor allem solche, die nichts mit der direkten Einwirkung der Sterne zu tun haben.

Interessant ist beispielsweise, dass 0,7 % der Verheirateten bezeugen, dass das Sternzeichen bei der Wahl des Partners eine Rolle gespielt hat, und 3,9 % geben zu, dass das „ein bisschen der Fall" war. Und genau die Möglichkeit, dass selbsterfüllende Prophezeiungen hinter den Effekten stehen könnten, hat uns Gunter Sachs in seinem Buch auch verraten. Manch ein Astrologiegegner war aber offenbar schon nach den ersten Seiten beim Gegenangriff. Er hat die Auflösung des Rätsels dann wohl gar nicht mehr mitbekommen.

Proben mit Stich

Leserbeteiligung fördert die Auflage. Und am einfachsten gelingt das mit TED-Umfragen. TED steht für Teledialog und wurde erstmals in Fernsehshows zur Einbindung der Zuschauer genutzt. Inzwischen grassiert dieser Umfrage-bazillus. Von meiner Tageszeitung wurde ich aufgefordert, meine Meinung darüber abzugeben, ob Autos mit Zünd-sperren für Alkoholsünder (Alkolocks) ausgestattet werden sollen oder nicht. Der Abstimmungsakt erfordert nur, je nach Antwort eine entsprechende Telefonnummer zu wählen.

Inzwischen kenne ich auch das Ergebnis dieser Umfrage: 65,9 % sind für die Zündsperren, 34,1 % sind dagegen (Fuldaer Zeitung vom 23.04.2011).

Hoppla! Von wem ist hier überhaupt die Rede? Von den Osthessen, von den Fuldaern, von den Lesern der Zeitung? Nein: hier ist nur die Rede von denen, die an der Telefonumfrage teilgenommen haben. Und wer diese Leute sind, kann niemand sagen, auch die Redaktion nicht. Ich weiß jetzt nur, dass von denen, die angerufen haben, 65,9 % für die Zündsperren sind und der Rest dagegen. Die Teilnehmer rekrutieren sich selbst: Das Interesse an einer bestimmten Antwort erzeugt den Drang zur Teilnahme. Und ich weiß nicht, ob eher der Zünd-sperren-Befürworter oder dessen Gegner genügend Blut-druck entwickelt, den man braucht, um zum Telefonhörer zu greifen. Es bleibt die ernüchternde Erkenntnis, dass die Zeitung eine total wertlose Nachricht geboten hat.

Auch Webseiten-Anbieter versuchen mit ähnlich gearteten Umfragen ihr Angebot interessanter zu machen. Auf einer Atheisten-Seite wird um Abstimmung gebeten zur Frage: „Glauben Sie an (den christlichen) Gott?" Diese Abstimmung läuft schon seit ein paar Jahren und hat zigtausend Teilnehmer gefunden. Und das ist herausgekommen: Etwa 50 % bejahen und 40 % verneinen die Frage. Das sind die Gläubigen und die Atheisten. Die restlichen 10 % teilen sich auf die mehr oder weniger Wankelmütigen auf.

Es ist wie bei den Alkolocks: Der unkritische Leser sieht in dieser Grafik ein Abbild der Glaubensneigung der Bevölkerung – was immer er unter „Bevölkerung" verstehen mag. Der Nachdenkliche schränkt den Kreis auf die Besucher der Atheisten-Seite ein. Aber auch das ist eine noch viel zu kühne Verallgemeinerung: Die Statistik sagt nur etwas über die Teilnehmer an der Abstimmung aus. Und über diesen Kreis wissen wir so gut wie nichts.

Nur eines ist interessant: Die Agnostiker sind zusammen mit den Wachsweichen klar in der Minderheit. Um sich zur Teilnahme aufraffen zu können, braucht man schon etwas Enthusiasmus. Der ist bei den Gläubigen offenbar vorhanden, und auch bei den wahren Atheisten. Das Abstimmungsergebnis läuft auf die weltbewegende Erkenntnis hinaus, dass Gläubige glauben und Ungläubige eben nicht.

Die hier beschriebenen Umfragen mussten scheitern, weil sie gegen grundlegende Voraussetzungen des statistischen Schließens verstoßen. Die erste Voraussetzung besagt, dass die *Grundgesamtheit* – also die Population, über die etwas ausgesagt werden soll – klar definiert sein muss. Und die zweite Forderung ist, dass das Ziehen einer *Stichprobe* aus dieser Grundgesamtheit nach dem Zufallsprinzip zu erfolgen hat.

Selbstrekrutierte Stichproben wie bei den TED-Umfragen erfüllen diese Forderungen ganz gewiss nicht. Sie sind fast notgedrungen verzerrt und von vornherein wertlos. Es sind Proben mit Stich.

Auch seriös angelegte Umfragen mit gut definierter Grundgesamtheit und gut geplanter Stichprobenbildung können das Problem der verzerrten Stichprobe nie ganz vermeiden. Ein Hauptgrund sind die Fälle von Antwortverweigerung (Non-Response). In den Nachrichten aus dem Statistischen Bundesamt (METHODEN – VERFAHREN – ENTWICKLUNGEN, Ausgabe 2/2004) wird davon berichtet, dass bei Auswahlverfahren für Telefonstichproben mit Antwortverweigerungen von „über 50 % bei Erstbefragungen und rund 10 % bei Folgebefragungen" gerechnet werden muss. Die Antwortverweigerung bildet ein großes Einfallstor für Verzerrungen, das sich kaum schließen lässt.

Da wir gerade bei Glaubensfragen sind: Auch der Religionsmonitor der Bertelsmann-Stiftung muss sich mit dem Problem der Antwortverweigerung herumschlagen. Und bei solchen weltanschaulichen Fragen könnte das besonders hart werden.

Von der Statistik zum Ranking

Kriminalstatistik

Ohne Zweifel haben polizeiliche Kriminalstatistiken (PKS) ihren Nutzen. Fragwürdig wird die Sache erst, wenn Politik und Öffentlichkeitsarbeit ins Spiel kommen: Dann wird ausgewählt, verdichtet und grafisch herausgeputzt, bis die gewünschte Nachricht passend untermauert ist. Und das geht ganz ohne Fälschung.

Der Manipulant weiß, dass sich das Publikum durch Rangfolgen leicht beeindrucken lässt. Das umfangreiche Zahlenwerk der PKS lässt sich beispielsweise zu einer Tabelle zusammenkochen. Eines der beliebten Rankings ist die Sortierung der Bundesländer nach polizeilichem Aufklärungserfolg.

Solche Rankings befeuern die politische Diskussion. Sie genießen eine Wertschätzung, die ihnen genau genommen nicht zukommt. Es handelt sich meist um ziemlich sinnleere Zahlenspielereien. Ein Beispiel sind die heute so geschätzten Hochschulrankings. Darüber im nächsten Unterabschnitt. Hier will ich nur zeigen, wie man sich ein persönliches Ranking zusammenbasteln kann. Und dieses Ranking wird auch nicht sinnloser sein als das von interessierter Seite veröffentlichte.

Wir bleiben bei den Kriminalstatistiken. Was bei diesen funktioniert, geht auch mit beliebigen anderen Statistiken, soweit sie mehrere – womöglich gegeneinander konkurrierende – Institutionen betreffen und wenn die Bewertung in mehrere Kategorien zerfällt.

Aus Osthessen kommt diese Stellungnahme zur Kriminalstatistik 2010:

„Bei einem deutlichen Straftatenrückgang von 4,4 % [...] konnte das Polizeipräsidium Osthessen seine Rekordaufklärungsquote des Vorjahres von 63,4 % noch einmal um 0,2 Prozentpunkte auf 63,6 % steigern. Dies ist die beste Aufklärungsquote seit Bestehen des Polizeipräsidiums Osthessen, betont Polizeipräsident Alfons Georg Hoff anlässlich der Vorstellung der Polizeilichen Kriminalstatistik (PKS) 2010."

Das Polizeipräsidium Nordhessen kommentiert seine Kriminalstatistik 2010 folgendermaßen: „Neben dem kontinuierlichen Rückgang der erfassten Straftaten sinkt

auch Jahr für Jahr die sogenannte Häufigkeitszahl. [...]
Gleichzeitig stieg gegenüber dem Vorjahr die Aufklärungs-
quote nochmals um 0,3 Prozentpunkte auf jetzt 58,2 %."
(Eckhard Sauer, Polizeipräsident)

Die Aufklärungsquoten des Jahres 2010 lassen sich der
Kriminalstatistik entnehmen. Bei kreativer Auslegung der
Statistik könnte die nordhessische Polizei im direkten Vergleich mit den osthessischen Kollegen besser aussehen.
Denn: In die Aufklärungsquote gehen alle Straftaten
unterschiedslos ein. Aber ist es wirklich angemessen, einen
einfachen Diebstahl genauso zu werten wie einen Mord?

Hätten die Nordhessen beispielsweise jeden Mord oder
Tötungsversuch 1000-fach, die sexuellen Straftaten und
die Rohheitsdelikte je 100-fach und alle anderen einfach
gezählt, käme für sie eine Aufklärungsquote von etwa
87 % heraus, und die läge leicht über der entsprechenden
Aufklärungsquote der Osthessen.

Das mag konstruiert erscheinen. Aber es illustriert die
alltägliche Praxis im Ranking-Geschäft. Denn die Rangfolgen hängen ganz entscheidend von der Auswahl und
der Gewichtung der Einflussgrößen und Kategorien ab.

Ein Musterbeispiel dafür ist die fragwürdige Aus-
wahl und Gewichtung von Daten im Zukunftsatlas des
Prognos-Instituts, der die deutschen Regionen in eine
Rangordnung bezüglich ihrer Zukunftsfähigkeit bringt.

Dass die Schwierigkeiten mit Reihenfolgeproblemen
grundsätzlicher Natur sind, hat der Marquis de Condorcet
bereits 1758 publik gemacht. Ein einfaches Beispiel zum
Condorcet-Effekt ist das Wählerparadoxon.

Dazu eine dazu passende Denksportaufgabe: Sie werden
von Ihrem Freund zu einem Würfelspiel eingeladen. Er
lässt Ihnen den Vortritt und bietet Ihnen an, einen von
drei Würfeln auszuwählen. Er will sich dann einen von
den übrigen nehmen. Die Auswahl ist nicht trivial, denn
die Augenzahlen sind etwas sonderbar: Einer der Würfel

hat zwei Dreien, zwei Vieren und zwei Achten, der zweite
hat zwei Einsen, zwei Fünfen und zwei Neunen, und
der dritte zwei Zweien, zwei Sechsen und zwei Siebenen.
Welcher der Würfel bietet Ihnen die besten Chancen,
eine höhere Punktzahl zu erwürfeln als Ihr Freund?
Klugerweise nehmen Sie an, dass Ihr Freund aus den ver-
bleibenden Würfeln den für ihn günstigsten auswählt.

Hochschulranking

Der vorige Abschnitt sollte zeigen, wie schwer es ist, aus
einer Statistik, die mehrere Institutionen betrifft und die
in mehrere Bewertungskategorien zerfällt, eine stichhaltige
Rangordnung der Institutionen zu gewinnen. Wenn das
schon bei untadeligen statistischen Grundlagen wie der
Kriminalstatistik gilt, wie viel ungewisser ist dann ein
Ranking, wenn auch noch die Datenbasis wackelig ist?

Ein Beispiel für den allgegenwärtigen Statistikplunder
ist das Hochschulranking, das vom Centrum für Hochschulentwicklung (CHE) der Bertelsmann-Stiftung in
gewissen Abständen durchgeführt wird und das auflagen-
wirksam in den Zeitschriften des Bertelsmann-Verlags
referiert wird. Ich berichte: Es war im Jahr 2001. Wir
hatten vor nicht zu langer Zeit den Fachbereich Elektrotechnik an der Fachhochschule Fulda ins Leben gerufen.
Da erschien das CHE-Hochschulranking unter anderem
mit dem Schwerpunkt Elektrotechnik.

Wir kamen dabei sehr gut weg. Wir waren Spitze,
zumindest in Hessen. Einige Kollegen meinten, das an
die große Glocke hängen zu müssen. Massenhaft orderten
sie die einschlägigen Zeitschriften, um die gute Nachricht
möglichst flächendeckend unter das Volk zu bringen. Die
Warnung, dass uns das noch schwer auf die Füße fallen
könne, blieb im Freudentaumel ungehört.

Wir hatten unter anderem bei der technischen Ausstattung gut abgeschnitten, und auch die Studenten fühlten sich gut betreut. Besonders ins Gewicht fiel die Tatsache, dass alle unsere Absolventen in der Regelstudienzeit von acht Semestern abgeschlossen hatten. Das machte unseren Fachbereich zu einem Leuchtturm in der Bildungslandschaft.

Nun ist es allerdings kein Wunder, wenn in einem frisch aufgebauten Fachbereich alle Computer in Ordnung sind. Und auch die Betreuung funktioniert sehr gut, wenn die neu berufenen Professoren sich vor allem auf die ersten Studentenjahrgänge konzentrieren können. Aber entscheidend ist, dass den Absolventen damals gar nichts anderes übrig blieb, als in der Regelstudienzeit fertig zu werden. Zur Zeit der Umfrage gab es den Fachbereich gerade vier Jahre und die ersten Absolventen hatten nur die acht Semester des Regelstudiums zur Verfügung. Diejenigen, die den Abschluss damals nicht schafften, kamen in der Statistik nicht vor. Sie „verdarben" dafür die Ergebnisse der Folgejahre.

Auch in den Folgejahren und bis heute wird der Fachbereich Elektrotechnik der Hochschule Fulda überwiegend positiv bewertet. Doch er hat sich dem Durchschnitt etwas angenähert. Was beim Publikum hängen bleibt, ist – ungerechterweise – der „Absturz" im Ranking.

Besonders schwer hat dieses Ranking den Fachbereich Wirtschaft in Fulda erwischt. Aber der ist wohl selber schuld. Jahr für Jahr hatten die Professoren dieses Fachbereichs über die schlechte materielle und personelle Ausstattung gejammert. Kein Wunder war es dann, dass die Studenten ihrem eigenen Laden keine guten Noten gaben. Es folgte ein ziemlich großer Krach innerhalb der Hochschule, der dann unnötigerweise auch noch an die Presse durchgereicht wurde. Grund für das Ganze waren nicht etwa schlechte Leistungen des Lehrpersonals, sondern eine total verunglückte Öffentlichkeitsarbeit, zu der nun einmal auch das Hochschulranking gehört.

Soweit die Dinge, die mir ins Auge gefallen sind. Wenn man den Berichten aus anderen Hochschulen und den Veröffentlichungen in den zuständigen Verbandszeitschriften Glauben schenkt, ziehen sich die Datenerfassungsmängel durch das gesamte CHE-Hochschulranking.

Fazit Die Hochschulrankings erzeugen Pseudoinformation und Scheintransparenz. Im Grunde sind sie nicht besser als das Lesen im Kaffeesatz.

Prognosen und Singularitäten

Den Leuten, die einen Blick in die Zukunft wagen, verdanken wir wunderbare Visionen: Bücher und Filme breiten Phantasiewelten vor uns aus. Darin gibt es Roboter, die den Menschen an Kraft und Intelligenz überlegen sind. Angefangen hat es wohl 1950 mit den Kurzgeschichten „I, Robot" von Isaac Asimov.

Noch bevor sein erster Computer funktionsfähig war, ahnte Konrad Zuse, „dass es eines Tages Rechenmaschinen geben würde, die den Schachweltmeister besiegen können" (Zuse 1984). Heute ist es Geschichte: Im Jahr 1996 gelang es dem Schachcomputer Deep Blue, den amtierenden Schachweltmeister Garri Kasparow zu schlagen. Und das ist noch lange nicht alles. Die Nachricht des Jahres 2011war der Sieg des Supercomputers Watson in der US Quizshow „Jeopardy".

Es sieht danach aus, als würden die kühnsten Science-Fiction-Phantasien Wirklichkeit. Zumindest gibt es gestandene Wissenschaftler und Unternehmer, die fest daran glauben. Sie haben sich in der Singularitätsbewegung (Singularity Movement) zusammengefunden und ziehen ziemlich viel Aufmerksamkeit auf sich. Die Wochenzeitung TIME widmete ihr in der Ausgabe vom 21. Februar 2011 einen großen Bericht.

Singularität nennen diese Leute ein Ereignis, bei dem der Computer den Menschen bezüglich Intelligenz überflügelt und dann an dessen Stelle die kulturelle Evolution vorantreibt. Der Begriff steht also für einen Bruch in der Geschichte der Menschheit aufgrund des raschen und grundlegenden technischen Wandels.

Auskunft über das Wesen der Bewegung erhalten wir von Ray Kurzweil, ihrem wortmächtigsten und einflussreichsten Vertreter. Zentral in Kurzweils Argumentation ist eine Grafik; darin sind 49 Rechner und Computer des zwanzigsten Jahrhunderts nach ihren Erscheinungsjahren erfasst. Jede der Maschinen wird in der Grafik durch einen Punkt repräsentiert, dessen Lage durch die Anzahl der pro Sekunde ausgeführten Befehle (CPS) festgelegt ist, die man für jeweils 1000 Dollar erhält.

Kurzweil weist darauf hin, dass es von der Mechanik über die Relaisschaltungen, die Röhren- und Transistortechnik bis hin zu den integrierten Schaltungen eine Reihe von Technologiewechseln gab und dass das Wachstum über alle diese Phasen hinweg sogar stärker als exponentiell gewesen sei. Kurzweil veranschaulicht den Effekt der wachsenden Wachstumsrate in einer Grafik. Durch die Punktwolke der logarithmisch über der Zeit aufgetragenen Rechnerleistungen legt er einen flotten aufwärts gerichteten Bogen. Er verlängert den Bogen weit über die Punktwolke hinaus und dehnt diesen kühnen Nike-Schwung auf das 21. Jahrhundert aus (Abb. 5.2).

Das Bild lässt nach Meinung der Singularitätsanhänger ziemlich klar erkennen, wann es zur Singularität kommen wird, nämlich etwa ab dem Zeitpunkt, zu dem die Wachstumskurve die Gerade „Mensch" schneidet, also nach 2023.

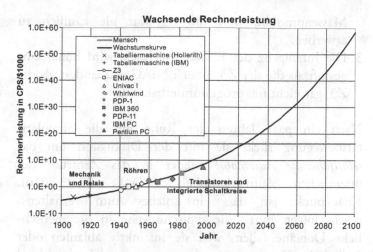

Abb. 5.2 Exponentielles Wachstum der Computerleistung

Derartige punktgenaue Prognosen sind eigentlich die Sache von Weltuntergangspropheten. Diesmal soll der Knall nach oben losgehen. Kurzweils Daten habe ich nicht im Detail überprüft. Aber ich will doch ein paar Dinge ansprechen, die mir aufgefallen sind. Danach komme ich auf die Wachstumskurve zurück.

1. Warum soll die Bitzählerei irgendetwas über die Intelligenz aussagen? Man weiß doch noch gar nicht, was Intelligenz überhaupt ist und wie man sie messen soll. Andererseits war bereits Zuses Z3 dem Menschen bezüglich Rechengeschwindigkeit und Genauigkeit weit überlegen. Und wer wissen will, wie weit die Wissenschaft der Künstlichen Intelligenz nach Jahrzehnten größter Anstrengungen heute ist, der sollte sich diesen Absatz einmal maschinell ins Englische und dann wieder zurück ins Deutsche übersetzen lassen.

2. Was die Kosten angeht, wird Zuses Z3 in eine Reihe mit dem IBM-PC gebracht. Aber der PC ist ein

Massenprodukt, und die Z3 war nie käuflich zu erwerben.

3. Die Intelligenz des ENIAC-Rechners wird höher eingestuft als die der Z3. Aber ENIAC war, anders als die Z3, gar nicht frei programmierbar.

Nach ein paar Jahren der Ruhe um die Singularitätsbewegung rückt sie mit der Diskussion um das *selbstfahrende Automobil* wieder in das Zentrum der öffentlichen Aufmerksamkeit (TIME, 07.03.2016). Knackpunkt ist, dass ein solches Auto Verhaltensregeln folgen muss, die typischerweise in die menschliche Domäne fallen, weil sie instinktiv ablaufen oder weil sie im Verantwortungsbewusstsein und in der Moral wurzeln. Wie soll das Auto entscheiden, wenn entweder ein unbeteiligter Passant zum Opfer werden könnte oder der Fahrzeuglenker?

Bei aller Begeisterung für die Wohltaten der künstlichen Intelligenz empfiehlt es sich, auch ihre Schattenseite im Auge zu behalten. Joseph Weizenbaum (1977) hat schon vor vielen Jahren angemerkt, dass das Unbewusste nicht mit den Regeln der Informationsverarbeitung erklärt werden kann. Auch der Pionier der Künstlichen Intelligenz, David Gelernter (2016) glaubt nicht an die Verheißungen der Singularität. Er wendet sich gegen die Auffassung, dass der menschliche Geist ein Analogon zur Software sei, nur dass sie auf einem Gehirn-Computer laufe. Seiner Meinung nach ist der menschliche Geist nicht nur ein Ergebnis von Gedanken und Daten; auch das Gefühl gehöre dazu. Bewusstsein sei das Werk des gesamten Körpers.

Nun zurück zur Wachstumskurve. Ich verrate Ihnen jetzt, wie Sie eigenhändig exponentielles Wachstum aus dem Nichts erzeugen können. Sie kennen sicherlich die Zahlenrätsel, bei denen man eine Folge von Zahlen geeignet fortsetzen soll. Die Aufgabe besteht darin, ein Bildungsgesetz für die Folge zu erkennen. Nehmen wir als Beispiel die Folge 1, 3, 7, ... Sie werden schnell erkannt haben, dass es sich um Zweierpotenzen minus eins handelt. Sie setzen diese Folge folgendermaßen fort: 1, 3, 7, 15, 31, 63, 127, 255, 511, 1023, ...

Aber hoppla, es geht auch anders. Sie wissen, dass sich zu drei vorgegebenen Punkten immer ein Polynom zweiten Grades finden lässt, dessen Kurve diese Punkte genau trifft. Also konstruieren Sie ein solches Polynom. Die unabhängige Variable durchläuft dabei die Platznummern der Zahlenfolge. Sie erhalten jetzt die Folge 1, 3, 7, 13, 21, 31, 43, 57, 73, 91, ...

Jetzt ziehen Sie die beiden Zahlenfolgen voneinander ab und erhalten: 0, 0, 0, 2, 10, 32, 84, 198, 438, 932, ... Das ist ja wunderbar: Sie haben ein einfaches Rezept gefunden, wie man aus drei vorgegebenen Nullen, sozusagen aus dem Nichts, ein exponentielles Wachstum erzeugt. So leicht lassen sich aus dürftigen Daten kühne Prognosen generieren.

Die richtigen Fragen stellen

Die Aral-Studie zum Autokauf ist ein Musterbeispiel für den Statistikplunder, der uns tagtäglich von den Zeitungen und Zeitschriften vorgesetzt wird. Der auf Mustererkennung und Sinnsuche getrimmte Wahrnehmungsapparat neigt dazu, irgendwelche gezielt herausgegriffene Auffälligkeiten tatsächlich für natürliche oder gesellschaftliche Gesetzmäßigkeiten zu halten, auch dann, wenn sie nur das Resultat zufälliger Schwankungen sind. Sensationsgier gepaart mit Leichtgläubigkeit sorgt dann für den Reinfall: Wir glauben, etwas gelernt zu haben, und das Gegenteil ist der Fall.

Nachrichten, die sich auf Statistiken beziehen, sind sicherlich oft nützlich, manchmal aber – wie wir gesehen haben – auch irreführend. Wie lässt sich die Spreu vom Weizen trennen? Es ist gar nicht so schwer. Versuchen Sie Antworten auf die folgenden Fragen zu finden. Manche Antworten sind bereits in der Nachricht selbst enthalten, wenn auch versteckt. Andere Antworten finden Sie im Internet (Originalarbeiten, Institutionen). In einigen Fällen sollten Sie schlicht nachmessen oder nachrechnen und die Plausibilität prüfen. Gute Tipps finden Sie auch in den Büchern von Walter Krämer (1991) und Darrell Huff (1954). Letzteres ist ein immer noch lesenswerter Klassiker auf diesem Gebiet.

Hier sind die richtigen Fragen:

1. *Wer steckt dahinter?* Die Pressemitteilung eines Interessenverbandes ist anders zu beurteilen als die einer staatlichen Stelle oder eines Forschungsinstituts. Achtung bei Auftragsforschung!
2. *Ist die Wissenschaftlichkeit garantiert?* Steht ein unabhängiges wissenschaftliches Institut dahinter oder ein Institut, das sich durch Aufträge aus der Wirtschaft finanziert? Wie ist die Reputation? Wo liegt die Grenze zwischen den Zuständigkeiten von Auftraggeber und Institut? Ist sie genau definiert?
3. *Was wurde eigentlich gezählt?* Ist der untersuchte Sachverhalt präzise beschrieben? Wer wird als Ausländer, wer als Arbeitsloser gezählt? Ist die Fragestellung der Umfrage tendenziös? Wird das Will-Rogers-Phänomen wirksam? Wurde tatsächlich das Behauptete gemessen oder stattdessen ein nur lose mit der Behauptung verknüpfter Sachverhalt? Handelt es sich um eine Stellvertreterstatistik? Wurde die Stichprobe durch

Zufallsauswahl bestimmt? Sind systematische Verzerrungen durch Vorsortierung oder Selbstrekrutierung ausgeschlossen?

4. Sind *die Kennzahlen und Grafiken der Sache angemessen?* Welcher Mittelwert – arithmetisches Mittel oder Median – wird angegeben? Wo liegt bei den Grafiken der Nullpunkt? Sind die Größen längs der Koordinatenachsen verzerrt wiedergegeben? Stimmen die Größenverhältnisse in den figürlichen Veranschaulichungen? Beispiel: Die Verdopplung von Höhe und Durchmesser eines Ölfasses verachtfacht dessen Inhalt!

5. *Ist der gefundene Effekt deutlich und groß genug?* Welches Signifikanzniveau wird angegeben? Ist Fishing for Significance, also das Wiederholen von Versuchen, bis sich rein zufällig ein auffälliges Ergebnis zeigt, ausgeschlossen? Ist der Effekt für sinnvolle Prognosen groß genug?

6. *Sind die Schlussfolgerungen berechtigt?* Sind die Daten in sich widerspruchsfrei? Wird Präzision vorgetäuscht? Ergeben sich Scheinzusammenhänge durch Zusammenfassungen wie beim simpsonschen Paradoxon? Werden Ursache-Wirkungs-Beziehungen behauptet? Wie werden diese begründet? Wird das Indifferenzprinzip falsch angewendet? Beispiele: benfordsches Gesetz, Umtauschparadoxon. Kommt es zu ungerechtfertigten Umkehrschlüssen wie in der Harvard-Medical-School-Studie oder bei Perrows Berichten über Ausweichmanöver mit Unfallfolgen? Sind die Rangfolgekriterien offengelegt? Sind sie klar und in sich konsistent? Ist der Condorcet-Effekt ausgeschlossen?

6

Intuition und Reflexion

*Our comforting conviction that the world makes sense rests on
a secure foundation: our almost unlimited ability to ignore our
ignorance.*
(Daniel Kahneman 2011)

Heuristiken – Begriffsbestimmung

Wer sich mit Denkfallen befasst, stößt früher oder später
auf den Begriff der Heuristik. Und er ist auch bald ver-
wirrt, denn der Begriff tritt offenbar in ganz unterschiedlichen Bedeutungen auf. Zwei dieser Interpretationen
wurden schon erwähnt: Heuristiken im Sinne von
Lösungsfindeverfahren und *Heuristiken als Entscheidungshilfe*. Die Entscheidungsheuristiken sorgen für die schnelle
und möglichst treffsichere Auswahl aus einer Menge
von mehr oder weniger genau bekannten Hypothesen,

Lösungsvorschlägen oder Alternativen. Mit den Lösungsfindeverfahren andererseits sollen überhaupt erst Lösungswege produziert werden; sie fördern den kreativen Prozess.

In diesem Kapitel beschränke ich mich auf Entscheidungen. Leider ist bereits auf diesem eingeschränkten Gebiet die Verwendung des Begriffs nicht eindeutig geklärt. Wir sollten zwei Klassen von Heuristiken unterscheiden. Die Heuristiken der ersten Klasse wirken rasch, automatisch und – wenn wir nicht aufpassen – am Bewusstsein vorbei. Sie sind der *Intuition* zuzuordnen; schnelle Entscheidungen sind ihr Verdienst. In diesem Sinne verwendet Daniel Kahneman den Begriff. Das Zitat zu Beginn zeigt seine Einstellung zum unüberlegten Gebrauch dieser Heuristiken: Die tröstliche Überzeugung, dass die Welt Sinn ergibt, beruhe auf sicherem Grund, nämlich auf unserer fast unbegrenzten Fähigkeit, unsere Ignoranz zu ignorieren.

Wenn unter den Kindern gleich viele Mädchen wie Jungen sind, dann repräsentiert das den Zufall am besten und dieser Fall sollte wahrscheinlicher sein als jede andere Aufteilung. Wer so denkt, hat nicht aufgepasst. Es stimmt nämlich nicht, wie am Beispiel der Katzenjungen zu sehen war. Der Fehlschluss geht auf die *Repräsentativitätsheuristik* zurück. Sie ist zwar bewährt, in diesem Fall aber verkehrt.

Weitere Heuristiken dieser Art sind die *Verfügbarkeitsheuristik,* die uns das leichter ins Bewusstsein zu Rufende als das Wahrscheinlichere erscheinen lässt, und der *Verankerungseffekt,* der es uns schwer macht, von einer einmal gefassten Einschätzung wesentlich abzuweichen.

Besonders eindrucksvoll erscheint der Verankerungseffekt im Halbkreis-Experiment: Wenn ich frage, mit welcher Wahrscheinlichkeit drei auf einer Kreisperipherie zufällig gewählte Punkte auf einem Halbkreis liegen, antworten die meisten mit grotesk niedrigen Zahlen.

Vermutlich ist ihr erster Gedanke: Ich nehme einen bestimmten Halbkreis und frage mich, wie wahrscheinlich es ist, dass die drei Punkte auf diesem liegen. Da jeder Punkt mit der Wahrscheinlichkeit 1/2 auf diesem Halbkreis liegt, ist die Wahrscheinlichkeit dafür, dass alle drei darauf liegen, gleich 1/8. So niedrig liegen die Schätzwerte in den seltensten Fällen. Offenbar wird bedacht, dass über die Lage des Halbkreises ja nichts gesagt ist, man kann ihn im Kreis herum verschieben. Dieser Gedanke legt einen höheren Schätzwert nahe; aber wegen des Verankerungseffekts traut man sich offenbar nicht allzu weit von der Anfangsschätzung weg. Meist werden Werte angegeben, die bei 50 % und darunter liegen. Dabei liegen bereits zwei Punkte mit Sicherheit auf einem Halbkreis. Und der dritte liegt mit wenigstens der Wahrscheinlichkeit 50 % ebenfalls darauf. Da weitere Anpassungen des Halbkreises möglich sind, muss der tatsächliche Wert deutlich über 50 % liegen.

Die Intuition ist bei unseren Entscheidungen immer dabei – ungefragt und blitzschnell. Die Intuition arbeitet automatisch und anstrengungslos. Sie liefert dort gute Ergebnisse, wo Entscheidungen in einem stark geregelten Umfeld zu treffen sind. Der Schachspieler, der Feuerwehrmann und die Krankenschwester bewegen sich in einem solchen Umfeld, und sie können sich mit zunehmender Erfahrung auf ihr Bauchgefühl verlassen. Unter Zeitdruck kann ein verlässliches Bauchgefühl lebenswichtig sein. Die Intuition wird in einer regelhaften Umwelt trainiert. Wir können Fertigkeiten und Fähigkeiten entwickeln, die unsere schnellen Entscheidungen treffsicher machen.

Daniel Kahneman bezeichnet die Intuition als schnelles Denken. Intuition ist für ihn weder eine Laune noch die Quelle aller schlechten Entscheidungen. Sie ist unbewusste Intelligenz, welche die meisten Regionen unseres Gehirns nutzt. Intuition ist dem logischen Denken nicht unterlegen. Meistens sind beide erforderlich. Intuition ist unentbehrlich in einer komplexen, ungewissen Welt, während Logik und Kalkül – das langsame Denken also – dort funktionieren, wo sich Risiken berechnen lassen.

Soweit die Heuristiken der ersten Klasse. Ich werde sie fortan als *Ahnungen* (Hunches) bezeichnen. Die zweite Sorte beinhaltet die von Gerd Gigerenzer so genannten *einfachen Heuristiken* (Fast and Frugal Heuristics). Zur Unterscheidung von den Ahnungen mögen sie fortan *Faustregeln* heißen.

Eine dieser Faustregeln ist das *Weniger-ist-mehr-Prinzip:* Es empfiehlt sich in vielen Fällen nicht, für die Entscheidungsfindung alle verfügbaren Informationen zu bedenken und sie einem sorgfältigen Kalkül zu unterziehen. Schneller und oft genauer kommt zum Ziel, wer sich auf die wichtigsten Merkmale einer Situation konzentriert. Weiter unten bringe ich Beispiele für diese Regel.

Die Faustregeln sind Gegenstände des bewussten Denkens, anders als die Ahnungen, die weitgehend unbemerkt funktionieren. Die Tatsache, dass Faustregeln uns langwierige logisch-mathematische Überlegungen ersparen, bringt Gerd Gigerenzer dazu, auch sie den Bauchentscheidungen und damit der Intuition zuzurechnen. Er meint, die typische *Heuristik* sei sparsam, „weil sie sich auf die eine oder die wenigen Informationen konzentriert, die wichtig sind, und die anderen außer Acht lässt". Einfache Heuristiken in diesem Sinn machen, so meint Gigerenzer, die Schlagkraft des Bauchgefühls aus.

Er strebt damit nach einer Rehabilitation der Intuition, die er durch Wirtschaftswissenschaftler, darunter Daniel Kahneman, verleumdet sieht. Die Intuition bedarf dieser Verteidigung eigentlich nicht. Daniel Kahneman hält dem entgegen, dass auf Intuition beruhende Heuristiken keineswegs einfach sein müssten. Ganz im Gegenteil:

Das Gehirn verarbeite eine riesige Informationsmenge parallel, und das intuitive Denken könne schnell sein und brauche dabei nicht auf Informationen zu verzichten. Es sei die Fähigkeit, große Informationsmengen schnell und effizient zu verarbeiten, die das Expertentum auszeichnet (Kahneman 2011, S. 457 f.).

Die Intuition repräsentiert das langfristig abgespeicherte und sofort verfügbare Wissen, während die Reflexion für unsere Fähigkeit steht, durch diskursives Denken und Analyse die intuitiven Eingebungen notfalls zu korrigieren und zu steuern. Kurz gesagt: Die Intuition macht Denkfallen möglich; und verantwortlich für deren Vermeidung ist die Reflexion.

Es wird Zeit, etwas für die grobe Orientierung zu tun. Dazu betrachten wir Abb. 6.1.

Ahnungen, also Entscheidungsheuristiken im engeren Sinn, können in ihrer Bedeutung kaum überschätzt werden. Ein Ingenieur, der in seinem Metier kein Bauchgefühl entwickelt, wird es nicht weit bringen. Ich erinnere mich an ein sehr intensives Auftreten des Bauchgefühls. Das war auf einer Jahrestagung zum Thema Sicherheit. Ein junger Softwareingenieur trug zum Thema „Nachweis hoher Softwarezuverlässigkeit" vor. Die für seine Arbeit grundlegende Formel rief bei mir Unbehagen hervor;

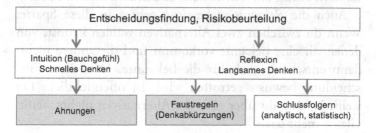

Abb. 6.1 Heuristiken (grau unterlegt) und schlussfolgerndes Denken

mich überkam die Ahnung, dass sie falsch ist. In der Pause versuchte ich gegenüber seiner Mentorin, meine Bedenken in Worte zu fassen. Es gelang mir nicht so recht; ich versprach, die Sache zu durchdenken und mich noch einmal zu melden. Das tat ich dann auch. Im Laufe meiner Analyse stieß ich darauf, dass sich in einige Lehrbücher derselbe Fehler eingeschlichen hat, nämlich in die Herleitung der berühmten Formel von Clopper und Pearson. Dieser Fund bereichert seither meine Sammlung der „Irrtümer auf hohem Niveau" – Irrtümer, die in Lehrbüchern ein günstiges Medium finden. Ich komme noch darauf zurück.

Auch *Vertrauen* gehört zu den Ahnungen im hier angesprochenen Sinn: Ich gehe zu dem Arzt oder Anlagenberater, zu dem ich Vertrauen habe. Der Grad des Vertrauens ist ein Stellvertreter für die Qualität der Behandlung bzw. Beratung. Dabei bleibt mir weitgehend unklar, woher mein Vertrauen kommt.

Derartig Komplexes ist in Gigerenzers Werk die Ausnahme. Um Einfachheit geht es ihm. Eine wichtige Rolle spielt dabei das Prinzip der *Substitution:* Wenn du etwas nicht beurteilen kannst, dann nimm an dessen Stelle etwas Ähnliches und beurteile dies. Beispiele für Substitutionen sind die *Stellvertreterstatistiken,* in denen nicht das eigentlich Interessierende, aber schwer Zugängliche, erfasst wird, sondern etwas, das sich einfach zählen und messen lässt.

Auch die *Rekognitionsheuristik* gehört in diese Sparte: Wenn du zwischen zwei Alternativen wählen kannst, von denen dir eine bekannt vorkommt und die andere nicht, dann entscheide dich für die bekannte. Dass diese Entscheidung bewusst getroffen wird, ist offensichtlich: Du weißt ja, dass du über eine der Alternativen nichts weißt. Gleich mehr dazu.

Die Faustregeln haben herzlich wenig mit Bauchgefühlen zu tun. Sie gehören zu den Denkabkürzungen und verlangen Reflexion, langsames Denken also. Kurz gesagt: Faustregeln sind langsames Denken auf kurzen Wegen.

Einige Heuristiken näher betrachtet

Einrahmungseffekt

Auf einer Radtour durch die Rhön. Frühmorgens war noch die Rede davon, ob man auf die „Wiesn" gehen wolle, eine Art Oktoberfest in einem neuen Viertel der Stadt. Jetzt, bei einer Pause nach eine Fahrt durch eine Flussaue, fällt die Bemerkung: „Ich weiß nicht, ob ich dann noch auf die Wiesn will". Darauf kommt die verblüffende Frage: „Welche Wiese meinst du?"

Hier wurde eine Denkfalle wirksam, die als *Framing-Effekt* bekannt ist: Entscheidungen und Einschätzungen hängen von dem Rahmen ab, in dem sich das Denken bewegt. Der Rahmen kann beispielsweise allein durch die besondere Darstellung eines Problems oder einer Frage bestimmt sein.

Der Einrahmungseffekt macht sich beispielsweise bemerkbar, wenn ein und dieselbe Entscheidungssituation einmal in der Nutzenterminologie und ein andermal in der Schadensterminologie präsentiert wird. Wer den Nutzen betonen will, spricht vom halbvollen Glas und nicht etwa vom halbleeren.

Derartige Widersprüchlichkeiten machen deutlich, dass wir im Allgemeinen risikoscheu sind, wenn es um Gewinne und Nutzen geht: Der Spatz in der Hand ist uns lieber als die Taube auf dem Dach. Risikofreudig sind wir bei drohenden Schäden oder Verlusten: Eine Unternehmung mag uns als riskant erscheinen; dennoch meinen wir zu oft: Augen zu und durch – es wird schon gut gehen. Man denke nur an Überholvorgänge im Straßenverkehr.

Beide Effekte, *Risikoaversion* bei zu erwartendem Nutzen und *Risikoakzeptanz* bei drohendem Schaden, haben einen gemeinsamen Nenner, nämlich die *Überbewertung der Gewissheit.* Daniel Kahneman (2011) bezeichnet diesen Hang zur Überbewertung der Gewissheit als Certainty Effect.

Lotterie und Versicherung fallen aus der Rolle. Ich sehe da besondere Mechanismen am Werk: Der Lotterieteilnehmer zahlt einen geringen Geldbetrag für einen Traum – und der Traum ist ebenso gewiss wie das Geld für den Lottoschein. Dass die Gewinnerwartung (Wahrscheinlichkeit mal Gewinnsumme) deutlich unter dem Einsatz liegt, ist dabei unerheblich. Bei den Versicherungen geht es darum, existenzgefährdende Risiken auszuschließen – zumindest im wohlüberlegten Fall. Dass manch einer sich Versicherungen für lächerliche Risiken andrehen lässt, rechne ich den Überredungskünsten der Versicherungsvertreter zu und nicht den autonom getroffenen Entscheidungen.

Differenzerkennung

Das intuitive Einschätzen und Bewerten von Sinneseindrücken basiert auf unserer gut ausgeprägten Fähigkeit der Differenzerkennung. Wir sind gute Differenzdetektoren. Dagegen bereitet uns die Bestimmung absoluter Werte große Schwierigkeiten.

Nur wenige Menschen haben ein absolutes Gehör. Dennoch klingt ein Chor im Allgemeinen recht gut, nachdem ihm der Dirigent den Kammerton unter Zuhilfenahme einer Stimmgabel gegeben hat. Der Mensch und manches Tier können Tonintervalle gut erkennen und singen; Aber nur wenige Sänger werden einen Ton der Frequenz 440 Hz auf Anhieb treffen.

Die Beschränkung auf die Differenzerkennung macht uns zu dankbaren Opfern der Verkaufsstrategen. Wir fallen auf Rabatte herein und greifen zu, selbst wenn nach Gewährung des Rabatts der Preis immer noch über dem marktüblichen liegt. Wir freuen uns darüber, wenn wir eine Radierung für 900 € erwerben konnten, anstelle der in der Auszeichnung genannten 1100 €; dabei machen wir uns wenig Gedanken darüber, ob die 900 € vielleicht immer noch weit überzogen sind.

Im Abschätzen absoluter Werte sind wir ziemlich schlecht, obwohl genau das notwendig wäre.

Auch bei der Gesichtserkennung geht es wohl in erster Linie um Differenzdetektion. Nach dem Modell der *normbasierten Encodierung* repräsentiert die neuronale Aktivität Richtung und Abstand vom Durchschnittsgesicht. Der Karikaturist nutzt dies aus: Seine Kunst besteht darin, Abweichungen vom *Normgesicht* hervorzuheben (Giese und Leopold 2007).

Das Empfinden von Schönheit, Sympathie oder Abneigung lässt sich durch gezielte Übertreibungen und Abweichungen von der Durchschnittsgestalt hervorrufen. Beispiele dafür sind das Kindchenschema (großer Kopf, große Augen, kleiner Mund, Stupsnase) und Körperschemata, die das besonders Männliche bzw. Weibliche betonen. Comic-Literatur und Werbung leben davon.

Je dümmer, desto klüger?

Christian Hesse (2010) hat mit „Warum Mathematik glücklich macht" 151 mathematische Miniaturen geliefert, die auch dem mathematisch nicht übermäßig bewanderten Leser Lust auf Mathematik machen können. Der Titel ist wirklich nicht übertrieben.

Die 17. Miniatur enthält unter der Überschrift „Aus der Serie Regeln für die Faust" einen Hinweis auf „Bauchentscheidungen", ein sehr erfolgreiches Werk von Gerd Gigerenzer. Darin unterstreicht Gigerenzer, dass unser Gehirn mit vielen Denkabkürzungen arbeite, die es ihm ermöglichten, „Ignoranz in Wissen zu verwandeln".

Hesse schreibt: „Die Psychologen Gigerenzer und Goldstein legten amerikanischen Studierenden an der Universität von Chicago folgende Frage vor: ‚Welche Stadt hat mehr Einwohner, San Diego oder San Antonio?' Insgesamt 62 % der amerikanischen Studenten gaben die richtige Antwort: San Diego. Das Experiment wurde anschließend in Deutschland wiederholt. Man würde vermuten, dass die Deutschen mit dieser Frage mehr Schwierigkeiten haben als die Amerikaner. [...] Dennoch beantworteten alle befragten Deutschen – ja, 100 % – die Frage richtig, obwohl sie weniger wussten. Ignoranz als Wettbewerbsvorteil? Paradox? Ja, und doch auch wieder nicht! Die Deutschen wendeten teils unbewusst die *Rekognitionsheuristik* an: Wenn du zwischen zwei Alternativen wählen kannst, von denen dir eine bekannt vorkommt und die andere nicht, dann entscheide dich für die bekannte."

Diese Verallgemeinerung ist seltsam und unbegründet; sie verlangt genauere Betrachtung.

Ich ziehe die Originalaufsätze zurate (Gigerenzer und Todd 1999). Unter dem Titel „The Less-Is-More Effect" wird das folgende Rechenbeispiel geschildert: Drei Brüder aus einem fremden Land, ich nenne sie A, B und C, bekommen eine Liste der 50 größten deutschen Städte vorgelegt. A weiß so viel wie nichts über Deutschland und kennt keine der Städte. B hat von der Hälfte der Städte schon einmal gehört, und dem C sind alle diese Städte bekannt.

Nun werden den Dreien jeweils zwei zufällig heraus-gegriffene Städte genannt, und sie sollen sagen, welche der Städte die größere der beiden ist, welche also mehr Einwohner hat als die andere. Sind beide Städte unbekannt, raten die Brüder und landen Treffer mit 50-prozentiger Wahrscheinlichkeit. Ist nur eine der Städte bekannt, wählen sie nach der Rekognitionsheuristik die ihnen bekannte. Und wenn beide bekannt sind, aktivieren sie ihr Wissen über diese Städte und entscheiden dementsprechend. Die Rekognitionsheuristik möge in 80 % aller Fälle richtig liegen, und im Fall, dass beide Städte bekannt sind, verhilft das Wissen über diese Städte zu einer Trefferwahrscheinlichkeit von 60 %.

A trifft rein zufällig die richtige Antwort, er hat also eine Trefferwahrscheinlichkeit von 50 %. Dem C verhilft seine umfassende Kenntnis der Städtenamen zu einer Trefferwahrscheinlichkeit von 60 %. Mit etwas Kombinatorik finden wir auch die Trefferwahrscheinlichkeit des B. Sie ist gleich 68 %. Klare Schlussfolgerung: Zuviel Wissen bringt nichts. Der Bruder B, der nur wenig weiß und sich ansonsten auf die Rekognitionsheuristik verlässt, ist am besten dran. Je dümmer, desto klüger?

Ja, aber wer sagt denn, dass die Trefferwahrscheinlichkeit bei Wissen nur 60 % beträgt? Könnten es nicht auch 70 % sein? Oder – noch plausibler – gleich 80 % wie bei der Rekognitionsheuristik? Und siehe da, schon erhalten wir ein anderes Bild der Lage: B liegt nun bei 73 % Trefferwahrscheinlichkeit, und C profitiert von seinem Wissen und erreicht eine Trefferwahrscheinlichkeit von 80 %. Also doch: Wissen schlägt Unwissen!

Die Rekognitionsheuristik hat also ihre Grenzen. Wenn wir etwas über die Anwendbarkeit der Heuristik wissen wollen, brauchen wir eine umfassende Kenntnis der Problemlage, insbesondere müssen uns die Trefferwahrscheinlichkeiten für die verschiedenen Wissensstufen zumindest näherungsweise bekannt sein. Der (gar nicht so verwunderte) Leser erkennt: Wenn ich erst mühsam und unter Nutzung umfassender Informationen errechnen muss, ob ich mich auf meine (dann gar nicht mehr vorhandene) Dummheit verlassen kann, bringt die ganze Heuristik nichts.

Aus der Praxis

Natürlich gibt es Fälle, in denen man auf schmaler Wissensbasis einen Treffer landet. Manchmal bleibt uns auch gar nicht die Zeit für wohlüberlegte Entscheidungen. Und oft ist auch die Problemlage viel zu undurchsichtig dafür. Dann sind wir auf Faustregeln angewiesen. In Alltagssituation funktionieren unsere Faustregeln ja auch ziemlich gut. Sonst hätten wir nicht bis heute überlebt.

Bevor wir uns der nützlichen Seite der Faustregeln zuwenden, will ich deutlich machen, dass sorgfältiges Abwägen und kritische Analysen zuweilen unerlässlich sind.

Im Doppelmordprozess gegen O. J. Simpson ging es auch um die Frage, inwieweit die Gewalttätigkeit des Angeklagten die Mordanklage stützt. Die Ankläger führten Simpsons Hang zur Gewalt gegenüber seiner Frau als wichtigen Hinweis an, der einen Mord an seiner Frau als wahrscheinlich erscheinen lasse. Der Verteidiger Alan Dershowitz hielt dem entgegen, dass nur wenige solcher Gewalttäter auch zu Mördern an ihren Frauen würden.

Ich lege einmal Zahlen in den damals genannten Größenordnungen zu Grunde: Es möge bekannt sein, dass unter 10.000 Männern, die ihre Frau schlagen, im Mittel einer auch zum Mörder an ihr wird. Die Wahrscheinlichkeit, dass ein solcher Gewalttäter auch Mörder wird, ist demnach gleich 1/10.000. Das Bauchgefühl sagt uns:

Gewalttätigkeit ist kein starker Hinweis auf die Schuld des Angeklagten.

Aber denken wir besser einmal nach, denn hier geht es ja um Leben oder Tod. Eigentlich geht es gar nicht um die Frage, mit welcher Wahrscheinlichkeit ein „Schläger" seine Frau schließlich ermordet. Was den Richter interessieren sollte, ist, mit welcher Wahrscheinlichkeit bei einem Mord der gewalttätige Ehemann als Täter in Frage kommt.

Die Antwort ist nicht ohne etwas Rechnerei zu haben: In einer Gesamtheit von 100.000 Paaren mit gewalttätigem Ehemann werden im Laufe eines Jahres etwa 10 der Frauen durch ihren Ehemann ermordet. Aber Statistiken zeigen, dass die Zahl der Frauen, die einem Mord zum Opfer fallen, ohne dass der Ehemann der Täter ist, etwa ebenso groß ist. Durch Gewalt in der Ehe ist die Wahrscheinlichkeit, dass die Ehefrau einem Mord zum Opfer fällt, deutlich erhöht, bei den angenommenen Zahlen auf das Doppelte.

Die Wahrscheinlichkeit dafür, dass der gewalttätige Ehemann der Täter ist, liegt bei 50 % und nicht etwa bei 1:10.000. Die Gewalttätigkeit des Ehemanns ist also sehr wohl ein starker Hinweis auf die Täterschaft, anders als zunächst „aus dem Bauch heraus" vermutet.

Im Artikel „Glaube und Wahrheit" (Der Spiegel 22/2011, S. 56–67) geht es um mehrere Gerichtsverfahren der jüngsten Vergangenheit, insbesondere um den Kachelmann-Prozess. Ein Gutachter und Psychologe wird zitiert, der meint, dass das schlimmste Hindernis auf dem Weg zur Wahrheit – Wahrheit im juristischen Sinne – der Bauch sei: „Man muss sein Bauchgefühl immer über den Haufen werfen." An seine Stelle müsse die wissenschaftliche Analyse treten.

Zum Schluss noch etwas aus der Politik: Der frühere US-Präsident George W. Bush ist bekanntlich jemand, der sich vornehmlich auf sein Bauchgefühl verlässt.

Er mag dafür andere Bezeichnungen haben: Intuition, Eingebung, Gott. Nach eigenem Bekunden brauchte er für seine politischen Entscheidungen keinen Rat, auch nicht von seinem Vater, denn er hatte dafür ja „a higher father", wie er selbst sagte. Gut beraten war er nicht.

Weniger ist mehr

Die einfachen Heuristiken beruhen auf dem Grundsatz des Weniger-ist-mehr: Wenn du nicht sämtliche Merkmale berücksichtigen kannst, beschränke dich auf die wichtigsten. Die herausgefilterten Merkmale werden dann unter die Lupe genommen, und zwar mit dem Instrumentarium des langsamen Denkens, mittels Reflexion also. Welche Merkmale wichtig sind und welche nicht, und wie sie zu verrechnen sind, ist eine Sache der Erfahrung. Ganz sicher sind diese Faustregeln dem Bereich des Rationalen und der Empirie zuzuordnen und nicht dem der Gefühle. Es folgen drei Beispiele (Gigerenzer 2013):

- Börsen sind Plätze, an denen die Ungewissheit regiert. Es bestätigt sich der Verdacht, dass komplizierte Anlagestrategien meist nicht besser sind als die $1/N$-Regel: Verteile dein Geld gleichmäßig auf N Fonds.
- Kaufhäuser sind gut beraten, wenn sie ihre Werbekampagnen nur potenziellen und halbwegs treuen Kunden zukommen lassen. Das Problem wird üblicherweise mit komplexen Analysen angegangen. Aber auch hier hat sich eine Faustregel als wirksam herausgestellt, die Hiatus-Regel: Beurteile den Kunden nur aufgrund des Zeitpunkts seines letzten Kaufs.
- Take-the-Best heißt, dass man sich nur auf den besten Grund verlässt und alle anderen außer Acht lässt; dies ist eine einfache und in unübersichtlichen Situationen wirksame Faustregel.

Deutlich wird die Abwesenheit von Intuition auch bei den Checklisten und bei den effizienten Entscheidungsbäumen. Gigerenzers Beispiel ist die Notwasserung eines Verkehrsflugzeugs im Januar 2009: „Auch hatten [die Piloten] keine Zeit, die Checklisten für Notwasserungen durchzugehen. Während die Evakuierung vonstatten ging, blieb Skiles im Cockpit und arbeitete die betreffende Checkliste ab, um eventuelle Brände und andere Gefahren auszuschließen." Das war Reflexion vom Feinsten.

Effiziente Entscheidungsbäume „sind keine vollständigen Bäume mit allen denkbaren Informationsästen, sondern Bäume, die nach jeder Frage oder jedem Test eine Entscheidung erlauben". Wie bei den Checklisten ist auch hier bewusstes Vorgehen angezeigt, sowohl beim Erstellen als auch beim Durchgehen der Entscheidungsbäume, so gestutzt und vereinfacht sie auch immer sein mögen.

Noch eine Regel vom Weniger-ist-mehr-Typ: „Strebe nicht immer das Optimum an, sondern wähle die erste Alternative, die dein Anspruchsniveau erreicht." Obwohl Gigerenzer diese Satisficing-Heuristik der Gefühlswelt zurechnet, machte seine Arbeitsgruppe paradoxerweise eine ziemlich anspruchsvolle Übung in Simulation und Mathematik daraus. Wer wirklich tief in die Rationalität abtauchen und dabei die Austreibung jeglichen Gefühls erleben will, dem empfehle ich ein Studium des sogenannten Sekretärinnenproblems. Für mich läuft dieses Denkspiel unter dem Titel „Lieses Verehrer". Es ist im Internet leicht zu finden.

Es hat sich gezeigt, dass derartige einfache Heuristiken ebenso treffsicher sein können wie ein Vorgehen, das alle verfügbaren Informationen nutzt und analysiert. Auch auf dem Fachgebiet der Optimierungsverfahren für schwere Probleme, das sind Probleme mit vielen Parametern und mit komplizierten Abhängigkeiten, gibt es Beispiele für den Weniger-ist-mehr-Effekt.

Als erstaunlich effizient erweist sich eines der einfachsten Optimierungsverfahren, das Verfahren von Hooke und Jeeves. Die Autoren dieser Methode wenden sich beispielsweise gegen die Ansicht, dass man beim Bergsteigen, vorausgesetzt, man will den Gipfel auf dem kürzesten Weg erreichen, die Richtung des steilsten Anstiegs nehmen sollte. Es zeigt sich, dass die Nutzung der lokal verfügbaren Information über die Steilheit des Anstiegs den Bergsteiger meist nicht besonders schnell voranbringt. Hooke und Jeeves (1961) meinen, dass es grundsätzlich nicht von Vorteil sei, Informationen nur deshalb zu nutzen, weil sie verfügbar sind.

Zurück zum Taxi-Problem

Das *Taxi-Problem* ist ein schönes Beispiel für das Weniger-ist-mehr-Prinzip. Das Beispiel gibt Hinweise darauf, wann diese Faustregel hilfreich sein kann.

Den in Kap. 4 hergeleiteten Schätzwert $b \cdot (n+1)/n - 1$ für die Zahl der Taxis in der Stadt bezeichnen wir als *erste Schätzung*. Zur Erinnerung: b ist die höchste beobachtete Taxinummer, und n ist die Gesamtzahl der Beobachtungen. Demnach müsste es 1001 Taxis in der Stadt geben. Als einziger Erfahrungswert kommt b in der Formel vor. Sie nutzt also nur ein Minimum an Information. Deshalb besorgen wir uns eine weitere Schätzung über eine Symmetriebedingung: Es werden wohl genauso viele Zahlen unterhalb des Minimalwerts a liegen, nämlich $a - 1$, wie oberhalb des Maximalwerts b, nämlich $N - b$. Gleichsetzung ergibt die *zweite Schätzung* für N, nämlich $a + b - 1 = 1021$.

Die zweite Schätzung nutzt schon mehr Information als die erste, nämlich a und b. Wäre es nicht noch besser, alle Taxinummern für die Schätzung heranzuziehen? Man könnte beispielsweise den Mittelwert m aller beobachteten Nummern berechnen und diesen mit dem Mittelwert $(N+1)/2$ der Zahlen von 1 bis N gleichsetzen. So erhalten wir unsere *dritte Schätzung*: $2m-1=945$. Ein Mangel dieser Schätzung fällt ins Auge: Der Schätzwert für die Gesamtzahl N kann kleiner als b werden, im Widerspruch zu den Tatsachen.

Nun wollen wir noch wissen, was es mit diesen Schätzungen auf sich hat und wie gut sie sind. Dazu realisiere ich eine kleine Simulation. Der Rechner führt viele Male hintereinander – genauer: eine Million Mal – das folgende Experiment durch: Er erzeugt 20 verschiedene Zufallszahlen aus dem Bereich von 1 bis 1000 (das sind die Taxinummern). Jede Zahl hat dieselbe Chance, ausgewählt zu werden. Jedes Mal errechnet er die Schätzwerte nach den drei Formeln.

Für jede der Schätzformeln ergibt sich so eine Folge von einer Million Schätzwerten. Für jede dieser Folgen ermittelt der Rechner den arithmetischen Mittelwert sowie die Standardabweichung.

Es zeigt sich, dass alle drei Schätzungen *erwartungstreu* sind: Jede der Folgen hat den Mittelwert (Erwartungswert) 1000, der ja der exakten Anzahl entspricht. Die Frage ist nur, wie zuverlässig eine einzige Schätzung ist. Wenn die Schätzwerte bei mehreren Versuchen zu stark streuen, ist auf die Schätzung kein Verlass. Die Standardabweichung ist bei der ersten Schätzformel gleich 48, bei der zweiten gleich 66 und bei der dritten gleich 129.

Fazit Je mehr Information in die Schätzung einfließt, desto schlechter wird sie. Hier gilt also nicht „Viel hilft viel" sondern „Weniger ist mehr".

Klug irren will gelernt sein

Nach dieser Vorbereitung lässt sich etwas über den Lernprozess im Zusammenhang mit Heuristiken sagen: Ahnungen residieren vornehmlich im Unbewussten und formen unser Verhalten schnell und automatisch. Wir sind ihnen aber nicht hilflos ausgeliefert.

Die mit ihnen verbundenen Irrtumsmöglichkeiten sind wahre Denkfallen. Wer diese vermeiden will, muss *Warnzeichen* erkennen lernen. Das Erkennen und situationsgerechte Interpretieren dieser Warnzeichen gehört zu den Regeln, die wir im Laufe der Zeit lernen.

Das fällt uns nicht leicht. Wie Daniel Kahneman im Kopfzitat dieses Kapitels treffend bemerkt, sind wir Meister darin, unsere Unwissenheit nicht zur Kenntnis zu nehmen. Das ist leider auch noch mit dem beruhigenden Gefühl verbunden, dass schon alles seine Richtigkeit haben wird. Der Aufseher in uns ist ein Faultier, ein „Lazy Controller", um es mit Kahneman zu sagen. Machen wir ihm Beine.

Ich rechne Heuristiken, also Ahnungen und Faustregeln, zum *Hintergrundwissen,* das unser Verhalten regiert. Weitere Elemente dieses Hintergrundwissens sind die angeborenen Lehrmeister, Klassifizierungssysteme und Begriffswelten. All das steckt im linken oberen Kästchen des *Lernregelkreises* (Abb. 6.2).

Ahnungen wirken vornehmlich im Verborgenen. Wer ihre negativen Effekte vermeiden will, muss sie ans Licht zerren. Bei Faustregeln ist das nicht nötig, denn diese residieren eher im Bereich, der dem Bewusstsein zugänglich ist. Sie sind so von vornherein der rationalen Kontrolle und Verbesserung zugänglich.

Wir können Ahnungen in Maßen kontrollieren. Dazu müssen wir Kontrollregeln, beispielsweise die Regeln für

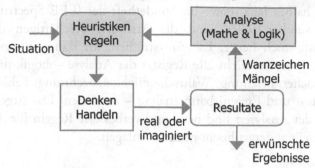

Abb. 6.2 Der Lernregelkreis

das Reagieren auf Warnzeichen, erfinden und entwickeln. Zusammen mit den Faustregeln habe ich sie im linken oberen Kästchen des Lernregelkreises untergebracht. Der Lernvorgang für Regeln unterliegt keinen engen zeitlichen und kapazitätsbedingten Beschränkungen. Im *Lernregelkreis* spielen die Heuristiken und Regeln, die für das schnelle Denken und Handeln zuständig sind, eine andere Rolle als die Werkzeuge der Mathematik und der Logik.

Die bewusste Gestaltung und Nutzung solcher Lernregelkreise hilft Ingenieuren und Informatikern bei ihrer Arbeit. Ein Beispiel für einen solchen Lernregelkreis ist der *Regelkreis des selbstkontrollierten Programmierens* (Grams 1990).

Die verschiedenen Aktions- und Lernebenen werden am Unfall von Harrisburg deutlich. Als am 28. März 1979 der Kernreaktor Three Mile Island außer Kontrolle geriet, mussten die Operateure innerhalb von Sekunden und Minuten lebenswichtige Entscheidungen treffen, und das bei mehrdeutiger Informationslage und teilweise verborgenen Anlagenzuständen. Das war die Zeit der Heuristiken und Faustregeln, auch die der gewagten Umkehrschlüsse.

Eine erste Zusammenfassung von Analysen erschien ein halbes Jahr später im Sonderheft des IEEE Spectrum (November 1979). Und die Analysen beschäftigen die Zunft noch heute. Es wäre sträflich, im Rahmen dieses Lernprozesses nicht alle Register der Analyse – Logik und Ursachenforschung, Wahrscheinlichkeitsrechnung, Fehlerbaum- und Ereignisbaumanalyse – zu ziehen. Das Ergebnis der Analysen sind neue und verbesserte Regeln für das Betreiben derart hochbrisanter Anlagen.

7

Täuschung und Selbstbetrug

Die Entschuldigungen seiner Fehler nehmen sich zum Teil gut aus,
sie tragen aber zur Besserung seines Fehlwurfs gemeiniglich so wenig
bei, als beim Kegeln das Nachhelfen mit Kopf, Schultern, Armen
und Beinen, wenn die Kugel schon aus der Hand ist, es ist mehr
Wunsch, als Einwirkung.
(Georg Christoph Lichtenberg, Sudelbücher, Heft J, Nr. 627)

Jeder kennt diese Sorte Mensch: Leute, die vorgeblich
keine Fehler machen. Natürlich unterlaufen auch ihnen
Fehler, aber sie nehmen sie einfach nicht zur Kenntnis.
Und wenn sich ein Fehler nicht mehr verstecken lässt,
finden sie Gründe dafür, dass es eigentlich doch kein
Fehler ist, oder dass er nicht so schlimm ist, oder dass die
Umstände daran schuld sind, oder …

Das Selbstbild dieser Leute scheint das des perfekten
Automaten zu sein. Fehler machen nur die anderen. Es ist
gut möglich, dass sie selbst an ihre Makellosigkeit glauben.

© Springer-Verlag GmbH Deutschland, ein Teil von Springer
Nature 2020
T. Grams, *Klüger irren – Denkfallen vermeiden mit System*,
https://doi.org/10.1007/978-3-662-61103-6_7

Das versetzt sie in die Lage, andere glauben zu machen, sie seien wahre Supertypen: Je besser sie sich betrügen, desto besser können sie andere über sich täuschen. „Solche Mechanismen [des Selbstbetrugs] verschaffen Gefühle von Sicherheit und Optimismus und schenken die Illusion, das Leben kontrollieren zu können" (Sommer 1992).

Die Kehrseite der Medaille ist, dass sie in eine Art Gedankengefängnis eingeschlossen sind und sich nur mit Themen befassen, bei denen sie sich sicher fühlen. Neues Terrain verunsichert sie. Sie sind in diesem Sinne nicht frei und fast bedauernswerte Sklaven ihres positiven Selbstbilds.

Am Gegenpol sammeln sich andere. Auch sie begrüßen einen selbstfabrizierten Fehler keineswegs mit freudigem Hallo. Sie ärgern sich darüber. Aber Tage später freuen sie sich über diese Entdeckung. Sie erfassen ihre Chance und nutzen sie, indem sie den Fehler aus ihren Gedankenbahnen nehmen. Das schafft Platz für neue Fehler, für Fehler auf höherem Niveau.

Glaube, Wissenschaft und Selbstbetrug

Der Gläubige hält an seinen Überzeugungen fest, auch wenn Widersprüche auftauchen: Da gibt es den Philosophen, der bei der Lösung seines Transzendenzproblems in Zirkelschlüsse und Selbstwidersprüche gerät, und den Theologen, der sich mit der Theodizee, also der Rechtfertigung des allmächtigen und gütigen Gottes angesichts des Übels auf der Erde, konfrontiert sieht. Der Glaube wird anstrengend. Selbstbetrug als Mittel der Stressvermeidung tritt auf den Plan.

In diesen Fällen werden „Wahrheiten verkauft", die wohl auch dem „Verkäufer" nicht geheuer sind. Wahr ist, dass etwas Falsches behauptet wird. Sich dessen bewusst zu sein, dürfte dem „Verkäufer" großes Unwohlsein bereiten. Zur Wiedererlangung des seelischen Gleichgewichts muss dieser Gedanke verschwinden. Er wird verstaut und unsichtbar gemacht nach dem Motto: Wer sich selbst betrügt, kann andere besser hereinlegen. Diesen Gedanken bringt der Evolutionstheoretiker Robert Trivers bereits im Untertitel seines Buches über Täuschung und Selbstbetrug zu Ausdruck: „Deceit and Self-Deception. Fooling yourself the better to fool others" (Trivers 2011).

Der wissenschaftlich arbeitenden Mensch gibt eine Hypothese auf, wenn diese auf Widersprüche führt. Die Notwendigkeit zur Verteidigung des Falschen entfällt, der Zwang zum Selbstbetrug ebenfalls.

Aura-Reading

Die Gesundheitsmesse ist eine Veranstaltung, zu der Klinikchef Dr. Jürgen Freiherr von Rosen jährlich nach Gersfeld einlädt. Die Messe ist ein Stelldichein für Alternativheiler. Im Jahr 2012 wollte ich mir die Sache einmal näher ansehen.

Ich stieß auf einen würdigen älteren Herrn mit weißem Haupthaar und Vollbart. Neben ihm eine Dame mittleren Alters, offenbar eine Kundin, deren Hand auf einer Unterlage mit mehreren Kontaktpunkten lag, die mit einem Computer verbunden war. Auf dem Bildschirm vor den Beiden waren schemenhaft ein menschlicher Körper und dessen „Energiezentren" zu sehen.

Versprochen war ein Aura-Chakra-Clearing für 25 €.

Im Verlauf des Gesprächs zwischen dem Heiler und der Kundin flackerten die Chakren eindrucksvoll. Ich weiß nicht, was die beiden besprochen haben. Zuerst habe ich an Betrug gedacht: Die Dame wird hier mit irgendwelchem Hokuspokus abgezockt. Dann meldete sich der

Skeptiker in mir. Liegt die Sache vielleicht ganz anders? Die Kontaktfläche sah verdächtig nach einem Aufnahmegerät für Hautspannungen aus. Der Computer arbeitete wohl wie eine Art Lügendetektor mittels Hautwiderstandsmessungen.

Da dämmerte es mir: Nicht der Heiler betrügt, nein, er deckt möglicherweise geheime Wahrheiten auf, die die Dame in ihrem Unterbewusstsein verstaut hat. Vielleicht hilft der Heiler ihr gar, über ein geschicktes Frage-Antwort-Spiel unter Beachtung der Bildschirmsignale, mehr über sich selbst zu erfahren, als sie selber weiß. Denn das ist durch die Forschung zum Thema Selbstbetrug ziemlich gut belegt: Die Haut weiß mehr als das Gehirn. – Natürlich „weiß" die Haut gar nichts. Aber über Erregungszustände teilt sie etwas mit. Und diese Erregungszustände werden auch durch das Unbewusste gesteuert.

Es gibt ein berühmtes Experiment von Gur und Sackheim zur unbewussten Stimmerkennung (Trivers 2011, S. 59 ff.). In diesem Experiment werden den Versuchspersonen Aufnahmen vorgespielt, in denen sie selbst oder ein anderer einen Abschnitt eines Buches vorlesen. In den Aufnahmen hören die Versuchspersonen manchmal ihre eigene Stimme und manchmal die einer anderen Person. Per Knopfdruck sollen sie zu erkennen geben, ob sie die eigene oder eine fremde Stimme wahrnehmen. Dabei sind sie an ein Messgerät zur Bestimmung des Hautwiderstands angeschlossen. Beim Hören der eigenen Stimme ist der Messwert gegenüber dem anderen Fall deutlich erhöht.

Das per Knopfdruck mitgeteilte Ergebnis ist zuweilen falsch. Falsch-positiv ist es, wenn die eigene Stimme erkannt wird, obwohl es eine andere ist, und falsch-negativ, wenn die eigene Stimme einem nicht als solche erscheint.

Etwas Erstaunliches zeigte sich bei diesen Experimenten. Die Haut lag immer richtig: ein erhöhter Messwert bei der eigenen Stimme, und ein niedrigerer bei der fremden. Und noch erstaunlicher ist, dass es vermehrt zu falsch-negativen Antworten kam, nachdem den Versuchspersonen – zum Schein – eine demütigende Niederlage beigebracht wurde. Nach vorgespiegelten Erfolgserlebnissen stieg die Zahl der falsch-positiven Antworten.

Ein Freund leidet

Mein Freund und ich, wir stehen in unserer Lieblingskneipe beim Bier.

- Er meint: Du, seit einiger Zeit quälen mich öfter ganz grässliche Kreuzschmerzen. Neulich in der Frühe bin ich kaum aus dem Bett gekommen. Ich habe gefühlt mindestens eine halbe Stunde gebraucht, um ins Bad zu kommen.
- Was sagt Dein Arzt dazu?
- Ja, ganz entgegen meinen Gewohnheiten habe ich ihn zum Hausbesuch bestellt. Er hat nichts gefunden. Das Diagnoseergebnis war gleich null.
- Hast Du Dein Liebesleben endlich in Ordnung gebracht?
- Wieso denn das? Ich bin mit Barbara und Sandra vollkommen glücklich. Sie wissen auch voneinander. Sie sind vielleicht etwas weniger glücklich als ich. Aber ich habe die Schmerzen, nicht sie.

Viele Monate später berichtet mein Freund, dass Sandra nach drei Jahren von diesem Dreierverhältnis genug gehabt habe und abgesprungen sei. Ich frage ihn:

- Was machen Deine Kreuzschmerzen?
- Jetzt, wo Du drauf zu sprechen kommst, hallo: Die sind seit einiger Zeit wie weggeblasen.

Da ich kürzlich das Buch „Deceit and Self-Deception" von Robert Trivers gelesen habe, komme ich auf eine verrückte Idee zu sprechen: Könnten Deine damaligen Nöte nicht damit zusammenhängen, dass Dein Gehirn die hässliche Wahrheit, nämlich Dein Unbehagen mit der Situation und mit den Notlügen, im Unterbewusstsein verstaut und Dir in Deinem Bewusstsein die Glückslüge vorgegaukelt hat? So etwas bedeutet Stress für den Körper und sein Immunsystem.

Dann erzähle ich ihm von dem Experiment von Gur und Sackheim zur unbewussten Stimmerkennung. Nach ein paar weiteren Bier sehen wir klar: So muss es gewesen sein. Wir wollen einmal sehen, ob diese Wahrheit morgen, in aller Nüchternheit gesehen, immer noch Bestand hat.

Selbstbetrug mit Placebos

A. W., ein junger Apotheker, erzählte mir eine seltsame Geschichte. Vor diesem Erlebnis war er der Überzeugung, dass der Glaube an die Heilkraft der Homöopathie auf einem durchaus berechtigten Skeptizismus gegenüber Big-Pharma beruht. Einen bewussten Selbstbetrug stellte er nicht in Rechnung. Dann das: Ein Kunde kommt in die Apotheke, und es entwickelt sich dieser Dialog.

- Haben Sie noch Rescue-Kaugummis?
- Die werden nicht mehr produziert.
- Ich weiß; aber haben Sie noch Restbestände?
- Nein.

- Ich brauch' die gegen Flugangst. Haben Sie wirklich keine mehr?
- Nein, es gibt da Alternativpräparate, Mittel gegen Reiseübelkeit, die auch beruhigen, sowie Verschreibungspflichtiges, das gut wirkt.
- Können Sie mal schauen, ob sie nicht noch irgendwo eine leere Schachtel von den Rescue-Kaugummis haben? Da können Sie mir dann auch normale Kaugummis reintun, ganz egal, ich brauch' das für die Beruhigung.

Der jungen Apotheker kommentiert das Gespräch so: Wenn wir als Skeptiker versuchen, Menschen durch Diskussion und Nachdenken zu überzeugen, sollte man vielleicht berücksichtigen, dass es manchen Menschen weder um Nachdenken, Erkenntnis oder Wahrheit geht, sondern dass sie irgendwie aus einer unangenehmen Situation heraus möchten. Ein probates Mittel ist Selbstbetrug, selbst wenn dieser ganz bewusst geschieht.

C. L., ein Kollege des A. W., steuerte diese Geschichte bei:

„In der ‚Pharmazeutischen Zeitung' gab es vor knapp einem Jahr einen Artikel über die Wirkung von Placebos, die selbst dann wirkten, wenn sie ausdrücklich als Placebos verabreicht wurden. Ich denke, dass der Kontext, das Ritual, sich Etwas gegen Etwas einzuwerfen, und vielleicht auch der Hauch einer Chance, dass vielleicht doch irgendwie etwas Wirksames enthalten sein könnte, durchaus hilfreich sein können. Dass man sich diesen Effekt auch bewusst zunutze machen kann, ist für mich nachvollziehbar. Dazu eine kleine Anekdote.

Ich leide hin und wieder an Lippen-Herpes, meist stressbedingt. Das übliche Kribbeln warnt mich, und ich trage umgehend A.-Creme auf. So habe ich schon häufig einen Ausbruch komplett verhindert. Als ich die Creme noch nicht kannte, war das Kribbeln Vorbote für einen hundertprozentig sicheren Herpes-Ausbruch.

Nun war ich unterwegs und spürte das Kribbeln. Keine A.-Creme dabei, und keine Apotheke in der Nähe. Ich musste schnell handeln. Was tun?

Ich erinnerte mich, dass in den Tiefen meines Rucksacks noch ein Fläschchen mit Globuli war, das mir eine Freundin einmal gutgemeint gegen Kniebeschwerden mitgegeben hatte und das seit vielen Monaten von mir ignoriert wurde.

Indikation? Plausibilität? Egal!

Ich habe mich an den Artikel in der ,Pharmazeutischen Zeitung' erinnert, ein paar Globuli genommen und gehofft, dass es irgendwie mein Immunsystem stärkt. Der Herpes ist nicht ausgebrochen! Ob nun das Ritual oder die homöopathische Wirkung ausschlaggebend waren, sei dahingestellt. Für mich war es zumindest das erste Mal ohne Hilfe meiner A.-Creme."

Von einem befreundeten Physiker – gewiss kein Anhänger des Okkulten – kam dieser Kommentar: „Ich glaube, diesen Placeboeffekt bauen wir alle – bewusst oder unbewusst – in unser Leben ein. Immerhin ist unsere naturwissenschaftliche Weltsicht lächerlich jung gegenüber der magischen. In unserer Familie hat sich das Mitführen eine Kastanie als wirksames Mittel gegen Rückenschmerzen herumgesprochen. Auch wenn ich nicht daran glaube, beim Stöbern in meinen Taschen finde ich immer eine."

Zwei Verhaltensweisen

Manche hochrangige Experten verteidigen ihre liebgewonnenen Theorien, als seien es Glaubenssätze. Die Logik und die sprachliche Kompetenz dieser Experten stehen außer Zweifel. Sie können über alle möglichen Fach- und Lebensthemen in rationalen und wohl abgewogenen Worten sprechen und folgerichtig argumentieren; sie sind geschätzte Teilnehmer an Diskussionsrunden – in Fachkreisen und darüber hinaus.

Dennoch verwickeln sich diese Personen in groteske Widersprüche, wenn es um die Verteidigung einmal gefasster Vorurteile und ihrer Lieblingshypothesen geht. Sie greifen zu waghalsigen „Beweisen", ihre Logik gerät aus den Fugen, und das Gedankengebäude wird windschief. Sie verlieren plötzlich und völlig verblüffend die Fähigkeit, auch einfache Lehrbuchtexte richtig zu interpretieren. Alles, was im Widerspruch zu ihren Glaubenssätzen steht, wird ausgeblendet oder umgedeutet. Sie sind vollständig fokussiert und sehen nur noch das, was sie sehen wollen.

Das kann zu längeren Disputen führen. Ein solcher wurde im Februar 2008 mit einer E-Mail gestartet, in der die Verschiedenartigkeit von Soft- und Hardware bestritten wurde. Der Absender empfahl, „die Abgrenzungsmentalität zu Grabe zu tragen".

In den 1990er Jahren habe ich, wie andere auch, davor gewarnt, die für Hardware bewährten Zuverlässigkeitsmodelle unkritisch auf die Software zu übertragen. Ausgangspunkt war meine zugespitzte Bemerkung: „Hardware kann ausfallen – Software ist von Anfang an kaputt." Diese abgrenzende Sichtweise kam in der Fachwelt gut an und hat sich inzwischen wohl auch durchgesetzt.

Diese „Abgrenzungsmentalität" sollte nun, mehr als ein Jahrzehnt später, zu Grabe getragen werden, um ein altbekanntes und in der Praxis leicht handhabbares – aber eben unzureichendes Modell – weiter verwenden zu können.

Der durch die E-Mail ausgelöste Disput zog sich über ein Jahr hin. Etwa ein halbes Dutzend Kollegen ging auf die E-Mail ein. Obwohl alle widersprachen, gelang es nicht, den Verteidiger einer Anwendung des klassischen Zuverlässigkeitsmodells auf Software von seinem Standpunkt abzubringen.

Mehrere ganz ähnliche Briefwechsel und Diskussionen habe ich erlebt. Einmal ging es um die Modellbildungen im Rahmen der Software-Verifikation, ein andermal um die überzogenen Interpretation der Bayes-Formel im Zuge von Parameterschätzungen. Die Verteidiger mängelbehafteter Sichtweisen und Methoden waren beharrlich bis zum Letzten.

Der Disput mit den Verteidigern untergehender Theorien dient der Schärfung der geistigen Waffen. Karl Raimund Popper meinte dazu: „Es muss auch Verteidiger einer Theorie geben, sonst fällt sie zu früh, ohne zum Fortschritt der Wissenschaft beitragen zu können" (Popper 1973).

Der Nutzen ist einseitig. Der unbedingte und zu allem bereite Verteidiger hat von seinem Dogmatismus nichts – außer der Integrität seines Selbst vielleicht. Er geht lieber mit seiner Theorie unter, als deren Mangel einzugestehen. Die Haltung von Karl Raimund Popper ist demgegenüber weniger riskant. Für ihn besteht die kritische oder vernünftige Methode darin, „dass wir unsere Hypothesen anstelle von uns selbst sterben lassen" („Über Wolken und Uhren", Popper 1973, Abschn. 21).

Lehrreiche Kontroversen

Ohne Streit wäre die Welt ein schlechterer Ort. Niemand hat einen exklusiven Zugang zur Wahrheit. Jeder argumentiert auf der Basis seines Hintergrundwissens und eines mehr oder weniger bewusst gewählten Denkrahmens –

Irrtümer inbegriffen. Lernen hat eine Chance, wenn Widersprüche auftauchen. Wir sollten den gepflegten Streit als Lerngelegenheit begreifen.

Manchmal ist es nötig, den zirkulären Ablauf solcher Diskussionen zu durchbrechen, die Emotionen zu kontrollieren und einen Schritt zurückzutreten. Die Meinungsgegner sind im Allgemeinen keine Dummköpfe, und es lohnt sich oft, deren Motive und Denkansätze genauer zu betrachten. Es ist genau das, was ein Skeptiker im eigentlichen Wortsinn tun sollte: genau untersuchen.

Nicht immer fällt das leicht. Manche Diskussionen sind ausufernd und ziehen sich über Jahrzehnte hin. Die Wikipedia-Diskussionsseiten sind voll mit diesem Stoff. Wer geistige Verknotungen mag, der wird viel Spaß daran haben, diese Knoten zu lösen, und dabei vielleicht auch seine eigenen Grenzen durchbrechen und seinen Denkrahmen erweitern.

Er kann sich aber auch über die Begrenztheit der anderen lustig machen und dabei seine eigene aus den Augen verlieren. Damit wäre dann der Anschluss an das Thema dieses Kapitels wiederhergestellt: Täuschung und Selbstbetrug. Letzterer reduziert die erlittene kognitive Dissonanz. So können Fakten, die der eigenen Anschauung widersprechen, genau diese verstärken. Jemand mit gefestigten Ansichten kann durchaus zu den am wenigsten informierten und dabei von ihrem Wissen am meisten überzeugten Leuten gehören (Trivers 2011, S. 153).

Denksportaufgaben bieten Streitgelegenheiten ohne Blutvergießen. Ich habe zwei dieser Kampfstätten ausgewählt. Sie werden auch von geübten Denkern gern betreten.

Das Ziegenproblem (Drei-Türen-Problem)

Das folgende Problem wurde im Jahr 1990 in den USA vielen Leuten bekannt; es erschien als Anfrage in der bekannten Zeitungskolumne „Ask Marilyn": Sie sind in einer Fernsehshow, und der Showmaster bietet Ihnen eine Wahl zwischen drei Türen an. Hinter einer ist ein Auto als der Ihnen zugedachte mögliche Hauptgewinn, und hinter den beiden anderen befinden sich Ziegen. Sie zeigen auf eine Tür. Nehmen wir einmal an, es ist die mit der Nummer 1. Der Showmaster, der weiß, was sich hinter den Türen befindet, öffnet eine Tür, hinter der sich eine Ziege befindet, sagen wir die mit der Nummer 3. Dann sagt er zu Ihnen: Möchten Sie nicht doch lieber die Tür mit der Nummer 2 wählen? – Ist es für Sie von Vorteil, zur anderen Tür zu wechseln?" (Dem Ziegenliebhaber sei gesagt: Ziegen stehen hier für Nieten. Bitte nicht übelnehmen).

Der *Fifty-fifty-Irrtum* ist eine gern genommene „Lösung": Der Kandidat kann tun, was er will; ein Wechsel bringt ihm nichts: Anfangs hat er die Wahl zwischen drei Türen, und hinter jeder der Türen steckt der Hauptgewinn mit der Wahrscheinlichkeit von einem Drittel. Nachdem der Moderator eine der Türen geöffnet hat, stehen nur noch zwei Türen zur Wahl. Die Wahrscheinlichkeiten für den Hauptgewinn verteilen sich jetzt gleichmäßig auf die beiden Türen. Der Kandidat hat mit Tür 1 und mit Tür 2 je eine fünfzigprozentige Chance, das Auto zu ergattern.

Dieser Irrtum beruht auf einer falschen Anwendung des Indifferenzprinzips. Demnach ist zu fragen, ob sich die beiden nicht geöffneten Türen unterscheiden. Die Antwort lautet: ja doch. Eine der beiden Türen, nämlich die erste, zeichnet sich dadurch aus, dass der Kandidat anfangs auf sie gezeigt und der Showmaster dementsprechend reagiert hat. Das Indifferenzprinzip ist zwar auf die Ausgangslage mit den drei ungeöffneten Türen anwendbar, nicht aber auf die durch den Showmaster hergestellte neue Situation.

Marilyn vos Savant sieht das genau so. In ihrer Antwort auf die Anfrage meint sie, dass man wechseln solle. Die erste Tür bietet eine 1/3 Gewinnchance, aber die zweite eine 2/3 Chance. Ihre Begründung lautet etwa so: Die Gewinnchancen für die erste Wahl können nicht von 1/3 auf 1/2 steigen, bloß weil der Showmaster eine Tür mit einer Niete öffnet. Die Chance, dass sich der Hauptgewinn hinter der zuerst gewählten Tür befindet, ist nach wie vor gleich 1/3. Mit der Wahrscheinlichkeit von 2/3 ist er hinter einer der beiden anderen – richtig? Und der Tipp des Showmasters sorgt dafür, dass der Wechsel treffsicher ist, wenn sich der Hauptgewinn hinter einer der beiden anderen Türen befindet. Mir leuchtet das ein.

Fast jeder hat sich bei diesem Rätsel anfänglich geirrt und zumindest für einen Augenblick an die Fifty-fifty-Lösung geglaubt. Wer auf diesem Anfangsirrtum beharrt und Recht behalten will, pflegt zwar sein Wohlbefinden, nicht aber den Anspruch auf Stimmigkeit. Für das Rechtbehalten gibt es eine Reihe von Wegen. Gemeinsam ist ihnen das Herumdoktern an der Aufgabenstellung. Wenn so etwas in meinem Fachgebiet passiert, nenne ich das „Requirements Engineering": Anpassung der Kundenwünsche an das, was man zu liefern imstande ist.

Eine Rechtfertigung für die Fifty-fifty-Lösung bietet der *vergessliche Showmaster,* der hin und wieder die Tür mit dem Hauptgewinn öffnet und damit den wechselwilligen Kandidaten um die Hälfte seiner Chancen bringt. Aber der Gipfel des Herumdokterns ist die Einführung des *launischen Showmasters.*

Dieser macht nicht in jeder Show sein Angebot. Ist er böswillig, dann ergeht sein Angebot nur, wenn der Kandidat bereits richtig liegt. Der Gutwillige hingegen eröffnet dem Kandidaten nur dann das Wechselangebot, wenn dieser falsch liegt. Der Kandidat weiß nun nicht, ob er es mit einem bösartigen oder mit einem gutartigen Angebot zu tun hat. Im ersten Fall ist der Wechsel verkehrt und im zweiten angebracht. Und nun kommt der geniale Lösungsvorschlag für diese modifizierte Aufgabenstellung: Der Kandidat sollte eine Münze werfen, dann wahrt er jedenfalls eine Chance von ½ auf den Hauptgewinn, und zwar unabhängig von den Launen des Showmasters. Der Fifty-fifty-Lösungsvorschlag ist gerettet.

Der Kandidat hat mit seiner Münzwurfstrategie im Falle des Angebots also eine Gewinnchance von fünfzig Prozent, unabhängig von den Absichten des Showmasters. Aber danach war in der Aufgabe gar nicht gefragt! Gefragt war, ob ein Wechsel *günstiger* ist oder nicht. Der Münzwurf schützt zwar vor einem böswilligen Showmaster. In anderen Fällen vernichtet er Gewinnchancen.

All diese Rettungsversuche zugunsten der Fifty-fifty-Lösung übersehen, dass in der Aufgabenstellung stillschweigend vorausgesetzt wird, dass bereits vor der Show klar ist, dass der Showmaster sein Angebot unterbreiten wird. Vergesslichkeit und Launen des Showmasters spielen keine Rolle. Und für diese Voraussetzungen gibt es einen durchaus pragmatischen Grund: Ohne sie wäre das Rätsel nämlich sinnlos.

Dornröschen nennt Wahrscheinlichkeiten

Das Problem Dornröschen (The Sleeping Beauty) ist höchst vergesslich. Heute schon weiß die Schöne nicht mehr, was gestern war. Der Prinz hat sie gerade wach geküsst und sagt: „Am vergangenen Sonntag habe ich eine Münze geworfen und liegen gelassen. Sage mir: Wie wahrscheinlich ist es, dass diese Münze Kopf zeigt? Ich sage dir jetzt nicht, welchen Tag wir haben, aber du sollst wissen, dass ich dir diese Frage genauso am Montag stelle und, falls Zahl oben ist, auch am Dienstag." Welche Antwort sollte Dornröschen geben?

Dornröschen könnte sich gedanklich zurückversetzen. Es ist Sonntag, und der Münzwurf hat – für sie verborgen – gerade eben stattgefunden. Da es sich um eine faire Münze handelt, wird Dornröschen die Antwort ½ geben. Dornröschen hat so gesehen eine Außensicht auf das gesamte „Experiment". Mit diesem Lösungsansatz verliert die Denksportaufgabe aber ihren ganzen Witz. Ein so triviales Problem wird man wohl kaum einem Rätselfreund stellen. Wir gehen, wie auch die meisten Streithähne in diesem Meinungskampf, davon aus, dass Dornröschen die Binnensicht einnimmt: Es geht darum, wie wahrscheinlich es ist, dass im Moment, in dem sie gefragt wird, Kopf oben liegt.

Lösungsvorschlag mit subjektiven Wahrscheinlichkeiten Der Subjektivist betrachtet die drei möglichen Ereignisse MK, MZ und DZ. M steht dabei für Montag, D für Dienstag, K für Kopf, Z für Zahl und MK für das Produkt (den Durchschnitt) von M und K usw. Diesen Ereignissen weist er subjektive Wahrscheinlichkeiten zu. Dabei nutzt er das Indifferenzprinzip.

Dem Indifferenzprinzip folgend ist leicht einzusehen, dass Kopf und Zahl am Montag gleich wahrscheinlich sind: $p(MK) = p(MZ)$. Der Subjektivist nimmt auch für die Ereignisse MZ und DZ die Gültigkeit des Indifferenzprinzips an und setzt $p(MZ) = p(DZ)$. So schließt er darauf, dass die drei Ereignisse alle dieselbe Wahrscheinlichkeit haben und dass, wegen $p(MK) = 1/3$,

Dornröschen diese Antwort geben sollte: „Die Wahrscheinlichkeit für Kopf ist gleich 1/3."

So stellt Adam Elga seine Lösung des Dornröschenproblems dar (2000).

Zweifel an der Lösung Die Gleichwertigkeit von MK und MZ ist leicht einzusehen; sie basiert auf der Annahme einer fairen Münze und diese berechtigt zur Anwendung des Indifferenzprinzips. Aber wie steht es mit den Ereignissen MZ und DZ? Hier ist mir die Anwendung des Indifferenzprinzips nicht geheuer. Diese Ereignisse finden beide statt oder keines von beiden. Hier taucht ein neuer Gedanke auf, nämlich dass Dornröschen beim Aufwachen mit einem der beiden Ereignisse zu tun hat und nicht weiß, mit welchem von beiden. Sie kann auf Gleichwahrscheinlichkeit tippen und kommt so zur obigen Lösung.

Aber mir will – anders als beim Münzwurf – dieser Gedankengang nicht ohne Weiteres in den Kopf. Andere Subjektivisten treffen tatsächlich auch andere Annahmen, wie Christoph Pöppe berichtet (2019). Aus deren Sicht könnte sich Dornröschen sagen, dass sich die Chancen, die am Montag fifty-fifty stehen, in der Nacht zu Dienstag nicht ändern können. Daraus schließt sie, dass sie den Wert ½ nennen sollte – sei es nun Montag oder Dienstag. So argumentiert David Lewis (2001) in seinem Widerspruch zum Aufsatz von Elga.

Lösungsvorschlag mit objektiven Wahrscheinlichkeiten Ich will anders an die Sache herangehen und mich nicht auf den subjektiven Wahrscheinlichkeitsbegriff berufen. Mein Gedankengang folgt der klassischen Wahrscheinlichkeitslehre; er beruht auf dem Häufigkeitsargument und hat den Vorteil, dass sich sein Resultat mittels Experiment nachprüfen lässt.

Um zu einer Statistik zu kommen, stellen wir uns vor, dass das Experiment „Wecken und Befragen montags und manchmal auch dienstags" mehrmals und sogar sehr oft durchgeführt wird. Wir fragen, ob beim Aufwachen Kopf oben liegt oder Zahl. An der Hälfte der Montage trifft die Antwort „Kopf" zu. Falls diese Antwort nicht stimmt, folgt ein Dienstag, also ein weiterer Tag, für den die Antwort nicht stimmt. Die Anzahl der Befragungstage mit Zahl oben ist demnach doppelt so groß wie die Anzahl der Befragungstage mit Kopf. Das ergibt eine relative Trefferhäufigkeit von 1/3 für Kopf. Genau diese Zahl sollte Dornröschen nennen. (Nicht jeder ist dieser Meinung, wie man an den andauernden Disputen in den Internetforen sehen kann).

Das Gedankenexperiment zeigt, dass die einander ausschließenden Ereignisse MK, MZ und DZ bei häufiger Wiederholung des Versuchs im Grenzfall alle mit derselben relativen Häufigkeit auftreten. Daraus folgt, dass sie für das vergessliche Dornröschen gleich wahrscheinlich sind: $p(\text{MK}) = p(\text{MZ}) = p(\text{DZ})$. Die Gleichwertigkeit von MZ und DZ ist ein Nebenprodukt der Häufigkeitsüberlegung. Das Indifferenzprinzip wird dafür nicht gebraucht.

Fazit Wer bei stochastischen Problemen nicht in Schwierigkeiten kommen will, der sucht am besten nach einer Häufigkeitsinterpretation und nach der Möglichkeit experimenteller Belege für seine Lösungsvorschläge. Ein Beispiel ist das Drei-Tassen-Experiment, mit dem ich meine Söhne vor fast drei Jahrzehnten von der korrekten Lösung des Ziegenproblems überzeugen konnte. Subjektive Wahrscheinlichkeiten beruhen auf einer ausgiebigen Nutzung des Indifferenzprinzips. Die Frage ist dann stets, inwieweit seine Anwendung berechtigt ist.

8

Nach welchen Regeln wird gespielt?

Das Herz hat seine Gründe,
die der Verstand nicht kennt.
(Blaise Pascal)

Was eine Denkfalle ist, darüber haben wir uns schon Gedanken gemacht. Wir wollten unter einer Denkfalle eine Problemsituation verstehen, die einen bewährten Denkmechanismus in Gang setzt, der mit dieser Situation nicht zurechtkommt und zu Irrtümern führt. Aber was ist ein Irrtum? Da müsste man erst einmal wissen, was richtig ist – nicht irrtumsbehaftetes Denken sozusagen.

Wir spielen nicht nur ein Spiel

Was ein Irrtum ist und was nicht, hängt vom Rahmen ab, in dem man sich bewegt. Ist der Denkrahmen durch die empirische Wissenschaft bestimmt, dann hat Gott keinen

© Springer-Verlag GmbH Deutschland, ein Teil von Springer Nature 2020
T. Grams, *Klüger irren – Denkfallen vermeiden mit System*,
https://doi.org/10.1007/978-3-662-61103-6_8

Platz darin. Der Metaphysiker, für den es ewige Wahrheiten gibt, hat mit dem Begriff eines Weltschöpfers und -bewegers weniger Schwierigkeiten. Er hat einen passenden Denkrahmen. Der Wissenschaftler wird mit gutem Grund die Existenz Gottes im Rahmen seines Denkgebäudes nicht als erwiesen ansehen können, aber für den Metaphysiker und Gottgläubigen ist sie im Rahmen seiner Logik eine Denknotwendigkeit.

Ich stelle mir den Denkrahmen als ein Spiel vor: Es gibt ein Spielbrett und Figuren, die nach bestimmten Regeln bewegt werden. Wenn wir Richtiges von Falschem trennen wollen, müssen wir wissen, nach welchen Regeln das Spiel gespielt wird.

Da sind zunächst einmal die grundlegenden Regeln der Mathematik: Logik, Arithmetik, Algebra und Grenzwertrechnung, die Regeln der schließenden Statistik und die Regeln für die grafische Darstellung von Zusammenhängen. Diese Regeln können wir als allgemein akzeptiert voraussetzen.

Verstöße gegen diese Basisregeln begegnen uns täglich in Tageszeitungen, Magazinen, Rundfunk- und Fernsehsendungen. Dazu kommen die vielen Nonsense-Meldungen aus dem Bereich der Statistik. Ein herausragendes Beispiel dafür wurde im Abschnitt „Sex ist gesund" in Kap. 5 aufgespießt. Krasse Betrugsfälle und gefälschte Statistiken sind eher selten: Anders als Churchill meinte, muss man Statistiken nicht fälschen, wenn man damit betrügen will. Man braucht die Daten nur geeignet zusammenzufassen. Aber Fälschungen kommen vor, und sie finden sich sogar in amtlichen Statistiken, wie wir bei den Bachelor/Master-Studiengängen gesehen haben.

Einen aufschlussreichen Sonderfall bietet die Ästhetik in allen Spielarten, beispielsweise in Mathematik und Informatik. Mathematiker haben keine Hemmungen, von der Schönheit einer Formel zu schwärmen; ein Informatik-Buch trägt den Titel „Beauty is Our Business".

Da die Regeln der Mathematik so eindeutig und klar sind, sollte ein Disput eigentlich ausgeschlossen sein. Aber nein: Der Mathematiker will nicht nur Richtiges behaupten. Er legt auch Wert auf Eleganz. Zum Regelkatalog der Mathematiker – und auch der Informatiker – gehören Regeln der Ästhetik. Und damit verlassen diese Leute den Reinraum objektiver mathematischer Beziehungen.

Es gibt allgemein akzeptierte Kriterien für Schönheit, wie beispielsweise die Symmetrie, die wir schon aus rein biologischen Gründen mögen. Aber pure Schönheit kann langweilig sein, und die Kunst kennt gezielte Verstöße gegen die Prinzipien glatter Schönheit. Umberto Eco hat dementsprechend zwei Bücher über Ästhetik herausgebracht: „Die Geschichte der Schönheit" (2004) und „Die Geschichte der Hässlichkeit" (2007). Das Urteil über die Eleganz mathematischer Formeln muss letztlich persönlich bleiben. Und das ist eine Regel des *Spiels Mathematik:* Über die Eleganz einer Formel kann und soll man streiten, Einigkeit muss hier nicht sein.

Im Zentrum dieses Buches stehen die Regeln des *Spiels empirische Wissenschaft.* Das sind die Regeln der Generalisierung, der Falsifizierbarkeit und der Objektivität.

Insbesondere auf die Spielregeln der empirischen Wissenschaften gehen die Erfolge von Physik, Chemie und Biologie zurück. Und diese Wissenschaften sind es, denen wir nahezu all die Dinge verdanken, die heute unser Leben bestimmen. Es ist kein Wunder, dass Metaphysiker und Esoteriker, Ratgeber, Quacksalber und Beutelschneider versuchen, von der Reputation der empirischen Wissenschaften zu profitieren und ihre Angebote als Ergebnis wissenschaftlicher Bemühungen darstellen und deren vermeintliche Wirkung als streng geprüfte und gesicherte Erkenntnis verkaufen. Diese Leute spielen ein falsches Spiel. Sie beanspruchen für ihr Tun Wissenschaftlichkeit, aber sie lösen diesen Anspruch nicht ein. Genau das sind die Kennzeichen einer *Pseudowissenschaft*.

Auch beim Thema Quantenmystik geht es darum, Verstöße gegen die Regeln des vorgeblichen Spiels aufzuzeigen, nicht jedoch um die moralische Bewertungen dieser Verstöße. Tarnen und Täuschen gehören so sehr zum Leben auf dieser Erde (man denke nur an die Geweihe der Hirsche, die Mimikri der Schmetterlinge, die Scheinmuskeln der Männer, das Imponiergehabe in den Chefetagen und die Werbung), dass man sich generelle moralische Urteile über dieses Verhaltens besser verkneift.

Täuschung und Manipulation abzuschaffen, ist schon aus Gründen des Wettbewerbs aussichtslos: Wer will schon auf große Vorteile verzichten, die zu moderaten Kosten zu haben sind. Die Alternative wäre Totalitarismus, und der ist die Supertäuschung schlechthin.

Ein Ziel steht nun klar vor Augen: Waffengleichheit. Jedermann sollte grundsätzlich die Möglichkeit erhalten, manipulationstechnisch nachzurüsten, so dass er im heutigen Gewühl aus Manipulation, Manipulationsabwehr und Gegenmanipulation seine Chancen wahren kann. Die Nachrüstung in Sachen Manipulation verhindert auch, dass die Manipulation allzu große Energie verschlingt: Je mehr Leute die Manipulationsmethoden kennen, umso weniger lohnt es sich, sie anzuwenden.

Sackgassen des Denkens

Glaubensfragen

Es gibt Lebensformen mit Organen hoher Komplexität und wunderbarer Zweckmäßigkeit. Für viele dieser

Lebensformen und Organe kennen wir eine schlüssige Stammesgeschichte noch nicht. Hier und da fehlen Verbindungsglieder (Missing Links). Ein gern zitiertes Beispiel ist die der Fortbewegung von Bakterien dienende rotierende Geißel, das Flagellum. Wir wissen noch nicht, aus welchen Vorformen sich dieser „Motor" hat entwickeln können. Ändert man nur ein winziges Detail oder lässt man eine Kleinigkeit weg, funktioniert der Motor nicht mehr. Im Zuge der Evolution und der Bevorzugung des Bestangepassten aber ist ein nicht rotierender Motor ein Verlustgeschäft. Die Anhänger der Lehre vom Intelligent Design (ID) nennen so etwas *irreduzible Komplexität.* Sie schließen daraus, dass die Evolutionslehre nach Darwin falsch ist und dass es einen Schöpfer und Steuermann der Welt gibt, einen Urgrund, einen *intelligenten Designer,* Gott.

Gott ist da, wo unsere wissenschaftlichen Erklärungen (noch) nicht hinreichen. Er wird von den ID-Anhängern sozusagen in den Lücken unserer Erkenntnis angesiedelt. Für diesen Lückenbüßergott (God of the Gaps) wird es immer enger. Laufend finden Wissenschaftler neue Verbindungsglieder im Stammbaum des Lebens (Clack 2006). Hinzu kommt, dass die Evolution nicht den geraden Weg nimmt. Biologische Mechanismen und Körperteile können in Vorformen andere Funktionen gehabt haben. Wir kennen Zeugnisse für Umwege der Evolution, beispielsweise den blinden Fleck des Auges. Von einem intelligenten Designer wären derartige „Fehlkonstruktionen" nicht zu erwarten (Dennet 2005).

Die irreduzible Komplexität wird in den USA vor allem von Leuten ins Spiel gebracht, die die biblische Schöpfungsgeschichte als gleichrangig neben der Evolutionslehre im Schulunterricht etabliert sehen wollen. Die Väter der Verfassung haben im First Amendment auf eine strikte Trennung von Staat und Kirche geachtet. Es gibt keinen Religionsunterricht an Schulen.

Um die biblische Schöpfungsgeschichte doch noch an die Schulen zu bringen, braucht sie einen wissenschaftlichen Anstrich. Das Aufzeigen von vermeintlich irreduzibler Komplexität und der Schluss auf den dann notwendigen intelligenten Designer wirken bei oberflächlicher Betrachtung wissenschaftlich. Beim näheren Hinsehen ist es aus damit. Die Argumentation zielt auf eine Lähmung der Wissenschaft, die ja geradezu darauf aus ist, Komplexität zu reduzieren. Deshalb machen US-amerikanische Gerichte hier auch nicht mit. Die Schöpfungslehre bleibt in den meisten US-Staaten aus der Schule verbannt. Aufsehen erregte das Urteil des Richters John Jones, eines von George W. Bush ernannten Lutheraners, das dieser im Dezember 2005 in Pennsylvania verkündete. Der Richter nannte das Intelligent Design eine „atemberaubende Trivialität", die den Test auf Wissenschaftlichkeit nicht bestehen könne (TIME 08.05.2006).

Die Frage bleibt, warum das Argument von der irreduziblen Komplexität dennoch auf viele Menschen überzeugend wirkt. Zur Klärung schauen wir uns die Struktur des „Gottesbeweises" einmal genauer an. Offensichtlich wird angenommen, dass alle möglichen Vermutungen und Hypothesen über die Herkunft eines bestimmten biologischen Sachverhalts (beispielsweise des Flagellums der Bakterien) bekannt sind. Und eine davon ist die Schöpfungshypothese. Wenn nun die bekannten darwinistischen Hypothesen keine befriedigende Erklärung liefern, dann muss die letzte noch verbleibende Hypothese richtig sein: Ein intelligenter Designer war am Werk.

Diese Art der Beweisführung wird von den ID-Anhängern *eliminierende Induktion* (Eliminative Induction) genannt und im Ernst als der wissenschaftlichen Induktion gleichrangig – wenn nicht gar überlegen – angesehen. Dass die Schöpfungshypothese tatsächlich grundsätzlich nicht widerlegbar ist und dass sie allein aus diesem Grunde gar nicht als ernsthafter Konkurrent der wissenschaftlichen Hypothesen gelten kann, scheint die Verfechter der eliminierenden Induktion nicht weiter zu stören.

Nun erkennen wir, warum die eliminierende Induktion für viele so attraktiv ist. Die Offenheit der wissenschaftlichen Arbeit, die ständig drohende Falsifizierung lieb gewonnener Theorien und die fortwährende Suche nach neuen und besseren Hypothesen – all das braucht Personen, die Unsicherheiten aushalten können. Die Umwandlung von Unsicherheit in Sicherheit ist ein ständiger und anstrengender Prozess. Letztendliche Sicherheit, endgültige Wahrheiten sind nicht zu erwarten.

Die eliminierende Induktion kommt prätentiös daher. Letztlich ist sie nur Ausdruck der Angstvermeidung, einer Art Kurzschlussreaktion des Neugier- und Sicherheitstriebs. Die eliminierende Induktion macht den beunruhigenden Fragen ein Ende, sie liefert letztgültige Antworten.

Die großen Kirchen vertreten die ID-Position wohlweislich nicht. „Christliches Menschenbild und moderne Evolutionstheorien" ist eine Botschaft von Papst Johannes Paul II., die er an die Mitglieder der Päpstlichen Akademie der Wissenschaften anlässlich ihrer Vollversammlung am 22. Oktober 1996 richtete. Sie beinhaltet einen Vorschlag, wie Glaube und Wissenschaft in Einklang zu bringen sind.

Wissenschaft

Machen wir uns erst einmal klar, was wir unter Wissenschaft verstehen wollen. Nach Karl Raimund Popper lassen sich die empirisch-wissenschaftlichen Systeme gegenüber Mathematik und Logik und gegenüber den metaphysischen Systemen durch das Falsifizierbarkeitskriterium abgrenzen (Popper 1982): „Ein empirisch-wissenschaftliches System muss an der Erfahrung scheitern können."

Dieses Abgrenzungskriterium ist eine Spielregel des Spiels empirische Wissenschaft und selbst nicht Gegenstand der wissenschaftlichen Erkenntnis. Demnach zerfallen die Erkenntnissysteme in zwei Sparten: Einerseits wissenschaftliche und andererseits metaphysische Erkenntnissysteme. Zu Letzteren gehören die Religionen und die *Pseudowissenschaften* (Abb. 8.1).

Nicht jeder im Rahmen eines wissenschaftlichen Erkenntnissystems formulierte Satz ist auch nützlich. Denn Prüfbarkeit heißt, dass die Prüfung auch zur Widerlegung führen kann. Es gibt also einerseits einen Schatz an momentan akzeptierten Aussagen und Theorien und andererseits den wesentlich größeren „Abfallhaufen" der im Laufe der Geschichte widerlegten Theorien. Das Klassifikationsschema in Abb. 8.1 zeigt eine Übersicht über die Erkenntnissysteme.

Wenn ein Gebiet – wie beispielsweise die Homöopathie – den Anspruch auf Wissenschaftlichkeit erhebt, können wir diesen Anspruch mit einigen Testfragen auf die Probe stellen.

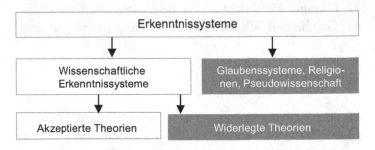

Abb. 8.1 Wissenschaft oder nicht?

1. Generalisierung: Was genau wird behauptet? Handelt
   es sich um einen hinreichend allgemeinen Anspruch?
   (Einmalige Vorgänge und Wunder stehen nicht zur
   Debatte.)
2. Falsifizierbarkeit: Ist der Anspruch überprüfbar? Ist er
   grundsätzlich widerlegbar? (Was immun gegen jeden
   Widerlegungsversuch ist, hat keinen Erkenntniswert.)
3. Objektivität: Lassen sich Anspruch und Testergebnis verständlich und nachvollziehbar darstellen? Ist die
   Prüfung von unabhängiger Seite wiederholbar?

Jedenfalls geht es in der Wissenschaft, so wie sie hier ver-
standen wird, nicht darum, das Wesen der Dinge, die
Wahrheit, zu ergründen. Solche Tiefenbohrungen sind
Angelegenheit der Metaphysik. „Diejenigen, die unter die
Oberfläche tauchen, tun das auf eigene Gefahr" schreibt
Oscar Wilde im Vorwort zu „Dorian Gray".

Homöopathie

In der Fuldaer Zeitung vom 13. September 2010 erklärt
der Allgemeinmediziner Dr. Klaus Isert, wie Homöopathie funktioniert: „Dem Körper werden Informationen
auf dem energetischen Weg geliefert – nichts anderes
läuft beim Satellitenempfang ab." Dr. Jürgen Freiherr von
Rosen (Schlosspark-Klinik Gersfeld) stimmt dem zu: „Die
Homöopathie liefert dem Körper Informationen – wenn
er aufnahmebereit dafür ist." Und die Experten sind sich
in einem Punkt einig: „Wasser hat ein Gedächtnis." Es
erinnert sich ihnen zufolge an das ursprüngliche Arznei-
mittel.

Sollten Sie diese Aussagen nicht verstanden haben, hilft
Ihnen vielleicht dieser Kurzkurs in Sachen Homöopathie
weiter: Aufgestellt wurde diese Therapieform von Samuel

Hahnemann (1755–1843). Die Behandlung beginnt mit einer gründlichen Untersuchung des Patienten. Sie dient der Repertorisierung. Dabei wird das Krankheitsbild ermittelt und mit den Arzneimittelbildern, das sind die Symptome, die die jeweiligen Mittel an Gesunden hervorrufen, verglichen. Ausgewählt wird nach dem Simile-Prinzip dasjenige Mittel, dessen Arzneimittelbild dem Krankheitsbild am ähnlichsten ist (Homöopathie = ähnliches Leiden). Allerdings wird das Mittel nicht pur, sondern stark verdünnt verabreicht. Der Grad der Verdünnung, ausgedrückt in Potenzen, ist meist so extrem, dass in dem Lösungsmittel (Wasser oder Alkohol) keinerlei Spuren der Substanz mehr vorhanden sein können. Der Patient nimmt ausschließlich das Lösungsmittel zu sich. Um wirksam zu sein, braucht dieses Lösungsmittel eben ein „Gedächtnis".

Einem Wassermolekül wird im Laufe seiner Existenz eine Menge Information angeboten. Das Wasser braucht also ein ziemlich selektives Gedächtnis, wenn es die angestrebte Informationsübertragung und die damit einhergehende spezifische Wirkung erreichen soll. Nicht anders der Alkohol. Die Lehre, dass Wasser und Alkohol ein Gedächtnis haben, stellt eine Herausforderung für die gängigen Lehrbuchweisheiten und die aktuelle Wissenschaft dar. Auf jeden Fall wäre diese umwälzende Erkenntnis nobelpreiswürdig (Lambeck 2003).

Also: Was ist dran an der Homöopathie? Ist sie wissenschaftlich fundiert?

Hahnemann hat mit der von ihm vermuteten Heilwirkung der Behandlung nach dem Simile-Prinzip und der Technik der Potenzierung eine prüfbare Hypothese formuliert, auch prüfbar nach den gängigen Regeln der klinischen Tests.

Und solche Tests wurden in großer Zahl und mit unterschiedlicher Strenge durchgeführt. Es gibt Metastudien, in denen viele dieser Tests unter Einrechnung ihrer Strenge zusammengefasst werden. Solche sind in dem renommierten Medizinfachblatt „The Lancet" erschienen. Noch aktuell dürfte die von Shang et al. (2005) sein.

Im Artikel von Shang et al. wird die Wirksamkeit der Homöopathie derjenigen bei „normaler" Medikation (Allopathie) gegenübergestellt. Verlässlich nachgewiesen wird eine Risikoreduktion von 88 % im Falle der Homöopathie und von 58 % im Fall der Allopathie. Die Zusammenfassung schließt mit dem Urteil, dass die Ergebnisse der Studie mit der Auffassung verträglich seien, dass die klinischen Effekte der Homöopathie Placeboeffekte sind.

Kurz gesagt: Die Homöopathie ist wissenschaftlich begründet, aber sie besteht die Prüfung nicht. Die Vertreter der Homöopathie können dieses Urteil nicht akzeptieren. Sie sehen den Standard für klinische Tests, die placebokontrollierte randomisierte Doppelblindstudie, als nicht geeignet für die Homöopathie an, da diese Tests der Ganzheit des lebenden Menschen und dem individuellen Krankheits- und Heilungsverlauf nicht gerecht würden. Sie favorisieren die Einzelfallstudie. Nur so könne die individuelle Wahl und erforderlichenfalls der Wechsel der Arznei in Abhängigkeit vom Symptomverlauf berücksichtigt werden.

Es fragt sich allerdings, wie in den Einzelfallstudien der Misserfolg festgestellt werden soll, wenn es zum Prinzip gehört, dass erforderlichenfalls „weitere Interventionen anhand der aktuellen Symptomatik" erfolgen (Friedrich Dellmour). Durch dieses Hintertürchen entzieht sich die Therapie jeglicher Widerlegung. Und damit geht der Anspruch der Wissenschaftlichkeit den Bach hinunter. Die Karl und Veronica Carstens-Stiftung hat zum Thema Homöopathie und klinische Forschung eine Stellungnahme abgegeben. Sie bietet ein erstes Bild vom Für und

Wider verschiedener Prüfungsansätze in der Homöopathie.

Ich komme zu dem Schluss, dass die Homöopathie entweder widerlegte Wissenschaft ist oder aber Pseudowissenschaft. Sie gehört wohl in eines der beiden dunklen Kästchen des Klassifikationsschemas (Abb. 8.1).

Vielleicht wollen Sie einmal selbst die eine oder andere Diagnosemethode oder Therapieform der Alternativ- und Komplementärmedizin unter die Lupe nehmen und auf Wissenschaftlichkeit untersuchen. Hier ein paar Anregungen: Kirlian-Photographie, Aroma-Therapie, Bachblüten-Therapie, Eigenblut-Therapie, Edelstein-Therapie, Fußreflexzonen-Massage, Detox-Ausleitungsfußbad, Magnetfeld-Therapie, Neurolinguistisches Programmieren (NLP), Positives Denken, Reiki.

Quantenmystik

Für den „Fuldaer ZukunftsSalon" ist Dr. Michael König als Redner angesagt. Er soll zur „Quantenphysik des Lebens" sprechen. Versprochen wird die Aufhellung der Hintergründe zu einem „Paradigmenwechsel in den Natur- und Geisteswissenschaften". In der beigefügten Literaturliste ist die Rede von der „Physik Gottes" und von „Quantenheilkunde". Im Begleittext steht etwas von „ganzheitlichen Gedankenansätzen", „neuer Physik" und „komplementärer Medizin".

Das erinnert mich an die ganzheitliche Physik des renommierten Physikers Hans-Peter Dürr, Träger des alternativen Friedensnobelpreises. Diese ganzheitliche Physik wirkt auf den ersten Blick seriös. Sie ist einer genaueren Betrachtung wert.

Im Folgenden beziehe ich mich auf das fast zweistündige Video „Hans-Peter Dürr über ganzheitliche

Physik" und auf die „Potsdamer Denkschrift 2005",
deren Mitverfasser Dürr ist. Beide Werke sind im Internet
frei zugänglich. Außerdem ziehe ich Dürrs Buch „Geist,
Kosmos und Physik" von 2011 zu Rate.

Ein erster Verdacht

Es fällt auf, dass in Dürrs Reden und Schreiben immer
wieder dieselben Reizwörter auftauchen: neues Denken,
Freiheit, Liebe (gern auch in Verbindungen wie „liebendes
Herz" und „liebender Dialog"), Verantwortung,
kooperatives Denken (das dann auch schon mal „neu verbunden" sein darf). Ständige Wiederholungen sind eine
bekannte Masche der Werbeleute. Und auch das weiß
der Werbemann: Wörter mit positiven Assoziationen
machen den Adressaten gefügig. Das alles sind geläufige
Manipulationstechniken. Über weite Strecken kommt
Dürr dem Leser mit solcherlei rosarotem Eiapopeia. Das
sichert ihm einen prominenten Platz in den Esoterik-
Ecken der Buchhandlungen. Das Buch „Geist, Kosmos
und Physik" ist denn auch in einem Verlag erschienen,
der Neues Denken, Mystik, weibliche Spiritualität und
Lebenshilfe im Programm hat. – Das ist nicht weiter
schlimm. Man wird ja nicht zum Kauf gezwungen. Aber
das nähere Studium zeigt: Die sanfte Oberfläche täuscht;
es kommt noch ziemlich dicke.

Eingriffe des Mikrokosmos ins reale Leben

Dürr baut seine neue Weltsicht auf der Erkenntnis auf, dass die Physik heute nicht mehr mit unserem
Sensorium und Denkapparat, die auf die uns zugängliche Welt der mittleren Entfernungen und Geschwindigkeiten zugeschnitten sind, erfasst werden kann. In diesem

unserem Mesokosmos erfahren wir die Materie als Basis alles Begreifbaren.

Die Quantenphysik zeige nun aber, so Dürr, dass Materie nicht aus Materie zusammengesetzt ist. So weit, so gut. Das ist Physik und folgt den Regeln der Naturwissenschaft. Dann aber werden – für den arglosen Leser unbemerkt – die Spielregeln gewechselt.

Er fährt kühn fort: „Am Grund bleibt nur etwas, was mehr dem Geistigen ähnelt – ganzheitlich, offen, lebendig, Potenzialität". „Wir sind alle Teile dieses selben Einen, derselben Potenzialität, auf der wir gemeinsam gründen" (Dürr 2011, S. 33 ff.).

Dieses Geistige können wir nicht wahrnehmen. Es bleibt uns für immer verborgen. Dieses für unseren Geist prinzipiell unerreichbare Eckchen ist für Dürr nun das letzte Refugium für Gott: „Der Glaube wird durch das neue [durch die Quantenphysik befeuerte] Denken von seiner Lückenbüßerrolle befreit, in der ihm jeweils nur noch überlassen bleibt, was bis zu diesem Zeitpunkt ‚noch nicht gewusst' wird. Das Wissbare erfährt in der neuen Weltsicht eine prinzipielle Einschränkung. Dadurch erhält der Glaube wieder seine volle Bedeutung und eigenständige Wertigkeit zurück" (Dürr 2011, S. 17).

Und jetzt kommt es: Gott – oder besser gesagt: das Geistige – ist nicht gefangen. Es gibt ein Hintertürchen, über das es in unsere Realität hineinwirken kann. Und das soll so vor sich gehen: In unserem Mesokosmos gibt es Momente der Instabilität, wie beispielsweise bei einem vertikal auf eine Ebene gestellten sehr dünnem Stab oder einem auf dem Kopf stehendem Pendelstab. Wie er fällt, scheint dem Zufall überlassen zu sein. Aber nein: Für Dürr ist das ein Moment höchster *Sensibilität*. Solche Instabilitäten bilden das Tor, durch das die Mikrowelt in unser reales Leben, in die uns sensorisch und gedanklich zugängliche Realität eintreten kann. „In der Instabilitätslage, dem Punkt höchster Sensibilität ‚spürt‘ das Pendel, was in der ganzen Welt los ist. [...] Es ‚erlebt‘ jetzt dieses Hintergrundfeld, die Potenzialität. [...] Das Pendel wird an diesem Punkt ‚lebendig‘. Es tritt in Kontakt mit dem Informationsfeld des Ganz-Einen" (S. 67). „Die von der Sonne zugestrahlte hochgeordnete Energie [...] wird [...] zu einer ordnenden Hand, wenn ihre Energie sich von der kreativen Potenzialtät im Hintergrund leiten lässt, die vermöge von Instabilitäten in die Mesowelt durchstoßen kann" (S. 42). Und damit ist klar: „Das Fundament unserer Wirklichkeit ist nicht die Materie, sondern etwas Spirituelles" (S. 45). Der Empfängliche gelangt zu einer „mystischen Teilhabe an der lebendigen, unauftrennbaren Advaita [Einheit von göttlicher Kraft und Seele], dem Urquell des Kosmos" (S. 112).

So bekommen alle möglichen Religionen und Glaubenssysteme, vom Buddhismus bis zur Anthroposophie, aber auch die Denksysteme totalitärer Regime, die geeigneten Begriffe geliefert, so dass sie sich scheinbar problemlos an die Physik anflanschen und Bedeutung heraussaugen können. Aber was geboten wird, ist Mystik und reine Spekulation. Es hat mit den nur noch mittels Mathematik mitteilbaren neuen Erkenntnissen der Physik nichts zu tun.

Vom Sein zum Sollen

Dürr meint nun sogar, das Sollen, die Moral aus seinem Verständnis der Quantenphysik und mittels des „neuen Denkens" herleiten zu können: „Aus dem neu gewonnenen (aber schon alten) Wissen über die Welt erschließt sich uns eine Ethik. [...] Hier ist der Mensch – wie Natur – nicht bloße ‚Biomaschine', sondern ureigenst ‚kreatürlich' eingebunden in einem sich genuin-differenzierenden und fortlaufend weiter entfaltenden Lebensprozess" (Denkschrift).

Und weiter: „Ein immer lebendigeres Sein, ein fortdauerndes Werden tritt an die Stelle eines erstarrten Habens-Wohlstandes, und das Individuum gewinnt wachsende Offenheit in seiner intensiven Teilhabe und seiner Zeit und Raum übergreifenden Einbettung in den Lebensverbund der Erde. Erst dieses dynamische Wechselspiel zwischen den Menschen und ihrer lebendigen Mitwelt ist wirklich wohlstandsschaffend und fordert und fördert den Menschen in seinem ganzen Wesen."

„Wir sollten die Teilhabe an der lebendigen Welt in Freude annehmen und im vollen Bewusstsein daran verantwortungsvoll im Sinne eines *das Lebende lebendiger werden lassen'* (was letztlich ‚Nachhaltigkeit' meint) handeln."

„Dem muss und kann ein neues Denken folgen. […] Unter dem Einfluss eines wirklich neu verbundenen, dezentral-kooperativen Denkens werden sich unsere ökologischen, ökonomischen, kulturellen, sozialen und auch persönlichen Beziehungen miteinander und mit der komplexen Geobiosphäre verwandeln und in neuem Handeln äußern, welches dann den bisher stetig steigenden Krisen- und Gefährdungsstrategien unserer modernen Geschichte wirkungsvoll begegnen kann" (Denkschrift).

Das könnte man für harmlose Gemeinplätze halten. Aber hoppla! Spätestens beim „Weltbewusstsein" sollten die Alarmglocken läuten. Damit bezeichnet die Denkschrift auf Seite 8 den kostbaren und unersetzlichen Beitrag, den der Mensch zur Evolution, zum Weltengang leisten könne. Wir müssen fragen, wie diese neue Ethik in einer pluralistischen Gesellschaft durchgesetzt werden soll?

Wie sieht das Programm *konkret* aus, und wie soll es wirksam werden? Es gibt Beispiele.

Wir erinnern uns an die Gesellschaftsentwürfe des vorigen Jahrhunderts mit ihren katastrophalen Konsequenzen. Auch diese beriefen sich jeweils auf ein neues Denken und auf *absolute Ideen*. Was dem einen System das „innerste Wollen der Natur" war, boten dem anderen die „Bewegungsgesetze der modernen Gesellschaft".

Dass das Zusammenleben der Juden, Christen, Muslime, Atheisten, Esoteriker und der vielen anderen Menschen bei uns heute halbwegs störungsarm funktioniert, liegt an der durch Gewaltenteilung und durch *Checks and Balances* doch ziemlich oberflächlich strukturierten pluralistischen Gesellschaft. Jedwede Metaphysik, die alle bewegen und vereinnahmen will, ist aus der Mode gekommen und zunehmend ins Private abgedrängt worden.

Auch die Verfasser der Denkschrift müssen darauf gekommen sein, welche schlimmen Schlussfolgerungen drohen, wenn sie ihr System zu Ende denken und ihre Vorschläge konkretisieren.

Deshalb bleiben sie im Allgemeinen und überlassen das Zu-Ende-Denken dem Publikum. Aber dieses Publikum wird gründlich getäuscht: Es erhält scheinbar physikalische Begründungen für seine Vorurteile und Glaubenssysteme. Und damit erreichen die Autoren möglicherweise das Gegenteil dessen, was sie anstreben, nämlich eine Radikalisierung: Liebe gesät, Zwietracht geerntet.

Der Verzicht auf Konkretisierungen, der an der Denkschrift so ins Auge fällt, könnte die Folge einer Art Selbstbetrug der Autoren sein. Robert Trivers (2011) meint, dass man andere besser täuschen kann, wenn man die Wahrheit vor sich selbst verbirgt, sie sozusagen im Unterbewusstsein verstaut.

Des Themas haben sich auch ein Mathematikprofessor und ein Sozialwissenschaftler angenommen: „Quantenquark – Claus Peter Ortlieb und Jörg Ulrich nehmen das Potsdamer Manifest auseinander: Es sei getragen von biologistischer und völkischer Esoterik" (Frankfurter Rundschau, 28.10.2005). Der Artikel ist auf der Web-Seite der „AG Friedensforschung" frei verfügbar.

Lehrbücher: Irrtümer auf hohem Niveau

Auf dem Gebiet der Statistik gibt es mehrere „Spiele", die nach unterschiedlichen Regeln gespielt werden. Wir werden sehen, welches Durcheinander das bedenkenlose Wechseln zwischen den Regelwerken anrichten kann.

Für Niklas Luhmann ist Technik das Gebiet der *Kausalsimplifikationen,* also ein in der Komplexität reduzierter und simplifizierter und von externen Einflüssen weitgehend isolierter Bereich mit festen, funktionierenden Kopplungen, so „dass 1) Abläufe kontrollierbar, 2) Ressourcen planbar und 3) Fehler (einschließlich Verschleiß) erkennbar und zurechenbar werden".

In dieser – gemessen an der Komplexität des Lebens – sehr übersichtlichen Welt fällt dem Ingenieur gar nicht auf, dass jede mathematische Formel in ein Begriffsumfeld eingebettet ist, das den Interpretationsrahmen vorgibt. Für ihn sind die in den Formeln vorkommenden Größen immer klar. Er weiß, was Kraft, Masse, Geschwindigkeit, Spannung, Strom, Feldstärke bedeuten. Die Interpretation der Formeln und der Ergebnisse bereiten ihm keine Schwierigkeiten. Tatsächlich hat der Ingenieur sich eine Welt geschaffen, in der die mathematischen Formeln eine deutlich erkennbare und eindeutige Rolle spielen.

Mit dieser Denkweise ausgestattet, bekommt der Ingenieur naturgemäß Probleme in dem Moment, in dem der Bezugsrahmen einer Formel nicht mehr so ohne Weiteres ersichtlich ist. In der schließenden Statistik ist das so. Zwar kommen in den Formeln der schließenden Statistik immer Wahrscheinlichkeiten vor. Aber die Interpretation der Wahrscheinlichkeitswerte hängt davon ab, ob man es mit statistischer Testtheorie, mit Konfidenzintervallen oder Bayes-Schätzungen zu tun hat.

In einem Lehrbuch zum Thema Zuverlässigkeitsnachweis von Software finde ich den fett hervorgehobenen Satz: „Der Test von Hypothesen geht über die Falsifizierung ihres Komplements." Dann wird gezeigt, dass bei einem Sachverhalt, der nicht der Hypothese entspricht, der Test schlimmstenfalls mit einer geringen Wahrscheinlichkeit (von sagen wir 5 %) bestanden wird. Aus dem Bestehen des Tests, bei negativem Testergebnis also, wird dann gefolgert, dass das Komplement unwahrscheinlich ist (5 %) und die Hypothese entsprechend wahrscheinlich (95 %).

Auf den ersten Blick sieht das nach einem Satz der statistischen Testtheorie aus. Nur etwas stört: In der statistischen Testtheorie ist eigentlich nirgends von der Wahrscheinlichkeit einer Hypothese die Rede. So etwas findet man in der Theorie der Bayes-Schätzungen. Hier werden zwei verschiedene Denkansätze miteinander vermengt. Das kann nicht gut gehen. Der Autor gibt vor, Testtheorie zu betreiben und sich an die auf diesem Gebiet gültigen Spielregeln zu halten. Aber er wechselt unversehens auf das Feld der Bayes-Schätzungen, offenbar ohne dass ihm der Wechsel des Regelwerks bewusst wird.

In der „Beweisführung" stecken zwei Fehler.

Erstens wird durch ein negatives Testergebnis („bestanden") nicht das Komplement der Hypothese falsifiziert, sondern ein ganz bestimmter Sachverhalt, die

Alternativhypothese nämlich. Zweitens: Eine Widerlegung der Alternativhypothese allein zeigt noch nicht, dass die Hypothese wahr ist. Denn rein logisch ist es zwar so, dass aus der Hypothese folgt, dass die Alternativhypothese falsch sein muss; aber aus der Falschheit der Alternativhypothese ergibt sich nicht, dass dann die Hypothese stimmen muss. Denn die Alternativhypothese ist im Allgemeinen *nicht* das logische Komplement der Hypothese.

Gerd Gigerenzer (2004) hat die weit verbreitete Vermengung von statistischen Tests mit der Bayes-Formel unter dem Titel „Statistisches Denken statt statistischer Rituale" leicht verständlich und gründlich auseinandergenommen. Er stellt heraus, dass ein signifikantes Ergebnis für oder gegen eine Hypothese nichts über deren Wahrscheinlichkeit besagt.

Lehrbücher können Fortschrittsbremsen sein, wenn sie, anstatt dem Wissen der Menschen etwas hinzuzufügen, dieses Wissen eher vermindern. Wer behauptet, dass sich das Wissen der Menschheit alle sieben Jahre verdoppelt, misst vielleicht die Menge an produziertem Text. Und das ist ein schlechtes Maß. Ich vermute, dass das Lehrbuchwissen einer Tendenz zum Mittelmaß unterliegt, einer Art Regression zum Mittelwert. Warum das?

Lehrbuchautoren pflegen Ideen von anderen Autoren zu übernehmen. Weisheiten, die den Schülern und Studenten mit geringem kognitivem Aufwand nahe gebracht werden können, also das leicht Fassliche, wird lieber genommen als das schwer Verdauliche. Die einfache und plausible, wenngleich logisch-mathematisch windige Herleitung hat eine gute Überlebenschance im darwinschen Überlebenskampf der Ideen. So kommen wertvolle Erkenntnisse unter die Räder; das Wissenswachstum wird gebremst.

Diesen Effekt habe ich bereits während meiner Studienzeit bemerkt, als ich in einem weit verbreiteten, damals aktuellen Lehrbuch der Variationsrechnung einen fehlerhaften Beweis entdeckte. Erst später las ich, dass dieser Fehler in der Literatur unter dem Titel „Der Irrtum von Lagrange" bereits aktenkundig war. Aber unter den Lehrbuchautoren hatte der korrekte langwierige Beweis offensichtlich keine Verbreitungschance.

Mensch ärgere dich

Arglos greife ich mir das Buch „The Black Swan" von Nassim Nicholas Taleb (2007), auf das mich Daniel Kahneman (2011) mit seinem „Thinking, Fast and Slow" aufmerksam werden ließ. Beide Bücher behandeln Themen, die für meine Denkfallen-Taxonomie, das System der Denkfallen, eine Rolle spielen.

Ich lese ein wenig kreuz und quer in Talebs Buch. Auf Seite 31 geht es los. Da ist die Rede vom rotzfrechen und frustrierten Durchschnittseuropäer, der von den Amerikanern nichts halte und seine Stereotype über sie zum Besten gebe: „kulturlos", „nicht intellektuell" und „schwach in Mathe". Derselbe aber, so Taleb, hänge von seinem iPod ab, trage Blue Jeans und lege seine „kulturellen" Ansichten mittels Microsoft Word auf dem PC dar. Tatsächlich sei Amerika momentan weit, weit kreativer als diese Nationen der Museumsbesucher und Gleichungsauflöser.

Mein Blutdruck steigt. Wer ist es denn, der hier seine Stereotype zum Besten gibt? Mir fallen ein paar Namen ein, die Taleb wohl nicht im Sinn hatte: Tim Berners-Lee, ein Engländer, hat 1989 das World-Wide-Web im CERN, also mitten in Europa, erfunden. Die Physik-Nobelpreisträger von 2007, Peter Grünberg vom Forschungszentrum Jülich und Albert Fert von der Unversité Paris Sud, lösten mit ihrer Entdeckung des Riesenmagnetwiderstands eine

Revolution in der digitalen Speichertechnologie aus. Übrigens heißen die Blue Jeans in Amerika auch Denims, nach dem Ort, woher der Stoff dafür kam: Nîmes, Südfrankreich.

Dieses Aufleuchten europäischer Beiträge zum heutigen Leben hätte mich wohl beruhigen können. Aber ich war nun einmal auf der Palme. Und ich las weiter. Sehr aufmerksam tat ich das, denn ich musste ja aufpassen, wo dieser Taleb noch daneben liegt. – Und dabei habe ich eine ganze Menge über Denkfallen gelernt.

Irgendwann begann ich, die Polemik zu genießen, beispielsweise wenn Taleb die gaußsche Glockenkurve als großen Betrug beschreibt. Wahr daran ist, dass wir tatsächlich die Gesetzmäßigkeiten des Zufalls im Spiel (Würfeln, Roulette, Münzwurf, Urnenmodelle) für gute Regeln auch im täglichen Leben halten, und dass wir damit den verwickelten Situationen oft nicht gerecht werden. Taleb nennt diese Denkfalle Ludic Fallacy, und er meint damit so etwas wie Spielerirrtum. Die Irrtümer bei der Abschätzung von Zukunftstrends sind Beispiele dafür. Es ist tatsächlich mehr Vorsicht geboten, als wir gemeinhin aufbringen.

Eigentlich ist es ganz erfreulich, wenn uns jemand aus der Box stößt und uns ein neues und interessanteres Spiel zeigt. Wir können ihm nachsehen, dass er dabei eine gehörige Portion Polemik ins Feld führt.

Begegnung mit dem schwarzen Schwan

Der schwarze Schwan steht in der Erkenntnislehre (Epistemologie) für das überraschende Ereignis, das uns zwingt, eingefahrene Denkbahnen zu verlassen. Popper würde wohl sagen, dass die erste Beobachtung eines schwarzen Schwans die vorher allgemein akzeptierte Theorie „Alle Schwäne sind weiß" falsifiziert hat.

Für Taleb ist ein schwarzer Schwan etwas Unerwartetes, das große Wirkung entfaltet und für dessen Erscheinen wir uns Erklärungen zurechtlegen, so dass es uns im Nachhinein als vorhersehbar erscheint. Beispiele: Die Anschläge auf das World Trade Center am 11. September 2001, der Zusammenbruch des Ostblocks und die Beendigung des kalten Krieges, der Siegeszug des Personal Computers und des Internets, die Wirtschaftskrisen.

Bisher habe ich vor allem Nachrichten gebracht, denen man nicht sofort ansieht, dass sie auf Irrtümern beruhen oder in die Irre führen. Im Falle von Talebs Buch ging es mir einmal umgekehrt: „The Black Swan" hat meine Aufmerksamkeit von vornherein geweckt, und zwar anders als es uns die Kommunikationsexperten weis machen wollen, nämlich nicht auf die sanfte, schmerzlose und unterhaltsame Art, sondern mit einer Riesenportion Polemik. Denn nicht der zufriedene Leser ist ein guter Leser, sondern der aufgebrachte.

Welche Erkenntnis hat mir Talebs Buch nun beschert? Im Grunde bewegt sich Taleb auf dem Feld der „Heuristics and Biases", wie sie von Kahneman und anderen schon seit vierzig Jahren beschrieben werden. Manch einer wirft Taleb vor, dass er nur alten Wein in neue Schläuche gieße. Aber das trifft es nicht ganz. Seine Zuspitzungen und Übertreibungen sind anregend und bringen uns auf neue Gedanken.

Und das habe ich beim Lesen des Buches begriffen: Der Erinnerungsirrtum (Hindsight Bias) beruht auf dem, was Taleb „Narrative Fallacy" nennt. Wir verbinden Erinnerungsbruchstücke zu einfachen Geschichten, die uns im Nachhinein gut zu passen scheinen und die unser Selbstwertgefühl stützen. Geschichten haften besser in der Erinnerung als unverbundene Einzelfakten. Dabei „bleibt alles in der Box", im Vertrauten. Und das bewirkt systematische Verzerrungen der Wirklichkeit. Einige Denkfallen lassen sich auf diesen Mechanismus zurückführen.

Der gute Vortrag: ein Missverständnis

Der Schulungsleiter einer Großfirma meinte im Rahmen eines Rhetorik-Seminars einmal: „Geben Sie mir ein beliebiges Thema und einen Tag Zeit. Ich halte Ihnen dann einen perfekten Vortrag dazu." In der Tat: Seine Vorträge boten lesbare Folien, leicht verdauliche Schlagwörter, bestens angeordnete Grafiken. Alles sehr süffig. Das Urteil musste lauten: klasse Vortrag, witzig, unterhaltend. Nur Nachwirkungen hatte er nicht. Eigentlich bot er nur aufgedonnerte Trivialitäten.

Nach diesem Rezept arbeitet auch mancher Erfolgsschriftsteller: Er sagt dir das, was du sowieso schon weißt, nur eben besonders schön. Er lullt dich ein und sorgt dafür, dass dein kritischer Verstand abgeschaltet wird. Er bietet dir Belohnung, ohne dass du dafür etwas tun musst. Was bleibt, ist ein schales Gefühl. Wir erinnern uns an den Ausspruch von Felix von Cube: Lust ohne Anstrengung ist ein Langeweilefaktor.

Glücksgefühle sind Folge der Problemlösung, der erledigten Arbeit. Genau so funktioniert die Biologie; erst so ergibt das Ganze einen Sinn.

Manchmal beginne ich Vorträge mit der Warnung: Erwarten Sie keine Witze von mir. Die Wissenschaft hat gezeigt, dass der schlecht gelaunte Zuhörer kritisch ist und mehr versteht als derjenige der sich nur gut unterhalten fühlt.

Diese Warnung ist (halb) ernst gemeint. Dass etwas daran ist, dafür liefert Kahnemans Buch auf Seite 65 den Beleg: In einem psychologischen Experiment hatten die Versuchspersonen ein Rätsel zu lösen, bei dem die Intuition irregeleitet wurde. Eine Gruppe bekam eine gut lesbare Textversion des Rätsels und die andere eine ziemlich unleserliche. Besser schnitt die Gruppe ab, die den unleserlichen Text bekommen hatte. Die Erkenntnis daraus: Die Schwierigkeiten beim Entziffern machen wachsam gegenüber der intuitiven und falschen Antwort und sorgen dafür, dass der Denkapparat überhaupt erst eingeschaltet wird.

Fazit Bildung und Lernen beginnen nicht mit Wohlbehagen. Besser ist „Mensch ärgere dich". Die Glücksgefühle werden dann schon kommen, mit dem Begreifen.

Gedankenknäuel

Manchmal ist es ganz witzig, den Denkrahmen zu verlassen und ihn selbst in die Betrachtung einzubeziehen.

Rückbezüge

„Ich mache es, um herauszufinden, warum ich es tue." Diesen Satz fand ich im Spiegel 45/2011. Ich weiß nicht, ob seinem Urheber, Ryan Gosling, ganz klar war, was er mit diesem Satz so anrichtet. Also: Gosling weiß nicht, warum er „es" tut. Gleichzeitig nennt er uns einen Grund. Der Arme ist gefangen im Niemandsland zwischen Tun und Lassen. Der Satz ist ein Beispiel für gehirnmarternde Rückbezüge.

Unter der Überschrift „Schlechte Nachrichten für Verschwörungstheoretiker" berichtete die dpa am 09.11.2011: „Jetzt ist es offiziell: Das Weiße Haus hat keinen Beweis für die Existenz von Außerirdischen." Hier wird die Sache interessant, wenn man das Weiße Haus der

Verschwörung zurechnet: Egal, was das Weiße Haus ver-
lauten lässt, immer kann es als Bestätigung dafür dienen,
dass es die Verschwörung tatsächlich gibt, denn: Ver-
schwörer werden die Verschwörung leugnen.

Und hier noch ein paar Fundstücke aus der ganz alltäglichen Kommunikation:

„Wie lange gedenkst du noch, verrückt zu bleiben?" –
„Das fragst du einen Verrückten?"

„Hast du 'ne andere?" – „Nein." – „Meinst du das ehr-
lich?" – „Ja doch."

In einer Szene des Monty-Python-Films „Das Leben des
Brian" von 1980 wird Brian von einer Anhängerschar verfolgt.

> Brian: Ich bin nicht der Messias. Würdet ihr mir bitte
> zuhören: ich bin *nicht* der Messias. Versteht ihr das?
> Ganz, ganz ehrlich.
> Frau aus der Menge: Nur der wahrhaftige Messias
> leugnet seine Göttlichkeit.
> Brian: Was? Ihr müsst mir doch 'ne Chance lassen, da
> rauszukommen. Also gut: Ich bin der Messias.
> Menge: Er ist es! Er ist der Messias.
> Brian: Und jetzt: *Verpisst euch!*

Ein rückbezüglicher (oder selbstbezüglicher) Satz wie beispielsweise „Ich lüge" enthält zwei Aussagen. „Die eine
Aussage wird in der Objektsprache, die andere in der
Metasprache getroffen und sagt etwas über die Aussage in
der Objektsprache aus." Watzlawick et al. sprechen von
paradoxen Definitionen (1969).

Angenommen, nur der wahrhaftige Messias kann seine
Göttlichkeit leugnen, dann ist Brians Aussage „Ich bin
nicht der Messias" rückbezüglich und gleichzeitig vollkommen sinnlos: Jeder kann unter der Prämisse, dass nur

der wahrhafte Messias sich verleugnen kann, behaupten, nicht der Messias zu sein, ob er nun der Messias ist oder nicht.

Den Satz „Ich lüge nicht" kann sowohl der Lügner als auch der Wahrheitsliebende sagen, ohne sich in Widersprüche zu verwickeln. Ich bezeichne diesen Satz auf Kommunikations- bzw. Objektebene mit A. Gleichzeitig macht der Satz auf Metaebene eine Aussage über den Wahrheitsgehalt des Satzes. Beide Aussagen sind gleichzusetzen: $A = A$. Und diese Gleichheit ist unter allen Umständen wahr. Es handelt sich um eine Tautologie.

Widersprüche, Antinomien

Aber das alles trifft nicht den Kern der Aussage Goslings. Hier haben wir es nicht mit einer Tautologie, sondern mit einem Selbstwiderspruch, mit einer Antinomie zu tun. Das einfachste Beispiel ist das sogenannte Lügnerparadoxon, nämlich der Satz „Ich lüge".

A möge für „Ich lüge nicht" stehen. Genau dann, wenn A gilt, muss „Ich lüge", also $\neg A$, wahr sein. Ist A hingegen falsch, dann gilt das auch für $\neg A$.

Daraus folgt $A = \neg A$. Weil nicht der Satz A und auch dessen logisches Gegenteil $\neg A$ gleichzeitig wahr oder gleichzeitig falsch sein können, handelt es sich um einen Selbstwiderspruch. Damit ist das Lügner-Paradoxon entzaubert: Es führt auf eine logisch falsche Aussage, über die man nicht weiter nachgrübeln muss.

Früher, als Student in den späten 1960er Jahren, habe ich gelitten: Hegel zu lesen und zu verstehen, so meinte ich, sei unentbehrlich für das Verständnis der Studentenrevolte. Dabei fand ich Hegels Texte völlig unverständlich. Das sehe ich heute, dank Popper, entspannter: Ein Ingenieur kann die Texte mit derselben Einstellung lesen, mit der er sich einen Film der Monty-Python-Truppe ansieht. Dann kann er sogar Spaß daran haben.

Nehmen wir uns ein paar Textproben aus seiner Philosophischen Propädeutik vor. In seinem Anhang über Antinomien schreibt Georg Wilhelm Friedrich Hegel (1770–1831): „1) Die Welt ist der Zeit nach *endlich* oder hat eine Grenze. In dem Beweise der Thesis ist eine solche Grenze, nämlich das Jetzt oder irgendein gegebener Zeitpunkt angenommen. 2) Das Dasein hat nicht an dem Nichtdasein, an der leeren Zeit, eine Grenze, sondern nur an einem Dasein. Die sich begrenzenden sind auch positiv aufeinander bezogen, und eines hat zugleich dieselbe Bestimmung als das andere. Indem also jedes Dasein begrenzt oder jedes ein endliches d. h. ein solches ist, über welches hinausgegangen werden muss, so ist der *Progress ins Unendliche* gesetzt." Und weiter geht's: „Die wahrhafte Auflösung dieser Antinomie ist, dass weder jene Grenze für sich, noch dies Unendliche für sich etwas Wahres ist, denn die Grenze ist ein solches, über welches hinausgegangen werden muss, und dies Unendliche ist nur ein solches, dem die Grenze immer wieder entsteht. Die wahre Unendlichkeit ist die Reflexion in sich, und die Vernunft betrachtet nicht die zeitliche Welt, sondern die Welt in ihrem Wesen und Begriff."

Um das zu verstehen, übersetze ich § 69 des Anhangs über Antinomien einmal in die heutige mathematische Sprache: Kann man für ein Ding die Aussage A herleiten und gleichzeitig deren Negation $\neg A$, so „entstehen dadurch *antinomische Sätze,* deren jeder gleiche Wahrheit hat". Für Hegel ist also die konjunktive Verknüpfung der Aussagen A und $\neg A$ wahr, anders als für den Logiker, der dem Ausdruck $A \wedge \neg A$ nur den Wert falsch zuerkennen kann und der darauf bestehen muss, dass in einer der Herleitungen, in der von A oder in der von $\neg A$, ein Fehler stecken muss.

Ludwig Boltzmann fand Hegels Einlassungen zur Logik einer ernsthaften Kritik würdig: „Dies Logik zu nennen, kommt mir vor, wie wenn jemand, um eine Bergtour zu machen, ein so langes und faltenreiches Gewand anzöge, dass sich darin seine Füße fortwährend verwickelten und er schon bei den ersten Schritten in der Ebene hinfiele" (Boltzmann 1904). Immanuel Kant hat seinerzeit die Antinomien ins Spiel gebracht, um genau vor einem derartig fehlgeleiteten Vernunftgebrauch zu warnen.

Wir nehmen die Werkzeuge der Logiker und nähern uns damit dem ersten Beispiel, nämlich dem Satz „Ich mache es, um herauszufinden, warum ich es tue". Offenbar weiß Gosling nicht, warum er „es" (die Schauspielerei nämlich) tut. Diese Aussage über sein Nichtwissen bezeichne ich einmal mit A. Die Tatsache, dass er es tut, erhält das Symbol B. Die Aussage von Gosling unterstellt eine Kausalbeziehung, nämlich dass es einen Grund für sein Tun gibt und dass dieser Grund das Nichtwissen des Grundes ist, nämlich A. In Kürze: $A \rightarrow B$.

Gosling gibt also einen Grund für sein Tun an. Folglich ist der Grund bekannt, und es gilt $\neg A$. Es gilt also gleichermaßen A und $\neg A$. Damit kommt vielleicht der an Hegel Geschulte zurecht, nicht aber der allgemeine Menschenverstand. Mir genügt es, das Gedankenknäuel entwirrt zu haben. Gosling wandelt auf den Spuren von Monty Python.

Das folgende Rätsel passt zum Thema: Wie groß ist die Chance, dass Sie richtig liegen, wenn Sie auf diese Frage eine der folgenden Antworten rein zufällig auswählen? a) 25 %, b) 0 %, c) 25 %, d) 50 %.

9

Die schöpferische Kraft des Fehlers

Der wahre Egoist kooperiert.
(Folklore)

Dieses Kapitel knüpft an das Paradoxon von Braess und das damit zusammenhängende Gefangenendilemma an. Das Gefangenendilemma definiert die Spielregeln für ein Evolutionsexperiment, das zeigt, wie das Neue – in diesem Fall das kooperative Verhalten – allein auf der Grundlage von Evolutionsmechanismen in eine Welt kommen kann, die von lauter Egoisten bevölkert ist. Die Voraussetzungen für die Entstehung des Neuen sind:

1. *Dogmatismus.* Regeln und Strukturen sind stabil und pflanzen sich fort. Ihr Erfolg zeigt sich darin, dass sie der Selektion widerstehen.
2. *Variabilität.* Erst die Vielfalt der Strukturen lässt Neues überhaupt entstehen. Eine wesentliche Quelle dieser

© Springer-Verlag GmbH Deutschland, ein Teil von Springer Nature 2020
T. Grams, *Klüger irren – Denkfallen vermeiden mit System*,
https://doi.org/10.1007/978-3-662-61103-6_9

Variabilität sind Fehler und Irrtümer beim Weitergeben und Vererben von Bauplänen und Überlebensstrategien.

3. *Interaktionsfehler:* Zuweilen tut jemand einem anderen „aus Versehen" einen Gefallen, und schon hat dieser einen kleinen Vorteil im Überlebenskampf.

Selektion

Der Fortschritt spielt sich ab im Spannungsfeld zwischen *Dogmatismus* und *Regellosigkeit.* Es ist wichtig, den Pfad der Tugend zu kennen und ihm zu folgen. Aber man muss auch die Freiheit haben, einmal davon abzuweichen. Dogmatismus und Zufall sind blind für den Erfolg. Dieser erweist sich erst bei der Bewertung anlässlich der Selektion.

Die in den Genen niedergelegten Baupläne der Lebewesen, die in den Büchern unserer Bibliotheken aufbewahrten Erkenntnisse, die Informationen im Internet und die Regeln des Zusammenlebens stellen *Lösungswissen* dar: Es ermöglicht seinen Trägern, in der Welt zurecht zu kommen und die alltäglichen Probleme zu lösen.

Die Weitergabe des Lösungswissens an künftige Generationen ist stabil und unterliegt dem *Dogmatismus.* Die Variation des Lösungswissens geschieht rein zufällig und alles andere als zielgerichtet. Erst wenn eine solche Variation von Vorteil ist, setzt sie sich im Lebenskampf durch. Welche Probleme durch das Lösungswissen gelöst worden sind, wird freilich erst klar, wenn das Lösungswissen sich im Konkurrenzkampf bewährt hat.

Zunächst will ich den *Selektionsprozess* unter die Lupe nehmen. Nehmen wir einen Wald: In ihm gibt es Ahornbäume, Buchen, Eichen, Fichten, Birken usw. Aus den Früchten der Buchen werden neue Buchen und aus Eicheln neue Eichen. Das ist die dogmatische Seite der Evolution. Beim Kampf um den Lebensraum Wald kommt es zur Konkurrenz zwischen diesen Arten und zur Auslese der jeweils an die Umwelt am besten angepassten.

Fangen wir einmal an mit einem Wald mit nur wenigen Birken und Buchen. Die Birke vermehrt sich relativ schnell. Solange Platz ist, spielt sie ihren Selektionsvorteil der schnellen Vermehrung aus.

Doch allmählich wird es eng. Es zeigt sich, dass die Buche im Gedränge die Ressourcen besser nutzt und dadurch besser zurechtkommt. Sie nimmt den Birken unter anderem das Licht weg, denn sie kann einen langen Stamm ausbilden. Das Blattwerk der Buchen entwickelt sich erst weit oben, wo die Birke nicht mehr hinkommt. Der Zuwachs an Birken wird langsamer und kommt zum Erliegen. Und schließlich wird die Birkenpopulation von den Buchen erdrückt, die langsam aber stetig die Herrschaft im Wald übernehmen.

Hochinteressant ist ein weiteres Beispiel: Die Entwicklung kooperativen Verhaltens in einer Welt voller Egoisten (Grams 2009).

Evolution der Kooperation

Für das Modell reduzieren wir die Verhaltensweisen der Individuen auf das Prinzipielle: Jeder kann sich beim Aufeinandertreffen mit einem Gegenüber kooperativ zeigen, oder er kann betrügen. Wir haben dieselbe Situation wie bei dem Paradoxon von Braess und dem Gefangenendilemma.

An der Spielmatrix des Gefangenendilemmas haben wir gesehen, zu welchen Ergebnissen die Verhaltensweisen der Kontrahenten führen: Bei einmaligen Begegnungen und Ungewissheit über die Absichten des Kontrahenten läuft es auf gegenseitigen Betrug hinaus. Der Gewinn bleibt für beide Mitspieler suboptimal.

Die Situation ändert sich grundlegend, wenn die Kontrahenten wiederholt aufeinander treffen und wenn sie sich die Ergebnisse merken können. Dies ist der Ausgangspunkt für ein Experiment, dass der Politologe Robert Axelrod (1984) durchführte: Er forderte Kollegen auf, Programme zu schreiben, die beim Zusammentreffen mit einem anderen Programm die Entscheidung treffen, mit diesem entweder zu kooperieren oder es zu betrügen.

Die Programme können sich das Verhalten ihrer Kontrahenten in den vergangenen Begegnungen merken und diese Erfahrungen bei den zukünftigen Zusammentreffen berücksichtigen. Sie haben ein *Gedächtnis* und eine *Entscheidungsstrategie.*

In einer so genannten *ökologischen Simulation* hat Axelrod Objekte modelliert und ein jedes dieser Modellwesen mit einer dieser Strategien und einem Gedächtnis ausgestattet. Die Entscheidungsstrategien sind sozusagen die Erbsubstanz, die Gene der Objekte.

In einer von diesen Modellwesen besiedelten Welt treffen nun die Wesen rein zufällig aufeinander und machen Gewinn oder Verlust gemäß der Gewinnmatrix des Gefangenendilemmas. Je erfolgreicher ein Wesen ist, desto eher hat es Chancen auf Nachkommen. Diesen Nachkommen gibt es sein Verhaltensprogramm weiter. Die erfolgreichen Verhaltensprogramme verbreiten sich, und die erfolglosen Programme werden seltener.

Bereits mit einem Tabellenkalkulationsprogramm wie Excel können Sie eine einfache Simulation dieser Vorgänge durchführen. Ich habe das mit den folgenden Strategien einmal gemacht:

iK   Steht für den immer kooperierenden gutmütigen Trottel. Er ist freundlich, nachsichtig und nicht vergeltend

TfT   Steht für Tit for Tat und bedeutet „wie du mir, so ich dir". Der TfT-Stratege ist freundlich, vergeltend – das heißt, er schlägt zurück – und versöhnlich

iB   Steht für den konsequenten Betrüger, also für einen, der immer betrügt. Er ist unfreundlich und unversöhnlich

Die Grafik in Abb. 9.1 zeigt anfangs den erwarteten Verlauf: Der gutmütige Trottel wird vom konsequenten Betrüger ausgenutzt. Tit for Tat ist dagegen immun und lebt gut mit Seinesgleichen. Der konsequente Betrüger beraubt sich seiner Lebensgrundlage. Mit der Ausbeutung der gutmütigen Trottel vermindert er seine Wachstumsrate. Er stirbt aus, noch bevor er die gutmütigen Trottel endgültig vernichtet hat. Diese leben nach dem Verschwinden der Betrüger in Frieden mit den freundlichen Tit for Tat. Man kann sogar sagen, dass sie die eigentlichen Ausbeuter sind: Die „Superguten" lassen andere für sich kämpfen. Sie sind im Grunde Trittbrettfahrer.

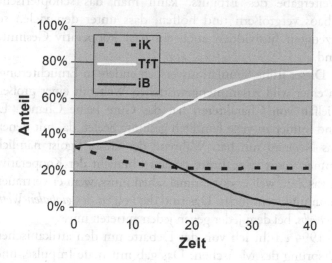

Abb. 9.1 Gutmütige, Wehrhafte und Betrüger in Konkurrenz

Erfolgreiche Strategien sind *freundlich, vergeltend, versöhnlich* und *berechenbar,* also einfach und klar. Der kurzsichtige Egoist hat keine Chance. Besser schlägt sich der „Weitwinkelegoist". Das Gute setzt sich auf lange Sicht gesehen durch. Das ist beruhigend.

Aber was ist mit der Entstehung des Guten?

Vor längerer Zeit, 1989, habe ich mich mit dem Problem auseinandergesetzt und ein Pascal-Programm geschrieben, das den Evolutionsprozess und die Entstehung des Guten nachbilden sollte.

Die Verhaltensprogramme werden in diesem Programm durch Zeichenfolgen festgelegt. Jeder Zeichenfolge entspricht ein Verhaltensprogramm. Damit schafft man sich ein Universum von Entwicklungsmöglichkeiten und potenziellen Charakteren.

Wird eine Welt nun mit einer Zufallsauswahl von möglichen Strategien bevölkert, kann man einen Selektionsprozess simulieren. Durch das Einführen von Mutationen, also durch das fehlerhafte Kopieren von Zeichen bei der Weitergabe des Erbguts, kann man das schöpferische Chaos vergrößern und hoffen, dass unter den vielen so erzeugten Individuen auch ein paar kooperativ Gesinnte sind.

Dieser frühe Simulationsversuch endete in Ernüchterung: In einer wild zusammengewürfelten Welt mit einer großen Vielfalt von Charakteren hat das Gute keine Chance. Es sind immer zu viele feindlich gesinnte Seelen da, mit denen das Neue zu tun hat. Während der krasse Egoist nämlich immer sofort seine Ernte einfährt, braucht der Kooperative etwas Zeit, weil er erst einmal sehen muss, wem er vertrauen kann und wem nicht. Das sind die Folgen des *globalen Wettbewerbs,* bei dem jeder gegen jeden antreten muss.

1994 erfuhr ich von der Debatte um den afrikanischen Ursprung des Menschen. Das gab mir neue Impulse, und ich verbesserte das Simulationsmodell.

Nachbarschaft bietet Schutz

Wichtig ist, dass nicht jeder auf jeden gehetzt wird. Der Mensch beispielsweise hatte eine Chance, weil ein Grabenbruch mit Wasserflächen seinen Lebensraum, die Savanne, vom Urwald, dem Lebensraum seiner Vorfahren, trennte. Bereits Charles Darwin hatte angesichts der Artenvielfalt auf den Galápagos-Inseln auf die schöpferische Rolle von Isolation und Lokalität hingewiesen.

Das Java-Programm KoopEgo kombiniert die Grundideen von Axelrods Computerturnieren mit der 1975 von Manfred Eigen und Ruthild Winkler veröffentlichten Idee der *Kugelspiele,* durch die das Lokalitätsprinzip in die Simulation hineingebracht wird.

Die Welt des Simulationsmodells bekommt nun eine Schachbrettstruktur und hat typischerweise ein Ausmaß von 80 mal 80 Feldern. Und es sind mehr als 30.000 verschiedene Strategien darstellbar. Jedes Individuum hat ein Gedächtnis, eine Strategie und eine gewisse, in den Interaktionen mit den anderen gewonnene, Lebenskraft; und es trifft nur auf Individuen seiner engeren Nachbarschaft.

Jeder Spielzug dieser Simulation sieht so aus: Es wird ein Feld ausgewählt und in der engeren Umgebung dieses Feldes ein weiteres. Die Auswahl wird jeweils vom Zufall regiert. Sind beide Felder besiedelt, interagieren die Individuen nach den Regeln des Gefangenendilemmas und verändern ihre jeweilige Lebenskraft entsprechend dem Ausgang dieses Treffens. Hat das Wesen im Zentrum im Vergleich mit den Individuen seiner Umgebung eine zu geringe Lebenskraft, kann es mit einer gewissen Wahrscheinlichkeit auch sterben. Dann entsteht ein leeres Feld.

Ist das ursprünglich ausgewählte Zentrum leer, wird entschieden, ob das zweite Individuum aus der Umgebung genügend Lebenskraft für Nachkommen hat. Wenn das der Fall ist, bekommt es mit gewisser Wahrscheinlichkeit einen Nachkommen, der das zentrale Feld einnimmt und dem es seine Strategie vererbt. Die Strategie des Nachkommen kann gegenüber dem Elter durch Mutationen geringfügig verändert sein. So bekommt das Neue eine Chance.

In einer solchen Welt kann sich unter Nachbarn Vertrauen aufbauen. Und gemeinsam werden diese dann stark genug für die Auseinandersetzung mit den anderen.

Um das Geschehen in der Welt gut verfolgen zu können, habe ich jedem Charakter eine Farbe gegeben. Die freundlichen und grundsätzlich kooperativen Strategen wie Tit for Tat und der gutmütige Trottel haben die Farben Rot, Gelb und Blau. Die betrügerischen Charaktere erscheinen in den „giftigen Farben" Grün und Zyan.

Wir spielen jetzt eine Simulation durch. Ich öffne das Programm, lade einen vorbereiteten Datensatz und drücke den Startknopf. Die Welt aus 80 mal 80, also insgesamt 6400 Feldern erscheint.

Wir beginnen im Zustand vollständiger Ödnis und Trostlosigkeit. Die Welt ist anfangs dünn besiedelt: Nur 10 % der Felder sind belegt, und zwar mit giftgrünen lupenreinen Betrügern – das sind die hellen Punkte in der Grafik. Ihnen fehlt jegliche Kooperationsbereitschaft.

Die gute Tat kommt erst durch den blinden Zufall ins Spiel. Bei der Vererbung der Strategien treten gelegentlich Mutationen auf, und außerdem kann es zu Interaktionsfehlern kommen: Ein vorsätzlicher Betrug entpuppt sich zuweilen als Kooperation. Auch kommt es vor, dass jemand kooperieren wollte, und es wird ein Betrug daraus.

Egoismus mit Niveau

Im Laufe der Simulation lassen sich grob vier Phasen unterscheiden.

1. Phase: *Zufall – Ohne Fehler läuft gar nichts.* Da hier nur derjenige Nachkommen haben kann, dessen Lebenskraft sich über den Durchschnitt seiner Nachbarn erhebt, scheint die Lage aussichtslos zu sein. Bei wechselseitigem Betrug geht jeder leer aus. Aber es gibt ja die Irrtümer. Versehentlich tut einer seinem Nachbarn einen Gefallen, und schon hat dieser die Kraft für Nachkommen.

2. Phase: *Zufall – Selektionsneutrale Mutationen.* Bei der Entstehung neuer Wesen kann es zu zufälligen Mutationen kommen. Es entstehen Wesen, die zwar auch nicht erfolgreicher sind als die Betrüger, die aber das Potenzial für positive Veränderungen in sich tragen.

3. Phase: *Zufall – Glückliches Zusammentreffen.* In dem entstehenden schöpferischen Chaos ergeben sich Möglichkeiten ertragreicher Kooperation. Die Chance wächst, dass ein Wesen mit bislang schlummernden kooperativen Neigungen einen Nachbarn erhält, der diese Ansätze der Kooperation hervorlockt und erwidert. Es kommt zu einzelnen Fällen von Nachbarschaftshilfe, zu Inseln der Kooperation.

4. Phase: *Notwendigkeit.* Auf den Inseln der Kooperation steigt die Lebenskraft der Individuen. Das kooperative Verhalten breitet sich aus und verdrängt den Betrug. Der Selektionsprozess mündet in einen Zustand dynamischer Stabilität. Das Gute siegt.

Etwas unerwartetes Neues ist bei der Simulation auch entstanden: ein freundlicher Charakter, der erst ab dem zweiten Schlag zurückschlägt, ein neutestamentarischer Tit-for-Tat-Stratege sozusagen. Er entschärft Konfliktsituationen, weil er einzelne Fehler und Missverständnisse wegsteckt. Er hat sozusagen eine höhere Stufe des Sich-Irrens erreicht.

Wenig Chancen haben die allzu Gutmütigen: Wer keine oder zu wenige betrügerische Gene für Vergeltungszwecke hat, der kommt nicht zum Zuge.

Das Java-Programm KoopEgo und das Tabellenkalkulationsblatt zur Kooperation unter Egoisten sind auf meiner Web-Seite frei zugänglich und herunterladbar.

Die Grafik in Abb. 9.2 gibt einen Eindruck vom Ablauf der Simulation. Die Individuen sind zu Gruppen zusammengefasst, und zwar nach ihrem Betrugspotenzial: Die Individuen der Gruppe D2 betrügen selten. Das Betrugspotenzial wird mit D3, D4 usw. immer größer. Die Gruppe D8 enthält nur lupenreine Betrüger. Da wir mit diesen angefangen haben, hat ihre Gruppe anfangs eine Stärke von etwa 640 Individuen, sodass nur jeder zehnte Platz unserer Welt von ihnen besetzt ist. Die anderen Populationen sind noch nicht auf den Plan getreten.

Durch Mutationen entstehen Nachkommen mit geringerem Betrugspotenzial. Die Kooperation breitet sich allmählich aus. Die herrschenden Strategien mit einem gewissen Betrugspotenzial werden jeweils durch die daraus entstehenden Strategien mit dem nächst

Populationsentwicklung bei anfänglicher Ödnis

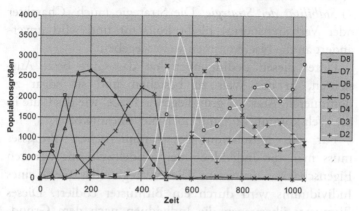

Abb. 9.2 Aufstieg und Untergang der Betrüger

geringeren Betrugspotenzial abgelöst. Zunächst gewinnen die „milden" Betrüger D7, D6 und D5 die Oberhand. Aber richtig aufwärts geht es erst mit den freundlichen Vergeltern, die in den Populationen D4, D3 und D2 zu finden sind. Besonders gut schlägt sich schließlich D3. Darunter befindet sich auch der neutestamentarische Tit-for-Tat-Stratege. Die gutmütigen Trottel D0 und D1 spielen im gesamten Evolutionsspiel keine große Rolle.

Bedingungen für die Evolution kooperativen Verhaltens

Die erfolgreiche Selektion kooperativen Verhaltens basiert auf drei Grundvoraussetzungen: 1) *Gedächtnis und Erfahrung.* Nach jedem Treffen ist bekannt, wie sich das Gegenüber verhalten hat, und ein jeder muss damit rechnen, seinem Kontrahenten erneut zu begegnen. Er kann sich dessen Verhalten merken. 2) *Strategiegeleitetes Verhalten.* Jedes Individuum hat eine Strategie, nach der es die Erfahrung mit dem Gegenüber in Handeln umsetzt. 3) *Stabilität der Strategie:* Die Strategie (auch: Charakter oder Verhaltensnorm) bleibt konstant und wird unverändert an die Nachkommen weitergegeben.

Unter diesen Bedingungen hat das Gute beste Aussichten, in der Welt zu bestehen und sie sogar zu dominieren. Aber die grundlegende Frage, wie das Gute in die Welt kommt, ist damit noch nicht beantwortet.

Für die Simulation des schöpferischen Prozesses muss man die Individuen der Modellwelt mit weiteren Eigenschaften ausstatten: Die Strategie (das Gen) eines Individuums wird durch ein Bitmuster codiert. Dieses Bitmuster übertragen die Individuen nach dem Grundsatz der Stabilität nahezu unverändert auf ihre Nachkommen. Allerdings wird der dritte Grundsatz etwas aufgeweicht und durch einen weiteren Grundsatz relativiert: 4) Zufällige *Fehler* ermöglichen die Entstehung des Neuen. Das heißt, dass es bei der Vererbung von Strategien zu kleinen Veränderungen (Mutationen) und damit zu neuen Strategien kommen kann.

Das Gute kann so aber *nicht entstehen.* Es gibt immer zu viele feindlich gesinnte Seelen, mit denen das Neue zu tun hat. Das sind die Folgen des globalen Wettbewerbs, bei dem jeder gegen jeden antreten muss.

Daher wird ein weiterer Grundsatz in das Modell eingeführt: 5) Die *Ortsgebundenheit* der Individuen sorgt für den Schutz des Neuen: Jedes Individuum besetzt ein Feld und trifft nur auf Individuen seiner engeren Umgebung. In einer solchen Welt kann sich unter Nachbarn Vertrauen aufbauen. Und gemeinsam werden diese dann stark genug für die Auseinandersetzung mit den anderen.

Und dann gibt es zum guten Schluss noch diese Regel: 6) Bei den Interaktionen kann es zu *Missverständnissen* kommen: Ein Kooperationsangebot wird als Betrug empfunden oder auch umgekehrt. Auch solche Irrtümer haben ihren Wert: Dadurch kommt Leben in eine Welt strammer und engstirniger Egoisten.

Das Neue entsteht nicht rational

In den Kap. 3, 7, 8 und 9 seiner Aufsatzsammlung „Vermutungen und Widerlegungen" bringt Karl Raimund Popper (1994) – sicher kein Schwärmer für das Okkulte – eine Reihe von Beispielen aus der Wissenschaftsgeschichte, die die Bedeutung des mystischen und metaphysischen Denkens für das Entstehen neuer Theorien zeigen. Unter anderem: Die Zahlenmystik des Pythagoras ist Quelle das Atomismus; die newtonsche Mechanik ist aus Mythen entstanden; die religiös-neuplatonische Idee, dass der Sonne der höchste Platz im Universum gebühre, war Ausgangspunkt der kopernikanischen Wende.

Große Aufregung erfasste die Kämpfer gegen alles Okkulte, als der Nobelpreis für Medizin 2015 an die chinesische Wissenschaftlerin Youyou Tu ging, die sich der Traditionellen Chinesischen Medizin (TCM) tief verbunden fühlt. Da nicht sein kann, was nicht sein darf, wurde ein wahrer Eiertanz aufgeführt. Die „Skeptiker" fragten sich irritiert: „Und das macht nun die pseudomedizinische TCM mit einem Paukenschlag salonfähig?" Sie gaben sich auch gleich die Antwort: „Man könnte sogar argumentieren, dass Youyou Tu gezeigt hat, wie unzureichend TCM ist." (Edzard Ernst, emeritierter Professor für Alternativmedizin).

Mir fällt Churchills Spruch ein: „Der gute Wille ist keine Entschuldigung für schlechte Arbeit." Das Umgekehrte gilt natürlich auch: „Ein fragwürdiger Ansatz garantiert noch nicht den Misserfolg." Gehen wir noch etwas tiefer.

Die (empirische) Wissenschaft hat zwei Seiten, nämlich die kritisch-rationale und die schöpferische. Karl
Raimund Popper hat sein Hauptwerk dem – wie er es
später nannte – kritischen Rationalismus gewidmet. Von
dort aus hat er die Abgrenzung zur Metaphysik unter-
nommen. Diese andere, die schöpferische Seite hat er nicht
tiefer ausgeleuchtet, aber ihm war wohl bewusst, dass auf
der anderen Seite die Illusion, die Spekulation, der Zufall,
der fruchtbare Irrtum, die Mystik zuhause sind, und dass
diese Seite für den schöpferischen Prozess unentbehrlich
ist. Ohne diese Seite wäre der kritische Rationalismus des
Karl Raimund Popper sinnlos: Es gäbe ja nichts, was zur
Falsifizierung anstehen könnte.

Alexander FlemingsEntdeckung des Penicillins ist nicht
weniger wert, nur weil er sie im Grunde einer Schlamperei
zu verdanken hat. Und die Erfinder des Telefons werden
nicht gescholten, nur weil ihre Leistung letztlich auf einem
Zufallsfund beruht – Serendipity eben.

Die kritisch-rationale Seite der Wissenschaft ist gut im
Aufräumen und Optimieren. Aber wirklich Neues bringt
der kritische Rationalismus nicht hervor. Manches von
Belang entsteht nun einmal in einem mystischen und
illusionären Umfeld, wie auch Karl Raimund Popper
zugesteht. Wer sich ausdauernd über den „mystischen und
pseudowissenschaftlichen Überbau der TCM" aufregt,
bringt die Wissenschaft nicht voran. Die Berufung auf das
Geistartige ist eben nur ein Warnzeichen. Verlassen kann
man sich nicht darauf, dass auf dem Hintergrund solcher
Vorstellungen nur Blödsinn entsteht.

Wer sicher gehen will, prüft im Detail. Und die TCM
wird kritisch geprüft, und zwar von kompetenter Seite,
von den Kennern, wie man beispielsweise einem Artikel
der New York Times vom 10.10.2015 entnehmen kann:
„Nobel Renews Debate on Chinese Medicine".

Schöpfungsglaube kontra Zufall und Notwendigkeit

Charles Darwin (1809–1882) hat sein bahnbrechendes Werk „Über die Entstehung der Arten durch natürliche Zuchtwahl" im Jahre 1859 veröffentlicht. Über zwanzig Jahre hat er sich mit seinen revolutionären Erkenntnissen herumgeplagt, bevor er sich in die viktorianische, durch große Gläubigkeit geprägte Öffentlichkeit wagte. Seine Vorstellungen, die im Gefolge einer Weltreise in den Jahren 1831 bis 1836 in ihm heranreiften, waren ja auch für ihn, einen gutbürgerlichen Menschen in konservativem Umfeld, im höchsten Maße erschreckend: Nicht eine lenkende Schöpferhand soll das Leben in seiner Vielfalt und letztlich auch uns Menschen hervorgebracht haben, sondern allein Zufall und Notwendigkeit, Variation und Selektion sollen im Spiel gewesen sein.

In seinem Buch lassen sich leicht Beispiele für seine Skrupel finden: „Ich habe bisher von den Abänderungen [...] zuweilen so gesprochen, als ob dieselben vom Zufall abhängig wären. Dies ist natürlich eine ganz inkorrekte Ausdrucksweise; sie dient aber dazu, unsere gänzliche Unwissenheit über die Ursache jeder besonderen Abweichung zu beurkunden" (Kap. 6 in „Entstehung der Arten").

In seiner Autobiografie legt Darwin Zeugnis davon ab, wie ihn allmählich der Unglaube beschlich. Das Ende dieser Entwicklung beschreibt er so: „Das Geheimnis des Anfangs aller Dinge ist für uns unlösbar, und ich für meinen Teil muss mich bescheiden, ein Agnostiker zu bleiben."

Der Begriff des Agnostizismus geht auf Thomas Henry Huxley (1825–1895) zurück, einem der wortmächtigsten Vertreter des Darwinismus. Er sagt es so: „Agnostizismus ist kein Glaube, sondern eine Methode." Sie besteht seiner Auffassung nach darin, der Vernunft zu folgen, soweit sie trägt, und keine unprüfbaren Schlussfolgerungen zu vertreten.

Erfindungen und Entdeckungen: Serendipity

Was für die meisten Leute ein Wunder ist (beispielsweise die Tatsache, dass die Lichtgeschwindigkeit eine obere Schranke für die Ausbreitung von Energie und Information sowie für die Bewegung von Körpern darstellt), ist für den Physiker kein Wunder mehr. Aber auch er – und gerade er – begegnet immer neuen Wundern. Die Welt ist voller Wunder, einfach weil uns viele Wirkmechanismen nicht bekannt sind. Ob etwas ein Wunder ist oder nicht, hängt offenbar vom Wissensstand des Betrachters ab. Der Begriff des Wunders ist subjektiv und zeitabhängig. Es ist ein Fehlschluss, wenn man meint, man könne solchen Wundern im Rahmen der massiven Forschungsförderung und mit riesigen Teams auf die Spur kommen.

Neue Lösungen und Entdeckungen werden keinesfalls in Teamarbeit und zielgerichtet angegangen. Der Geistesblitz ereignet sich stets in einem einzigen Kopf! Meist entdecken die Genies rein zufällig Lösungen für Probleme, die sie eigentlich gar nicht hatten. Und das ist wunderbar.

Diese Auffassung wird von vielen Autoren vertreten, die über das Wesen der Kreativität schreiben. Der Vorgang des Erfindens und Entdeckens wird in ihren Büchern meist anhand des Märchens der „drei Prinzen aus Serendip" erläutert: Durch Zufall und Weisheit machen diese Drei unerwartete Entdeckungen. Diese Sicht der Dinge hat sogar Eingang in den angelsächsischen

Wortschatz gefunden: Serendipity steht für glückliche Fügung, genauer: für die zufällige Beobachtung von etwas ursprünglich nicht Gesuchtem, das sich als neue und überraschende Entdeckung erweist.

Populäre Irrtümer, den schöpferischen Prozess betreffend

Irrtum 1: Der schöpferische Prozess ist Teamwork

Schauen wir uns doch einmal an, was die wirklich erfolgreichen Erfindungen sind – solche, die noch heute unser Leben bestimmen. Wir sehen: Immer steht der *Zufall* am Anfang und nur eine Person: *das Genie* mit guter Wissensbasis, das die Chance erkennt, das über Leidenschaft und eine gehörige Portion Ausdauer zur Umsetzung seiner Idee verfügt.

Hundert kluge Köpfe bringen nicht hundertmal klügere Ideen zum Vorschein als einer allein. Der Geistesblitz ereignet sich notgedrungen in einem *einzigen* Kopf.

Ein Kollege sagte mir einmal: In seinem Fachgebiet würden die wissenschaftlichen Arbeiten meist von Autorenkollektiven hervorgebracht. Ich habe mir seinerzeit verkniffen, ihm zu sagen, dass ich Arbeiten mit mehr als zwei Autoren normalerweise nicht lese. Denn die Erfahrung hat mich gelehrt, dass in solchen Arbeiten eigentlich nie etwas wirklich Interessantes zu finden ist.

Von dem großen Informatiker *Niklaus Wirth* wissen wir, dass er sich aus den Gremien zurückzog, deren Ziel die Schaffung einer Nachfolgerversion der Programmiersprache Algol sein sollte. Er schuf die elegante und schlanke Programmiersprache Pascal. Und diese Sprache hatte gewaltigen Einfluss auf die weitere Entwicklung der Informatik. Das Gremienprodukt Algol 68 hingegen hat sich den Ruf eines komplexen Kuriosums erworben.

Konrad Zuse hat den Computer allein ersonnen. Dieser Fall ist besonders eindrucksvoll: Als ein Nachbau des Zuse-Rechners Z1 für das technische Museum in Berlin anstand, musste er – obwohl bereits in sehr hohem Alter – diese Sache selbst in die Hand nehmen. Es gab sonst niemanden, der sich damit auskannte.

Irrtum 2: Das Neue ist planbar

In Wildwestfilmen spielen Telegrafen oft eine Schlüsselrolle. Sie erinnern sich an „Stage Coach" von John Ford oder „High Noon" von Fred Zinnemann. Allerdings brauchte man zur Zeit des „Wilden Westens" für jede Kommunikationsverbindung zwischen zwei Stationen ein eigenes Kabel. Abhilfe versprach der *Mehrfachtelegraf*, der mehrere Verbindungen über ein Kabel ermöglichen sollte und mit dem sich riesige Kabelmengen würden einsparen lassen.

Tatsächlich suchten Mitte des neunzehnten Jahrhunderts viele Leute nach einer technischen Lösung. Greifen wir zwei von ihnen heraus: *Elisha Gray* und *Alexander Graham Bell*. Gray war als Ingenieur und Teilhaber eines Telegrafenherstellers profimäßig auf der Suche nach dem Mehrfachtelegrafen. Seine Versuchsapparaturen entsprachen den technischen Standards. Bell hingegen war als Amateur unterwegs. Sein eigentliches Gebiet war die Spracherziehung. Seine Apparate waren eher Bastelarbeiten.

Aber Zweierlei widerfuhr Beiden: Erstens blieb ihre Suche nach dem Mehrfachtelegrafen erfolglos, und zweitens fanden beide unabhängig voneinander und durch puren Zufall heraus, dass man mit ihren Apparaten telefonieren konnte. Bei Bell beispielsweise war es ein spontaner Einfall, als er zwei Jungen zusah, die mit einer Art „Dosentelefon" spielten.

Manchmal geht es weitaus dramatischer zu. „Menschliches Versagen" ist im Spiel. Aus gutem Grund setze ich diesen Begriff stets in Anführungszeichen. Denn: Fehler machen gehört zu den wichtigen Fähigkeiten des Menschen; er ist kein Automat. Viele Erfindungen und Entdeckungen wären ohne Regelverstöße oder Fehler nicht zustande gekommen.

Elisha Gray kam nämlich erst auf die entscheidende Idee, als sein Neffe den Versuchsaufbau des Mehrfachtelegrafen zweckwidrig mit der Zinkbadewanne verbunden hatte und die elektrischen Schwingungen dadurch hörbar wurden.

Die Geschichte der bahnbrechenden Neuerungen ist voller Fälle „menschlichen Versagens": Galileo Galilei hat ein Spielzeug zweckentfremdet, es sozusagen bestimmungswidrig gen Himmel gerichtet. Dabei hat er die Jupitermonde, die Saturnringe und die Venusphasen entdeckt – und ein etabliertes Weltbild kaputt gemacht. Alexander Fleming bemerkte nach einem Urlaub, dass einige seiner Bakterienkulturen verdorben waren. In der Folge kam es zur Entdeckung des Penicillins.

Projektmanagement soll Fehler ausschließen. Wozu hätte man es sonst. Und das gilt auch für das Management von Forschungsprojekten. Verhalten, das vom so festgelegten Pfad der Tugend abweicht, ist „menschliches Versagen". Das ist so, als wolle man dem Neuen überhaupt keine Chance lassen.

Irrtum 3: Allein auf den guten Einfall kommt es an

Was zeichnet den Problemlösungsprozess aus? Gray und Bell haben *rein zufällig die Lösung für ein Problem gefunden, das sie eigentlich gar nicht hatten.* Und das ist der Witz bei vielen Erfindungen: Die Lösung ist da, bevor das Problem richtig verstanden worden ist. Die Unbeherrschbarkeit des schöpferischen Prozesses und seine Allgegenwart sind wohl die Gründe für Poppers Zurückhaltung in dieser Frage.

Die Erfindung macht derjenige, der *das Problem als Erster* sieht. Und das war im Falle des Telefons nun einmal Bell, der Fachmann für Sprache. Und darin kommt seine Genialität zum Ausdruck.

Bei der Erfindung des Buchdrucks scheint die Sache ähnlich zu liegen. Es sind weniger die grundlegenden Ideen, die von Gutenberg kommen. Sogar die Sache mit den beweglichen Lettern kannte man wohl schon. Aber Gutenberg hat gesehen, welche Probleme man damit lösen kann.

Ihm ging es um eine Technik, mit der sich stets gleich schöne Schriftzeichen und Schriftbilder in *einem* Buch erzeugen lassen. Die Massenfertigung und Popularisierung von Büchern war ein ursprünglich gar nicht angestrebter Nebeneffekt, den Gutenberg dann aber doch konsequent nutzte.

Irrtum 4: Wer Neues schaffen will, muss flexibel sein

Flexibilität ist ausgezeichnet, wenn es darum geht, die Ideen eines anderen umzusetzen – eine prächtige Tugend des Mittelmaßes. Aber schauen wir uns die großen

Erfinder und Entdecker an: Hier finden wir Hartnäckigkeit bis hin zur Sturheit. Sie halten gegen alle Widrigkeiten am einmal gefassten Vorhaben fest.

Musterbild eines solchen Sturkopfes ist *Christoph Columbus:* Durch keinen noch so gut begründeten Einwand ließ er sich von der Idee eines kurzen Seeweges nach Indien abbringen. Dabei ging er von einer Vorstellung aus, die den Erdumfang wesentlich unterschätzte und die in der damaligen wissenschaftlichen Welt bereits als widerlegt galt.

Konrad Zuse wurde nach seinem Studium Statiker bei den Henschel Flugzeug-Werken. Im Jahr 1935 beschloss er, Computererfinder zu werden. „Ich war jung und wusste weit Besseres mit meiner Zeit anzufangen, als sie mit öden Rechnungen zu verbringen. Also suchte ich nach einer Lösung." Das sagte Konrad Zuse, als er 1992 auf einem Kolloquium der Informatiker in Fulda zu uns sprach. Den ersten voll funktionsfähigen Computer hat Zuse 1941 fertig gestellt. Seine Lebenserinnerungen lassen die Unbeirrbarkeit erahnen, die hinter dieser Leistung steckt (Zuse 1984).

Fatale Fehlerbeseitigung

Evolution braucht die Variation. Nur in vielfältigen Populationen ist eine Entwicklung, die Entstehung des Neuen, überhaupt denkbar. Wäre die Evolution darauf aus, jeden Fehler sofort und unbedingt auszumerzen, hätte sie keine Chance. Die Selektion wäre ins Absolute gesteigert, die Evolution fruchtlos und zunichte gemacht.

Wer Evolutionsmethoden auf technische und wirtschaftliche Probleme anwenden will, lernt das schnell. Meist geht es hier um *schwere Probleme;* das sind Probleme, bei denen eine Zielgröße auf komplizierte

Art von sehr vielen Einflussgrößen abhängt. Die Aufgabe besteht darin, die Einflussgrößen so zu bestimmen, dass die Zielgröße einen Optimalwert annimmt: minimal bei Kosten- und maximal bei Nutzenbetrachtungen (Michalewicz und Fogel 2000).

Als Beispiel für ein schweres Probleme nehme ich die Planung einer Fertigungsstraße für Automobile: Hunderte von Fertigungsschritten müssen in eine kostengünstige Reihenfolge gebracht werden. Dieses Problem ähnelt dem Handlungsreisenden-Problem: Ein Handlungsreisender soll auf einer Rundreise bestimmte Städte anfahren und dabei möglichst wenige Kilometer zurücklegen.

Die Evolutionsmethoden starten mit einer Population von Lösungsvorschlägen, die alle nach dem Zufallsprinzip erzeugt werden. Diese Population kann aus Hunderten oder Tausenden von Individuen bestehen. In dieser Population kann die Optimallösung bereits vorhanden sein. Aber das ist bei schweren Problemen höchst unwahrscheinlich. Es hat also keinen Sinn, die Population nach dem besten Lösungsvorschlag zu durchkämmen und diesen dann zur Lösung des Problems zu erklären.

Stattdessen erzeugt man eine Folge von Populationen. Die aktuelle Population übernimmt die Rolle von Eltern. Die Nachfolgepopulation entsteht in zwei Schritten.

Im ersten wird die Population der Kinder erzeugt. Das geschieht analog zur sexuellen Fortpflanzung in der Natur durch Kombination von Lösungsvorschlägen, die aus der aktuellen Population stammen. Die Kombinationsarten werden den Vererbungsmechanismen der Natur abgeschaut: Rekombination, Crossing-over, Invertierung, Mutation. Da das Ganze im Computer abläuft, ist man frei, darüber hinaus weitere Variationsmöglichkeiten zu realisieren.

Im folgenden Selektionsprozess stehen die Individuen der Eltern- und der Kind-Population in Konkurrenz zueinander. Wer im direkten Vergleich den besseren Zielwert hat, wird in die Nachfolgepopulation übernommen. Auf diese Weise folgt Population auf Population mit hoffentlich immer besseren Lösungsvorschlägen.

Die Evolutionsverfahren lassen sich im Allgemeinen über die Rate für Mutationen und die für das Crossingover steuern. Im Extremfall kann man dafür sorgen, dass das Kind einem der Elternteile wie ein Ei dem anderen gleicht. Dann entsteht nichts Neues und der Selektionsprozess sorgt dafür, dass sich nur die besten der vorhandenen Lösungen durchsetzen. Das führt zu einer Verarmung der Population und meist dazu, dass die Evolution in einer Sackgasse, fern vom Optimum, landet.

Der Anwender des Verfahrens muss also dafür sorgen, dass über einen ausreichend langen Zeitraum die Vielfalt der Population, der Pluralismus, erhalten bleibt und dass sich gleichzeitig immer bessere Lösungen einstellen. Er muss, solange es Aussicht auf Verbesserung gibt, auch schwache Lösungen zulassen, sonst entsteht nichts Neues mehr. Eine zu strenge Selektion wäre fatal.

10

Um Wahrheit geht es nicht

Mit Lust nach Wahrheit,
jämmerlich geirret?
(Johann Wolfgang von Goethe, Faust I, Nacht)

Wir wollen immer klüger werden, nicht mehr in Denkfallen tappen. Unsere zunehmende Fähigkeit, Denkfallen aus dem Weg zu gehen, verbuchen wir als Erkenntnisgewinn. Das ist mühsam; es geht nur langsam voran. Sollten wir nicht nach Höherem streben, so wie Faust, der endlich erkennen will, „was die Welt im Innersten zusammenhält"?

Dumm ist nur, dass Fausts Drang nach *Wahrheit* ihn ins Verderben führt. Skepsis ist angebracht. Und genau darum geht es in diesem Kapitel. Eingeflossen sind Diskussionen mit Realisten, und zwar solchen, die sich seltsamerweise auch Skeptiker nennen.

© Springer-Verlag GmbH Deutschland, ein Teil von Springer Nature 2020
T. Grams, *Klüger irren – Denkfallen vermeiden mit System*,
https://doi.org/10.1007/978-3-662-61103-6_10

Dabei zeichnet den Skeptiker ja gerade aus, dass er sich eines Urteils in der Frage enthält, ob es eine Außenwelt, also eine von unseren Sinneseindrücken unabhängige Realität, gibt oder nicht. Der Realist hingegen ist fest überzeugt, dass es eine solche gibt, und dass er sie sogar (zumindest partiell) erkennen kann (Gabriel 2008).

Die sich als Skeptiker ausgebenden Realisten sind skeptisch eigentlich nur gegenüber den Pseudowissenschaften wie Homöopathie, Wünschelrutengängerei und Astrologie. Weil diese Felder inzwischen gründlich abgegrast sind, nimmt man sich nun auch Größeres vor, nämlich Religion und Theologie. Ich bezeichne diese Art von Skeptikern als das, was sie eigentlich sind: Realisten.

Von den Denkumwegen, von der fruchtlosen Suche der Realisten nach ewigen Wahrheiten können wir uns freimachen und direkt auf das zusteuern, was unser Leben bewegt. Da sind noch genügend viele Fragen zu klären: Welche Denk- und Handlungsstrategien nützen uns wirklich? Inwieweit ist unsere Sprache mit ihren Begriffen durch die Institutionen vorgeprägt? Stehen die vermeintlich klaren, aber starren Begriffe dem schöpferischen Tun im Wege? Ist eine gemeinsame Sprache auch eine Garantie für die Verständigung?

Diesseitige Skepsis

Realität ist jenseits

„Skepsis" bedeutet „genaue Untersuchung", also: nicht glauben, wenn man hinsehen und prüfen kann. Aber von diesseitiger oder irdischer Skepsis haben Sie wohl noch nie gehört. Ich auch nicht. Ich habe diese Beifügung gewählt, um damit genau das auszudrücken, was dieses Buch bewirken soll: Erkenntnis ersetzen durch

bessere Erkenntnis und das ohne Anrufung ewiger Wahrheiten und unveränderlicher Naturgesetze einer objektiven
Wirklichkeit. Immanuel Kant hat in „Der Antinomie der
reinen Vernunft sechster Abschnitt" klar benannt, dass die
Suche nach der objektiven Wirklichkeit hinter unseren
Vorstellungen in eine Sackgasse führt (1787/2011): „Die
nichtsinnliche Ursache dieser Vorstellungen ist uns gänz-
lich unbekannt, und diese können wir daher nicht als
Objekt anschauen."

Realisten wie Gerhard Vollmer hingegen nehmen
eine bewusstseinsunabhängige Realität als gegeben an
und postulieren ferner, dass diese *Welt erkennbar* sei. Sie
meinen, dass diese Realität sogar eine unerlässliche Denkvoraussetzung aller Wissenschaft sei, weil wir sonst ja gar
nichts hätten, worüber wir reden könnten. Von zentraler
Bedeutung für diesen Realismus ist der Begriff der Wahrheit: „Eine Aussage ist *wahr*, wenn die Welt so ist, wie die
Aussage behauptet." (Vollmer 2003)

Diese Position ist meines Erachtens unhaltbar, und sie
verträgt sich insbesondere nicht mit dem hier propagierten
Skeptizismus. Was die Denkvoraussetzung angeht, reden wir
doch ständig über Dinge, deren Wesen wir nicht kennen
und auch gar nicht kennen können. Die Mathematiker
machen sogar einen Beruf daraus. Sie beschäftigen sich mit
Punkten, Geraden, Flächen, mit ganzen, reellen oder gar
mit komplexen Zahlen. Dabei hat noch nie jemand diese
Elemente je gesehen, gerochen oder gespürt. Auch wenn die
reellen Zahlen so heißen: Real sind sie nicht.

Aus diesen Schwierigkeiten befreit sich der
Mathematiker mithilfe von Axiomen. In diesen Aussagen
und Formeln kommen die mathematischen Elemente vor
und gewinnen dadurch an Bedeutung. Die Elemente der
Geometrie wurden so von Euklid gefasst; für die natürlichen Zahlen gibt es das Axiomensystem von Giuseppe
Peano.

Der Rede von der „Denkvoraussetzung aller Wissenschaft" fehlt es an Gehalt. Der realitätsbezogene Wahrheitsbegriff ist auch nicht besser dran.

Was wir wahrnehmen, sind die Erscheinungen der Dinge und nicht die „Dinge an sich". Je mehr die Physik der Welt zu Leibe rückt, desto mehr scheint die Realität zurückzuweichen. Was übrig bleibt, sind Formeln. Meinhard Kuhlmann (2014) meint, dass die Natur nach wie vor rätselhaft sei und dass wir nicht wüssten, welcher Sinn sich hinter unseren physikalischen Formeln versteckt. Er erklärt, dass uns die Theorie zwar sage, was wir messen können, aber dass sie in Rätseln spreche, wenn es um die Frage geht, was eigentlich hinter unseren Beobachtungen steckt.

Wie wir am Mathematiker gesehen haben, muss uns das nicht weiter beunruhigen. Wir bauen uns unsere eigene objektive Welt, die Welt der Erscheinungen und der intersubjektiv nachprüfbaren Relationen zwischen ihnen. Diese von uns konstruierte Welt ist Gegenstand unserer Unterhaltungen und des wissenschaftlichen Diskurses. Ihre Haupteigenschaft ist der ständige, von der Wissenschaft angetriebene Wandel. In dieser bewusstseinsabhängigen und vom Diskurs geprägten Welt treffen wir unsere Entscheidungen. Ich nenne diese Welt in unseren Köpfen die *diesseitige Welt*. Die Realität ist die *jenseitige Welt,* die Außenwelt.

Inwieweit unsere diesseitige Welt kausal von der jenseitigen abhängt, ist ein großes Rätsel. Insbesondere bleibt uns verwehrt, eine Kausalbeziehung zwischen der Realität und den Erscheinungen herzustellen. Zum Nachweis einer Ursache-Wirkungs-Beziehung gehört nun einmal, dass man die Ursache zumindest in Gedanken verändern kann. Da beißt sich die Katze in den Schwanz: Wie soll ich mir die Veränderung einer Ursache denken, von der ich nur deren Wirkung, nämlich die Erscheinung kenne? Ohne nachweisbare Ursache-Wirkungs-Beziehung zwischen Realität und Diesseits hängt Vollmers Rede vom „Erklärungswert des Realismus" (2003) in der Luft.

Dass es eine Realität gibt, die sich von uns zutreffend beschreiben lässt, ist folglich eine nicht prüfbare Behauptung. Sie ist *metaphysisch*. Inwieweit es wahre Erkenntnis gibt, hängt vom metaphysischen Denkrahmen ab.

Das gilt allgemein: Die Wahrheit von Aussagen entscheidet sich immer innerhalb eines Denkrahmens. Ein solcher Denkrahmen kann ein Axiomensystem der Logik oder der Mathematik sein oder eine naturwissenschaftliche Theorie oder ein sonstiges Regelwerk. Innerhalb des Denkrahmens folgt aus Wahrem wiederum Wahres, es sei denn, ein Widerspruch tritt auf; dadurch wäre der Denkrahmen insgesamt entwertet.

Die Axiome und Regeln werden für den dadurch abgesteckten Rahmen als wahr vorausgesetzt. Für die Binnensicht des Systems sind sie demnach wahr. Für das Regelsystem in seiner Gesamtheit – in der Außensicht also – gibt es kein Wahr oder Falsch. Konkret gesagt: Das Schachspiel mit seinen Regeln ist weder wahr noch falsch. Im Rahmen dieses Spiels gibt es Sätze wie „Matt in drei Zügen"; diese können sehr wohl wahr oder falsch sein.

Auch die Justiz kennt den Begriff der Wahrheit (Steller 2015). Der Denk- oder Bezugsrahmen ist hier durch die Normen und Gesetze gezogen. Beispielsweise legt das Gerätesicherheitsgesetz fest, dass nach den *allgemein anerkannten Regeln der Technik* zu urteilen ist und die Vorschriften zum Arbeitsschutz und zur Unfallverhütung einzuhalten sind. Bei Anlagen mit sehr hohem Gefährdungspotential wird der *Stand von Wissenschaft und Technik* verpflichtend gemacht, also die Front der Entwicklung.

So gesehen sind die Wahrheitskriterien von Mal zu Mal, von Spiel zu Spiel, neu zu verhandeln (Umberto Eco im Beitrag „Absolut und relativ", 2019). Innerhalb des Realismus-Denkrahmens stelle ich mir diese Verhandlung äußerst schwierig vor. Wahre wissenschaftliche Erkenntnis ist in diesem Denkgebäude der Lohn eines Glaubensaktes; die Wahrheit wird zur Glaubensangelegenheit. Beteuerungen, dass es gute Argumente gebe, viele Hypothesen für wahr zu halten (Vollmer 2013), helfen nicht weiter.

Aber das geht den Skeptiker glücklicherweise nichts an.

Die sich selbst als Skeptiker bezeichnenden Realisten übersehen einen wesentlichen Unterschied, der sich auf eine einfache Formel bringen lässt: Wohl würden beide, sowohl der Skeptiker als auch der Realist, der Ansicht zustimmen, dass wir die Welt in unserem Kopf – teils in kollektiver Anstrengung – konstruieren; für den Realisten ist diese Welt eine *Rekonstruktion* der Außenwelt (Vollmer 2013), während der Skeptiker lieber von einer *nützlichen Konstruktion* spricht, ohne Bezugnahme auf die jenseitige Welt.

Der Skeptiker kommt mit weniger unprüfbaren Annahmen aus als der Realist. Die Sicht des Skeptikers genügt dem *Sparsamkeitsprinzip,* demzufolge derjenige Konkurrenzvorteile hat, der seine Zwecke mit dem geringstmöglichen Mitteleinsatz erreicht. Seine Sicht hat dazu noch den Vorteil, dass sie einen zuverlässigen Schutz gegen die Illusion bietet, im Besitz der Wahrheit zu sein. Um genau diesen Unterschied zu betonen, spreche ich von *diesseitiger* oder *irdischer Skepsis.* Eigentlich handelt es sich um die gute alte Skepsis, die am Anfang des Denkens vieler hoch geachteter Philosophen steht.

Spielregeln für Skeptiker

Beginnen wir mit der skeptischen Methode des Moses Maimonides, der von 1138 bis 1204 gelebt hat. Zwei Hauptelemente seiner Methode sind die Toleranz und der abgewogene Zweifel.

Toleranz Maimonides zitiert Aristoteles: „Es zeichnet denjenigen aus, der gemäß der Wahrheit entscheidet, dass er seinen Gegnern gegenüber keineswegs feindlich gesonnen ist, sondern ihnen freundlich und gerecht begegnet, und so wie sich selbst behandelt, und zwar gemäß der Richtigkeit der Begründung; des Weiteren, dass er ihnen gleichermaßen zugesteht, dass ihre Begründungen ebenso richtig sein können wie die eigenen."

Abgewogene Zweifel. In Buch 2, Kap. 23 seines Wegweisers für die Verwirrten schreibt er:

„Du sollst wissen, dass wenn du die Zweifel, die mit einer gewissen Ansicht notwendig verbunden sind, mit denjenigen vergleichst, die mit der entgegengesetzten Ansicht verbunden sind, und du dich entscheiden willst, welche von beiden weniger Zweifel hervorruft, dann solltest du weniger die Anzahl der Zweifel in Erwägung ziehen als vielmehr die Tatsache, wie gewaltig ihre Absurdität ist und inwieweit die Realität ihr widerspricht. Denn manchmal kann ein einzelner Zweifel gewaltiger sein als tausend andere Zweifel."

In seiner „Abhandlung über die Methode des richtigen Vernunftgebrauchs" gibt René Descartes (1637/1961) dem Skeptiker Regeln mit. Er glaubte, „an den folgenden vier genug zu haben".

„Die erste war: niemals eine Sache als wahr anzunehmen, die ich nicht als solche sicher und einleuchtend erkennen [...] würde, d. h. sorgfältig die Übereilung und das Vorurteil zu vermeiden und in meinen Urteilen nur so viel zu begreifen, wie sich meinem Geist so klar und deutlich (clairement et distinctement, clare et distincte) darstellen würde, dass ich gar keine Möglichkeit hätte, daran zu zweifeln.

Die zweite: jede der Schwierigkeiten, die ich untersuchen würde, in so viele Teile zu zerlegen (diviser) als möglich und zur besseren Lösung wünschenswert wäre.

Die dritte: meine Gedanken zu ordnen; zu beginnen mit den einfachsten und fasslichsten Objekten und aufzusteigen allmählich und gleichsam stufenweise bis zur Erkenntnis der kompliziertesten [...]

Und die letzte: überall so vollständige Aufzählungen und so umfassende Übersichten zu machen, dass ich sicher wäre, nichts auszulassen."

Über all dem steht der Gewährleistungsausschluss: Die skeptische Methode liefert keine für jeden gültige Ja-nein-Entscheidung, kein schwarz oder weiß. Es geht um Gewichtungen und Grade der Glaubwürdigkeit. Welche Entscheidung schließlich getroffen, welcher Standpunkt bezogen wird, hängt von den persönlichen Wertvorstellungen ab.

Hier verlassen wir den Pfad der Philosophen Maimonides und Descartes. Ihnen ist die Skepsis lediglich Vorbereitung auf Höheres, hin zur Wahrheit, hin zu Gott. Auf diesen Teil ihrer Wegweisung verzichtet die diesseitige Skepsis ebenso wie auf eine Hypostasierung der Realität. Wir bleiben im Diesseits. Wir suchen *Wissen* im Sinne der empirischen Wissenschaft.

Objektive Erkenntnis

Was unter Neuem Skeptizismus zu verstehen sei, hat uns Paul Kurtz, der Mitbegründer der Skeptikerbewegung, in seinem Buch „The New Skepticism – Inquiry and Reliable Knowledge" von 1992 erklärt. Sein Kernbegriff ist das *zuverlässige Wissen* (Reliable Knowledge).

„Zuverlässig" halte ich in diesem Zusammenhang für eine unglücklich gewählte Beifügung. Warum? Zuverlässigkeit bezieht sich darauf, dass ein im Grunde variables Ding noch zu seiner Beschreibung passt. Glühbirnen sollen leuchten, wenn Spannung angelegt wird. Tun sie das nicht mehr und das innerhalb kurzer Zeit und in großer Zahl, dann nennen wir sie unzuverlässig. Beim Wissen ist es umgekehrt. Es geht darum, dass die im Grunde variable Wissenschaft, unsere Beschreibung der Welt sozusagen, zu den Fakten passt. Eigentlich geht es Paul Kurtz gar nicht um zuverlässiges Wissen; sein Thema ist die objektive *Erkenntnis*. Das ist das, was wir mittels gründlicher Untersuchung (Skeptical Inquiry) erlangen können.

Es ist ziemlich genau dasselbe wie das, was Karl Raimund Popper in seiner gleichnamigen Aufsatzsammlung „Objective Knowledge" aus dem Jahre 1972 beschreibt. Objektive Erkenntnis nennt Popper das, was sich mittels der *Logik der Forschung* ergibt. Später versah er seine „Logik der Forschung" (1934/1982) mit dem Etikett *kritischer Rationalismus*. Dieses unser Wissen ist immer infrage zu stellen. Es ist vom Wesen her variabel. Das sagt uns das Abgrenzungskriterium der Falsifizierbarkeit. Die Fakten hingegen, sind sie erst einmal allgemein akzeptiert, sehen wir als relativ stabil an.

Die wesentlichen Elemente der objektiven Erkenntnis gebe ich in meinen Worten wieder, nehme aber die Liste von Paul Kurtz als Leitfaden:

1. Nimm deine Überzeugungen zunächst einmal als Hypothesen, also als Mutmaßungen oder Vorschläge. Alle Schlussfolgerungen daraus sind Gegenstand der Prüfung. Der Überprüfung sind nur Aussagen zugänglich, die hinreichend präzise und einschränkend formuliert sind. Wissenschaftliche Hypothesen zeichnet aus, dass sie im Prinzip falsifizierbar sind. Hypothesen geben die Richtung für weitere Untersuchungen vor. Zunächst mögen Hypothesen bloße Urteile im Voraus sein – Vorurteile sozusagen. Gut bestätigte Hypothesen nennen wir Theorien. Sie können unserem Wissensbestand einverleibt werden. Wissenschaft erwächst aus bewährten Hypothesen.

2. Wesentlicher Bestandteil der Untersuchung ist die empirische Prüfung. Wir nehmen eine Hypothese nur dann als wahr an, wenn sie unseren Erfahrungen entspricht, wenn sie mit den allseits akzeptierten Fakten übereinstimmt.

3. Die aktive Prüfung einer Hypothese geschieht im Experiment. Hypothetische Kausalbeziehungen lassen sich durch Variation der Ursachen testen: Fehlt die Ursache, bleibt die Wirkung aus; eine Variation der Ursache zieht die Variation der Wirkung nach sich. Ist das nicht der Fall, dann gilt die Prüfung auf Kausalität als nicht bestanden. Hier ist das Beispiel für eine solche Kausalbeziehung: Je steiler die schiefe Ebene ist (Ursache), desto schneller rollt eine Kugel herunter (Wirkung). Diese Kausalbeziehung ist eine Folgerung aus den newtonschen Gesetzen, einer in der Welt der menschengemäßen mittleren Dimensionen und Geschwindigkeiten gut bestätigten Theorie. Ein Fehlschlag eines solchen Experiments hätte Zweifel an den newtonschen Gesetzen nach sich gezogen und letztendlich zu deren Falsifizierung führen können. So etwas ist grundsätzlich möglich und im Bereich sehr

hoher Geschwindigkeiten auch tatsächlich passiert: Die Relativitätstheorie ist dort die bessere Theorie.

4. Prüfungsergebnisse müssen intersubjektiv nachvollziehbar sein. Das ganz persönliche und subjektive Zeugnis und der anekdotische Nachweis reichen nicht aus. Wissen ist das Resultat eines sozialen Prozesses im Rahmen organisierter Wissenschaft. Von aussagekräftigen Experimenten wird verlangt, dass sie von geschulten Leuten replizierbar sind.

5. Eine Hypothese sollte sich bruchlos in den allgemeinen Bestand an bewährtem Wissen einfügen lassen. Gelingt das nicht, ist erst einmal die Hypothese selbst infrage zu stellen. Erhärten sich ihre Aussagen jedoch, liegen die Bedingungen für eine wissenschaftliche Revolution vor. Darüber schreibt Thomas Kuhn in seinem Buch „The Structure of Scientific Revolutions" (1962/1996).

6. Wir beurteilen eine Hypothese nach den Konsequenzen, die sie nach sich zieht. Kausalbeziehungen machen Vorhersagen möglich: Aus gegebenen Bedingungen lassen sich Schlussfolgerungen für das zukünftige Geschehen ziehen. Treffen die Voraussagen zu, haben wir eine pragmatische Bestätigung der Hypothese. Das ist die Praxis jeder technischen Entwicklung.

7. Zentrales Prinzip der objektiven Erkenntnis ist der Fallibilismus. Es besagt, dass empirisches Wissen nicht endgültig verifiziert, wohl aber definitiv falsifiziert werden kann. Dennoch können wir ein hohes Maß an Gewissheit erlangen; diese hängt von Umfang und Strenge der bestandenen Prüfungen ab. Unser Vertrauen in eine Theorie ist das Ergebnis all der Bewährungsproben, die eine Theorie bestanden hat. Gut bewährte Theorien lassen sich nur durch harte und gut bestätigte Fakten und peinlich genaue Schlussfolgerungen erschüttern, insoweit sie zu den Theorien im Widerspruch stehen.

8. Wesentlich ist die Offenheit für neue Ideen. Wir sollten auf radikale Änderungen der wissenschaftlichen Leitideen und Paradigmata gefasst sein.

Keiner der acht Punkte fragt nach einer tieferen Begründung des Wissens. Das Jenseits, die Außenwelt, kommt nirgends vor. Die Regeln der objektiven Erkenntnis lassen sich dem diesseitigen Skeptizismus bruchlos einverleiben.

Skeptiker und Realist zugleich?

Auf den ersten Blick befremdlich ist, dass sich sowohl Karl Raimund Popper als auch Paul Kurtz zum Realismus bekennen. Ist ihr Realismus derselbe wie der, den Gerhard Vollmer meint? Ich denke: nein.

Wir sind allesamt Alltagsrealisten. Wir sagen ja nicht: „Diese Erscheinung, die wir alle als Tasse bezeichnen, enthält eine Erscheinung, die wir Tee nennen." Wir sagen: „Das ist eine Tasse Tee." Unsere Sprache ist vom Realismus durchtränkt. Es sollte uns nicht verwundern, wenn auch Skeptiker nach einer Verbindung des Alltagsrealismus mit ihrer Denkwelt suchen.

Karl Raimund Popper stellt sich eine Realität vor, an die sich der Forscher mit seinen Theorien immer stärker annähert. Dabei lässt er offen, wie diese Realität aussieht; er gibt auch kein Kriterium an, das uns sagt, wann wir die Realität erfasst haben, und auch keinen Maßstab, der uns sagt, wie nahe wir an der Realität dran sind.

Die Realitätsannahme erlaubt es, von einer Annäherung an die Wahrheit zu sprechen und von relativer Wahrheitsnähe. Diese Annäherung an die Wahrheit entspricht genau dem Erkenntnisfortschritt, der der Wissenschaft eigen und der an den Beispielen dieses Buches erlebbar ist. Eine Realitätsvorstellung wird dafür im

Grunde nicht gebraucht. In seinem Buch „Logik der Forschung" beschreibt Popper die Evolution der Wissenschaft und er sagt ausdrücklich, dass die Theorie seines Buches an keiner Stelle von der Idee einer Annäherung an die Wahrheit abhängt (1982/1934, *XV).

Der Endpunkt dieser Wahrheitssuche bleibt unbestimmt. Ich drücke das so aus: Was wir wissen können, können wir nicht wissen. Angeregt wurde diese negative Wissensprognose durch das Vorwort zur englischen Ausgabe von Poppers Werk „Das Elend des Historizismus". Dort schreibt er: „Wenn es so etwas wie ein wachsendes menschliches Wissen gibt, dann können wir nicht heute das vorwegnehmen, was wir erst morgen wissen werden." (1965/2003).

Für die negative Wissensprognose wird die Voraussetzung eines „wachsenden menschlichen Wissens" eigentlich nicht gebraucht. Es genügt der Hinweis, dass sich wissenschaftliche Theorien dadurch auszeichnen, dass sie prinzipiell falsifizierbar sind und „dass wir zwar nach Wahrheit streben, möglicherweise aber nicht bemerken, wenn wir sie gefunden haben" (Popper 1963/1994, Kap. 10 VIII). Damit ist auch der unwahrscheinliche Fall abgedeckt, dass das Wissenswachstum ein Ende findet. Auch darüber können wir aus kritisch rationaler Sicht nichts wissen.

Wenn ich schon nicht weiß, was ich in Zukunft wissen werde, dann habe ich erst recht nicht das Wissen, das sich auf allen möglichen Pfaden ergäbe, die die Wissenschaft nehmen könnte. Daraus folgt meine Version der negativen Wissensprognose: *Was wir wissen können, können wir nicht wissen.* Diese negative Wissensprognose stellt die Zuversicht des Realisten infrage, dass die Realität erkennbar sei: „Geheimnisse im Sinne uns vorenthaltenen oder verbotenen Wissens gibt es nicht" (Vollmer 2013). Denker, die einen derartig starken und von

Zuversicht durchdrungenen Realismus vertreten, nennen sich Naturalisten. Für sie gibt es keine Übernatur. Die diesseitige Skepsis ist mit derartig hochgreifenden Überlegungen nicht belastet.

Die Realität, von der Popper spricht, ist für ihn lediglich ein *regulatives Prinzip*. Andere regulative Prinzipien sind denkbar. Für Immanuel Kant ist Gott ein solches. Solche Prinzipien mögen dem einen oder anderen Forscher in seiner Arbeit Flügel verleihen. Unabdingbar sind sie dafür nicht. Es scheint mir nicht allzu kühn zu sein, wenn ich den Realismus Poppers und auch den des Paul Kurtz als schwachen Realismus bezeichne. Er kommt ohne Wahrheitsanspruch aus.

Regulative Ideen oder Prinzipien sind auf dem Gebiet des Wissens ohne größere Bedeutung. Ihre Wirkkraft entfalten sie eher auf dem Feld der Wertvorstellungen und der Moral. Der Realist fühlt sich zur nutzenorientierten Ethik hingezogen, zum Utilitarismus. Für den Naturalisten gilt das in noch stärkerem Maße. Der Gottgläubige findet möglicherweise in einer der Kirchen Orientierung.

Das zeigt erneut: Wir spielen nicht nur ein Spiel, nicht nur das der Wissenschaft. Mit diesen Überlegungen verlassen wir den Denkrahmen des diesseitigen Skeptizismus. Diese Überschreitung gehört zum Leben dazu, aber nicht zum Thema dieses Buches.

Wahrheit oder Überleben?

In der Evolution geht es nicht um ewige Wahrheiten, nicht um die getreuliche Erfassung der Welt durch die sie bevölkernden Wesen. Die allgegenwärtigen Tarn- und Täuschungsmanöver sind der Wahrheitsfindung jedenfalls abträglich.

Bereits unser Wahrnehmungs- und Denkapparat leistet seinen Beitrag zur Verschleierung der „Wirklichkeit". Die Evolution hat keineswegs die Mechanismen begünstigt, die eine unverfälschte Wahrnehmung erlauben. Das belegen die optischen Täuschungen.

Es ist allzu offensichtlich: Die *natürliche Auslese* belohnt *Fitness* der Wahrnehmung. Um Wahrheit geht es nicht.

Der Fitnessbegriff hat für mich objektive Bedeutung; eine solche geht dem Wahrheitsbegriff ab. Fitness ist eigentlich definiert als die Fähigkeit, dem Selektionsprozess nicht zum Opfer zu fallen. Anders gesagt: Auslese belohnt die Fähigkeit des Wahrnehmungsapparats, der Auslese zu entkommen. Hier wird die oft geschmähte Tautologie des Fitnessbegriffs deutlicher sichtbar. Man kann denselben Sachverhalt unter Vermeidung der Tautologie auch so ausdrücken: Der Wahrnehmungsapparat dient dem Überleben, nichts weiter. Aber lassen wir noch einmal den Experten zu Wort kommen.

Donald Hoffman und Chetan Prakash (2014) schreiben, dass die natürliche Auslese keine Wahrnehmungssysteme hervorbringe, die die Wahrheit im Ganzen oder in Teilen erfassen. Stattdessen favorisiere sie schnelle und billige Wahrnehmungsmechanismen, die einzig dazu dienen, das Überleben und die Fortpflanzung sicherzustellen. Bei der Wahrnehmung gehe es nicht um die Wahrheit, sondern darum, Kinder zu haben. Wahrnehmungsgene, die die Wahrscheinlichkeit für Nachkommen erhöhen, würden so auch in der nächsten Generation die Wahrnehmung bestimmen.

Schließlich stellen Hoffman und Prakash fest: 1) Die natürliche Auslese begünstigt die Fitness des Wahrnehmungssystems. 2) Die Wahrheit stimmt fast nie mit der Fitness überein. 3) Deshalb begünstigt die natürliche Auslese Wahrnehmungen, die fast durchweg von der Wahrheit abweichen.

Das setzt sich auf den höheren kognitiven Ebenen fort. Unsere Entscheidungskraft beruht keineswegs durchweg auf dem sorgsamen Durchdenken und Analysieren von Entscheidungssituationen. Oftmals sind einfache Faustregeln der gründlichen Analyse und der wohlbedachten Entscheidung überlegen. Auch hier geht es nicht um Wahrheit, sondern um effizientes Handeln.

Analogie und Klassifizierung

Die folgende Unterhaltung zeigt wesentliche Grundlagen unseres Denkens: Das Bilden von *Analogien* und von *Klassen* einander ähnlicher Dinge.

> Till: Du weißt, ich beschäftige mich mit Denkfallen, das sind Gelegenheiten, bei denen das Denken auf eine abschüssige Bahn gerät. Gerade bin ich wieder bei den klassischen Paradoxien des Zenon von Elea
> Silvia: Hab' schon davon gehört. Hilf mir auf die Sprünge. Was ist denn paradox?
> Till: Nehmen wir das Haufenparadoxon. Ein Steinchen ist kein Haufen; zwei bilden auch noch keinen Haufen. Wenn ein paar Steinchen kein Haufen sind, dann wird auch kein Haufen daraus, wenn du ein Steinchen dazulegst. Anders ausgedrückt: An der Haufeneigenschaft von Steinchen ändert sich nichts, wenn ein Steinchen hinzukommt oder wenn eines weggenommen wird
> Silvia: Das will ich mal so akzeptieren
> Till: Nun nimm von einem Haufen Steine nacheinander Stein für Stein weg. Das Wegnehmen ändert nichts daran, dass der Haufen ein Haufen ist. Aber irgendwann liegen nur noch ein oder zwei Steinchen da.

Und die sind gewiss kein Haufen, wie du ja anerkennst. Haufen und gleichzeitig nicht Haufen sein, das ist paradox

Silvia: Offenbar ist die Haufeneigenschaft beim Wegnehmen irgendwann doch verloren gegangen

Till: Aber wann? Das ist hier die große Frage. Kennst du eine gute Antwort darauf?

Silvia (spricht langsam): Ein Steinchen ist kein Haufen … Klar … Zwei Steinchen ergeben auch noch keinen Haufen … Auch drei Steinchen nicht … (Silvia wird lauter) Aber – ha! – vier Steinchen sind schon ein Häufchen, nicht wahr?

Till: Das ist aber eine willkürliche Grenze, Silvia

Silvia: Das sehe ich nicht so. Vier Steinchen lassen sich aufhäufen, drei nicht

Till: Da ist was dran. Mit vier Steinchen kann man die Ebene verlassen. Man kommt in die dritte Dimension, wie beim Übergang vom Dreieck zum Tetraeder. Ich nenne die kleinsten Haufen, seien es nun Steinchen, Murmeln oder Bälle, einmal die Tetraederartigen

Silvia: Du meinst also, dass sich vier dieser Dinge wie die Ecken eines Tetraeders anordnen lassen?

Till: Ja, wenn man einmal davon absieht, dass sie, anders als Punkte im Raum, ein Volumen haben. Aber darin sind wir ja Künstler: Auch wenn der Punkt auf dem Papier eine kleine Fläche einnimmt, abstrahieren wir und sehen ihn als ausdehnungslos an

Silvia: Die Tetraederartigen zeichnen sich also dadurch aus, dass sie einem einfachen Körper mit vier Ecken und sechs Kanten ähneln?

Till: So habe ich es gemeint

Silvia: Wenn ich ein Stück Butter über Eck anschneide, dann habe ich also ein tetraederartiges Stückchen Butter?

Till: Das kann man so sehen. Aber ich meine schon, dass du hier meinen neuen Begriff überdehnst: Die Kanten des Butterstückchens sind gewiss nicht gleich lang. Aber genau das erwartet man von einem Tetraeder. Kleine Abweichungen sind in der Klasse der Tetraederartigen erlaubt, große eher nicht. Hier geht es um *Ähnlichkeit*

Silvia: Und da haben wir schon wieder ein Abgrenzungsproblem. Das lässt sich wohl nicht so leicht erledigen wie beim Haufenparadoxon

Till: Und da muss ich noch einmal auf die Definition von Haufen zurückkommen. Glaubst du, dass unsere Grenzziehung – nämlich dass vier Steinchen bereits einen Haufen bilden – von jedermann akzeptiert wird?

Silvia: Das glaube ich nicht. Im allgemeinen Sprachgebrauch ist die Grenze vage. Der Begriff des Haufens ist eben etwas fusselig. Das ist bei anderen Begriffen, vielleicht gar den meisten, ebenso. Sag mir: Ab wann ist ein Mensch groß? Oder: Was macht einen bedeutenden Künstler aus? Mit solchen Unklarheiten können wir ganz gut leben. Wer es präziser will, muss eben nachfragen oder nachmessen und dann die Grenzen exakt ziehen

Wenn wir bei zwei Objekten oder Sachlagen einander entsprechende Teile finden können und wenn diese Teile ähnliche Eigenschaften haben oder wenn die Teile des einen Objekts in Relationen zueinander und zur Umgebung stehen, die man bei dem anderen Objekt so ähnlich wiederfinden kann, dann sprechen wir von einer *Analogie*. Das ist eine gewisse Form von Ähnlichkeit. Das Tetraederartige ist dafür ein Beispiel. Und die Tetraederartigen bilden dann eine ziemlich fusselige Klasse.

Wie schillernd Wortbedeutungen sein können, zeigen Zeugmas, bei denen unterschiedliche Begriffe mittels eines Wortes zusammengespannt werden:

> Endlich fand er den Sitzungssaal und die Hitze dort unerträglich.
> Nimm dir Zeit und nicht das Leben.
> Er stellte mein Fahrrad und mein Vertrauen in die Menschheit wieder her.
> Ich heiße nicht nur Heinz Erhardt, sondern Sie auch herzlich willkommen.

Ordnung schaffen mit Analogien

Nach Michel Foucault (1971) war das Denken der Vorklassik, also der Renaissance und der Antike, durch die Analogie geprägt. Die Kraft der Analogie „ist immens, denn die Ähnlichkeiten, die sie behandelt, sind nicht jene sichtbaren und massiven der Dinge selbst; es genügt, dass es die subtileren Ähnlichkeiten der Verhältnisse sind. Dadurch erleichtert, kann sie von einem einzigen Punkt aus eine unbeschränkte Zahl von Verwandtschaften herstellen". Foucault weiter: „Ein sichtbares Zeichen muss die unsichtbaren Analogien verkünden."

So kommt man zur Erkenntnis, dass die Walnuss, deren Inneres ja dem Gehirn ähnelt, zerstampft und mit Weingeist genossen, gut gegen Kopfschmerzen sein müsse. Ebenso findet man, dass der Eisenhut gegen Augenkrankheiten helfen werde. Das ist an den Samenkörnern ablesbar. Sie sehen wie Augen aus: kleine dunkle Kügelchen, die in weiße Schalen eingefasst sind.

Diese Sicht auf die Dinge hat etwas Okkultes: Die Zeichen der Analogien wollen gedeutet sein. Das erfordert eine Auslegungskunst. Sind die Analogien erst einmal benannt, entfalten sie ihre eigene Überzeugungskraft. Das macht das Denken in Analogien so faszinierend, auch in unserer Zeit. Das *Analogiegesetz* wird heutzutage gern auf den sagenhaften Hermes Trismegistos zurückgeführt. Es ist eine tragende Säule der Esoterik, die nach wie vor ihre Wirkung entfaltet.

Dem Lexikon der Parawissenschaften (Oepen et al. 1999) entnehme ich diese Worte des Thorwald Dethlefsen:

> „Die Aussage […] ‚wie oben so unten' ist der Schlüssel zur hermetischen Philosophie. Dahinter steht die Annahme, dass überall in diesem Universum ‚oben und unten', ‚im Himmel und auf Erden', ‚im makroskopischen wie im mikroskopischen Bereich', ‚auf allen Ebenen der Erscheinungsformen' die gleichen Gesetze herrschen … Dieser Satz erlaubt uns, unsere Betrachtungen und Erforschungen der Gesetze auf den uns zugänglichen Bereich zu beschränken, um dann die gemachten Erfahrungen auf die anderen, uns unzugänglichen Ebenen analog zu übertragen. Dieses Analogiedenken gestattet es dem Menschen, das gesamte Universum ohne Grenzen begreifen zu lernen."

Auch in der noch heute populären Homöopathie findet sich dieses vorwissenschaftliche Denken in Analogien:

> „Diejenige Arznei, welche in ihrer Einwirkung auf gesunde menschliche Körper die meisten Symptome in Ähnlichkeit erzeugen zu können bewiesen hat, welche an dem zu heilenden Krankheitsfalle zu finden sind, in gehörig potenzierten und verkleinerten Gaben auch die Gesamtheit der Symptome dieses Krankheitszustandes, die ganze gegenwärtige Krankheit schnell, gründlich und dauerhaft aufhebe und in Gesundheit verwandle." (Hahnemann, zitiert nach N. Grams 2015)

Der Skeptiker stellt fest, dass das Analogiegesetz sehr wohl eine wirksame Heuristik zur Lösungsfindung sein kann, dass es aber nicht in der Lage ist, eine Begründung für die Effektivität der Resultate zu liefern. Die wissenschaftliche Vorgehensweise verlangt die davon unabhängige Prüfung.

Klassifizierung – Basis des Denkens

Das Klassifizieren (Haufen/kein Haufen) verlangt das Zusammenfassen ähnlicher Dinge und Situationen zu einer Klasse. Mary Douglas meint, dass alles Denken mit dem Trennen und Klassifizieren beginne, nicht etwa mit dem Messen und Abstufen (Douglas 1986). Bereits in unserem Wahrnehmungsapparat ist das Trennen und Klassifizieren eingebaut, wie der Mechanismus der Kontrastbetonung zeigt.

Erst die Klassifizierung der Gegenstände und Situationen ermöglicht die Debatte. Wenn wir wissen wollen, ob wir zwei Dinge oder Situationen derselben Klasse zuordnen können, greifen wir auf Ähnlichkeiten und Analogien zurück. Und dabei ist keineswegs ausgemacht, welche Wesenszüge und Merkmale Gegenstand der Analogiebetrachtung sind. Klassifizierungen sind in diesem Sinne *kontingent,* wie der Philosoph zu sagen pflegt: Sie können sich so wie vorgefunden ausprägen, aber auch anders.

Schauen wir uns ein paar Klassifizierungen für Personenkraftwagen an: Wir unterscheiden sie nach Herkunft (USA, Italien, Japan, Deutschland, Schweden, Frankreich), nach Größe (Kleinwagen, Mittelklassewagen, Ober- und Luxusklasse), nach Zweck (Sportwagen, Cabriolet, Van, Geländewagen) oder nach Hersteller und Marke (General Motors, Ford, VW, Opel, Volvo, Peugeot, Fiat).

Für Michel Foucault ist die klassische Epoche, also die Zeit des Barock, die sich über den Zeitraum vom Ende des Dreißigjährigen Krieges bis zum Beginn der Französischen Revolution erstreckte, durch ein Denken in Klassifizierungen geprägt. In gleicher Bedeutung wird von „Systemen", „Systematiken" und „Taxonomien" gesprochen. Musterbeispiel ist das im Jahr 1735 erschienene Werk „Systema Naturæ" des Carl von Linné. Der Naturforscher wirft sozusagen ein Netz von Begriffen über seine Erkenntnis der Welt. Wir sprechen von „Reptilien", „Fischen", „Algen", „Fliegen", „Hunden", „Insekten" – und wir verstehen uns.

Zur Zeit des Barock wurde die natürliche Welt noch als weitgehend unveränderlich angesehen. Lamarcks Zweifel an der Konstanz der Arten und Darwins Evolutionslehre gab es noch nicht. Damals konnte ein durch Taxonomien vermitteltes Weltbild noch als der Weisheit letzter Schluss gelten.

Da wir stets nach einem stabilen Bild der Welt streben, kann die Kontingenz der Begriffe schnell aus dem Blickfeld geraten. In einer vermeintlich stabilen Welt wird der Glaube an unbezweifelbare Wahrheiten möglich.

Heute sind wir vorsichtiger. Die Biologen verlassen sich heute nicht mehr allein auf morphologische Eigenschaften bei der Bestimmung von Verwandtschaften. Die klassische Taxonomie verliert an Bedeutung. Wichtiger werden molekulare Methoden zur Bestimmung von Ähnlichkeiten. Das System der Begriffe und Benennungen könnte dadurch an vereinheitlichender Kraft verlieren. Godfray (2007) sieht einen Trend zum Do-it-yourself: „Biologen, die bisher vielleicht Taxonomen darum gebeten haben, den Stammbaum einer Gruppe zu erstellen, finden es zunehmend einfacher, auf genetischer Basis selbst die verwandtschaftlichen Beziehungen zu ermitteln."

Das Klassifizieren ist unerlässlich. Aber es birgt Gefahren. Hierzu ein Beispiel aus der Sicherheitstechnik: Wir teilen Aufgaben in wichtige und weniger wichtige ein. Das hilft uns, die zur Verfügung stehenden Ressourcen möglichst wirkungsvoll einzusetzen. Der Mechanismus der Kontrastbetonung macht es möglich. Zwangsläufig tendieren wir dazu, die *vermeintliche Nebensachen* in ihrer Bedeutung zu unterschätzen. Das kann katastrophale Folgen haben, wie der Reaktorunfall von Harrisburg (Three Mile Island) gezeigt hat (Leveson 1995).

Die für Genehmigung und Überwachung der Kernkraftwerke in den USA zuständige Atombehörde verlangte, dass Qualitätssicherungsprogramme auf sicherheitsrelevante Systeme anzuwenden sind. Für andere Teile eines Kraftwerks bestand diese Forderung nicht. Tatsächlich zählten aber einige Fehler in nicht als sicherheitsrelevant eingestuften Komponenten zu den Ursachen des Unfalls von Harrisburg.

Der Ingenieur hat es im Allgemeinen mit einfachen Größen und mit vom Menschen geschaffenen Gegenständen mit absehbaren Komplexitäten zu tun. Für den Soziologen Niklas Luhmann ist die Technik der Bereich der Kausalsimplifikationen. Kein Wunder, dass die in diesem Bereich üblichen Klassifizierungen trennscharf sind und lange Bestand haben.

Als ich daran ging, eine Klassifizierung der Denkfallen zu erstellen, war es immer eine Quelle des Unbehagens, dass die Begriffe nicht so trennscharf sind, wie ich es aus der technischen Welt gewohnt war. Tatsächlich habe ich mich, wie mir immer stärker bewusst wurde, in ein Feld der komplexen Repräsentationen vorgewagt (Foucault 1971). Dieser Komplexität musste ich erst einmal gewahr werden, um die Unschärfen und Fusseligkeiten des Systems der Denkfallen als sachbedingt anerkennen zu können. Man kann nur versuchen, immer präziser und trennschärfer zu werden. Aber wenn es um das komplexe menschliche Verhalten geht, wird es nie vollständig ohne vage Begriffe abgehen.

Fehlanpassung

Klasseneinteilungen und *Begriffsbestimmungen* entwickeln sich im Rahmen gesellschaftlicher Gruppen und Institutionen. Sie gehören zum Hintergrundwissen eines jeden von uns. Sie sind zuweilen sehr trennscharf, manchmal aber auch ziemlich fusselig, wie das Haufenparadoxon uns zeigt. Der Erfolg unserer Kommunikation hängt davon ab, wie reichhaltig und strukturiert unser Hintergrundwissen ist.

Und da lauert eine Denkfalle neuen Typs. Bisher habe ich immer betont, dass Denkfallen dazu führen, dass verschiedene Personen im Grunde ähnliche Fehler machen, weil ihr Hintergrundwissen weitgehend übereinstimmt. Jetzt aber merken wir, dass auch unterschiedliches Hintergrundwissen Ärger machen kann.

Besonders gravierend ist die Tatsache, dass wir gemeinhin unsere Klassifizierungen und unsere Begriffswelt für die einzig wahren halten. Wir sind uns unserer Sache sicher. Dass jemand anders ticken könnte, einfach weil sein Hintergrundwissen ein anderes ist, kommt uns nicht ohne Weiteres in den Sinn. Gegen solche Tücken hilft nur die Blickfelderweiterung, ein Ebenenwechsel, der auch die Bedingungen der Kommunikation in die Betrachtung einbezieht. In der folgenden – nur halb fiktiven – Unterhaltung kommt ein solcher Ebenenwechsel vor.

Christoph: Ich werte generell nie irgendjemanden aufgrund der Handlungsweisen oder Äußerungen ab, insofern ich seine Beweggründe plausibel finde. Das gilt für den Wünschelrutengänger, für den moderat Religiösen bis hin zum radikal-islamischen Dschihadisten, soweit sie ihren Vorstellungen nach gutem Gewissen folgen, seien diese nun metaphysischer oder ideologischer Art

Till: Schön und gut. Aber wie stellst Du Dir das praktisch vor? Nehmen wir den Dschihadisten. Hier steht Unversöhnliches gegeneinander: Einerseits mein Bestreben, in einer frohen Gemeinschaft der Freien und Gleichen zu leben, und andererseits das dringende Verlangen, genau das zu torpedieren. Was soll ich da nachvollziehen?

Christoph: Ich sage, dass ein Terrorist nach seinen Maßstäben ein „guter" Mensch sein kann und ich diesen Standpunkt rational nachvollziehen kann. Nachvollziehen bedeutet nur, dass ich jemanden nicht abwertend oder gar herablassend behandeln werde

Till: Welche praktischen Konsequenzen hat das Nachvollziehen? Dass auch Verbrecher Menschenrechte haben, ist doch allgemein akzeptiert. Solange es um Harmloses wie Homöopathie, Gedankenübertragung, Wünschelrutengängerei, Astrologie geht, ist das Nachvollziehen sicher kein Problem. Die Ausweitung dieser Art von Rationalität auf terroristisches und offen feindseliges Gehabe überfordert mich

Christoph: Ok. Möglicherweise verstehst du mich nur falsch. „Etwas nachvollziehen können" hat für mich wohl eine viel engere Bedeutung als für dich. Ich habe den Eindruck, dass bei dir das Wort in dasselbe Kästchen fällt wie „Verständnis haben für etwas" oder gar „Wertschätzung". Für mich sind da deutliche Bedeutungsunterschiede

Wir sehen: Christoph verlässt schließlich – um den Knoten zu lösen – die reine Kommunikationsebene und begibt sich auf eine Ebene, auf der er über die Kommunikation sprechen kann; das ist eine Blickfelderweiterung. Watzlawick et al. (1969) nennen diese Ebene *Metakommunikation*.

Der Wechsel von einer Ebene auf eine andere kann auch wieder Anlass zur Konfusion sein. Ich erinnere mich an den Programmierkurs im Rahmen meines Elektrotechnikstudiums: Ich habe erst einmal nichts verstanden. Als mir allmählich klar wurde, dass hier in einer Sprache, nämlich Deutsch, über eine andere „Sprache", nämlich die Programmiersprache Algol, geredet wurde, und als ich allmählich lernte, wo die Grenze zwischen den beiden Sprachebenen liegt, begann ich zu verstehen, was Programmieren heißt. Ein ähnliches Problem hat der Logiker, wenn er formale Logik erklären und dabei auf den Gebrauch der Logik verzichten soll.

Fehlanpassungen des Hintergrundwissens machen dem Lehrer das Leben schwer, und nicht nur ihm. Nur weil er „seinen Stoff durchgekriegt" hat, haben seine Schüler nicht unbedingt viel verstanden. Neben der Lehrerillusion ist da noch die Schülerillusion: Der Schüler glaubt, seinen Lehrer verstanden zu haben. Aber das, was er verstanden hat, muss nicht das sein, was der Lehrer gemeint hat.

Es ist ganz gut, sich ab und zu an ein Bonmot des ehemaligen Notenbankpräsidenten der USA zu erinnern. Alan Greenspan sagte im Anschluss an eine seiner kryptischen Verlautbarungen: „Ich weiß, dass Sie glauben, Sie wüssten, was ich Ihrer Ansicht nach gesagt habe. Aber ich bin nicht sicher, ob Ihnen klar ist, dass das, was Sie gehört haben, nicht das ist, was ich meinte."

Misnomer

Misnomer sind falsche Bezeichnungen, also falsche Namen für Klassen. Typisch sind die von mir so genannten Täuschwörter. Sie werden von Regierungen und Institutionen geformt und zur Sprachregel erklärt, um das Denken in die gewünschten Bahnen zu lenken. George Orwell hat das in seinem Roman „1984" mit der

Abhandlung über „Neusprech" („Newspeak") zum Thema gemacht.

Wir müssen uns gar nicht auf die Literatur berufen. Jeder von uns kennt eine Fülle von Beispielen aus den Medien: Entsorgungspark steht für Müllkippe, Freisetzung für Entlassung, neuartiger Waldschaden für Waldsterben, Nullwachstum für Stagnation, Verteidigungsministerium für Kriegsministerium, nichtrückzahlbare Anleihe für verlorener Zuschuss, Schadensqualität für Gift, Kollateralschaden für getötete Zivilisten, vollschlank oder betont weiblich für übergewichtig, Verteidigung der Menschenrechte für Krieg.

Ein Beispiel dafür, wie Institutionen die Klassifizierung besorgen können, habe ich aus meiner Industrietätigkeit. In der Richtlinien- und Normungsarbeit sind wir Ingenieure auf heftigen Widerstand durch Vertreter der zuständigen Institutionen gestoßen, als wir gefährliche Zustände in Systemen auch als solche bezeichnen wollten. „Wir machen nichts Gefährliches", hieß es. In der Folge wurde der in den Labors übliche Sprachgebrauch aus den Richtlinien und Normen verbannt. Dort heißt es anstelle von „gefährlich" nun überall „sicherheitsrelevant".

Das Wort „Restrisiko" würde ein halbwegs verantwortungsbewusster Ingenieur nicht in den Mund nehmen: Für ihn sind Risiken Quantitäten, etwas das berechnet oder statistisch erfasst werden kann. Diese Risiken können hoch, erträglich, niedrig oder auch sehr niedrig sein. Nichts jedoch qualifiziert ein Risiko zum „Restrisiko".

Wollen sich Institutionen von Schuld frei reden, wird ein vom Hersteller zu verantwortender technischer Mangel vorzugsweise dem Anwender und Bediener zugerechnet. Eine Fehlhandlung aufgrund schlechter Bedienbarkeit wird dann zum „menschlichen Versagen". Mir ist bei derartigen und oftmals vorschnellen Zuschreibungen unbehaglich zumute.

Hier ist eine Meldung, die einen solchen Verdacht nahelegt: „Als Unsicherheitsfaktor Nummer eins erwies sich auch 1994 wieder der Mensch: Nicht weniger als 31 der 47 Unfälle sind auf menschliches Versagen zurückzuführen und immerhin 16 auf das Wetter" heißt es nach Unterlagen der Internationalen Zivilluftfahrt-Organisation ICAO.

Die europäische Airbus Industrie in Toulouse änderte daraufhin die automatische Steuerung an ihren Maschinen. Dabei bestand – wenn man der Meldung Glauben schenkt – eigentlich gar kein Anlass dafür. Um das zu erkennen, muss man nur zwei Zahlen addieren. Die Meldung liest sich nun in Kürze so: Es gab keine Fehler, und außerdem wurden sie abgestellt.

Analogien und Kreativität

Bei den Büchern zum Zweck der Erkenntnisvermittlung unterscheide ich zwischen zwei Sorten. Die erste Sorte trägt Titel wie „Die Ordnung der Dinge". Diese Bücher beschäftigen sich mit der Welt, wie wir sie beobachten, mit den Erscheinungen sozusagen. Das ist das Feld der Wissenschaft. Die zweite Sorte trägt Titel wie „Die Natur der Dinge". Diese Werke fragen nach dem Wesen der Dinge, nach Sinn und Zweck der Erscheinungen, nach der Wahrheit. Das ist das Feld der Metaphysik.

Karl Raimund Popper war es, der diese beiden Felder sauber voneinander abgrenzte, und zwar mit der *Falsifizierbarkeit* als *Abgrenzungskriterium*. Dieses Kriterium besagt, dass sich wissenschaftliche Aussagen dadurch auszeichnen, dass sie grundsätzlich widerlegbar sind und an der Erfahrung scheitern können. Dabei hat Popper, obwohl sein Hauptinteresse der wissenschaftlichen Seite galt, durchaus anerkannt, dass die Metaphysik bei der Entstehung neuer Theorien eine große Rolle spielt.

Mancher Naturforscher mag seine Motive aus einer Metaphysik beziehen. Sie sagen jedoch nichts über die Bedeutung seiner Arbeit. Ich halte es hier mit Alice Schwarzer, die in einem Gespräch einmal meinte: „Mich interessieren Motive schon lange nicht mehr. Mich interessiert, was jemand tut." (Der Spiegel 3/2016, S. 32)

Klassifizierungen (Taxonomien, Systeme) sind eine Basis unsers Denkens. Eine Gefahr liegt darin, sie als der Weisheit letzter Schluss anzusehen, sie nicht für die *Ordnung,* sondern für die *Natur* der Dinge zu halten – eine Denkfalle.

Das Bewusstsein der Vorläufigkeit von Klassifizierungen eröffnet Raum für kreatives Denken. Genau das ist Thema eines Buches von Douglas Hofstadter und Emmanuel Sander (2013). Die beiden rücken die fusseligen, unscharfen, vagen Analogien wieder stärker in den Vordergrund und behaupten gar, dass Analogiebildung und Klassifizierung im Wesentlichen eins seien.

Manch einer geht noch weiter und verortet sich in einer poststrukturalistischen Welt, in der sich Klassendifferenzen im „Kontinuum eines übergeordneten Ganzen" auflösen. Poststrukturalismus wird so zu einer „Revolution des Geistes gegen die Tyrannei der Struktur". Die „fusselige Logik" wird für den einen oder anderen dieser Denker zur Grundlage einer angemessenen Sprache. Damit vermeint man, sich dem fernöstlichen holistischen Weltbild zu nähern. Die westliche, auf Aristoteles zurückgehende, Weltanschauung mit ihrer zweiwertigen Logik und ihrer Vorliebe für klare Abgrenzungen und Begriffsbestimmungen verliert nach Ansicht dieser Poststrukturalisten an Bedeutung (Kaufmann 2015).

Dem fusseligen Denken wird also eine ganze Menge zugetraut: Die Vagheit der Begriffssysteme stellt sich in diesem Zusammenhang als ein Angriff auf die gesellschaftlichen Machtverhältnisse mit ihren scharfen Abgrenzungen und binären Kategorien dar.

Hier droht möglicherweise ein Zuviel an Unordentlich-keit. Aber eines ist klar: Ein Zuwenig ist auch nicht gut. Starre Klassen und strenge Begriffe setzen dem Neuen, das ja in die Welt kommen soll, Hindernisse entgegen. Analogien bringen Bewegung ins Spiel.

Das war am Beispiel des Taxi-Problems zu sehen: Hier wurde für die Problemlösung eine analoge Situation bei der Verteilung von Assen in einem Kartenstapel ausgenutzt.

Wie bereits erwähnt, hatte Graham Bell den Einfall, dass man mit seinen Apparaturen telefonieren könnte, als er zwei Kinder beim Spielen mit einem „Dosentelefon" sah. Die Analogie ist offensichtlich.

Besonders interessant finde ich, wie Konrad Zuse auf die Idee kam, einen Computer zu bauen. Seine Schulzeit bis zum Abitur 1928 verbrachte er in Hoyerswerda, in der Lausitz. Er war sehr beeindruckt von den großen Maschinen des Braunkohletagebaus, die er dort zu sehen bekam. Er bewunderte die Technik, die dem Menschen schwere körperliche Arbeit abnahm. Mit dem Stabilbaukasten baute er komplizierte Modelle dieser Maschinen. Auf einer seiner frühen Karikaturen sieht man den Schüler Zuse in seiner Bude sitzen, die Beine auf dem Tisch. Auf dem Bücherschrank vor ihm das riesige Modell eines Greiferkrans.

Zuse bekannte sich immer wieder dazu, langwierige Rechnerei zu verabscheuen. Bei den Henschel Flugzeug-Werken in Berlin erleichterte er sich die Rechnerei, indem er für immer wieder auftretende Rechenabläufe Formulare vorbereitete.

Als er 1935 als 25-Jähriger beschloss, Computer-erfinder zu werden, lagen die Analogien deutlich vor ihm: Er dachte an eine Maschine, die dem Menschen die langwierige und mühselige Kopfarbeit abnehmen sollte, genau so, wie die Maschinen in der Lausitz den Menschen von schwerer körperlicher Arbeit entlasteten.

Eine weitere Analogie betrifft seine Rechenformulare. Sie waren das Vorbild für die Programmierung der geplanten Maschine. Anstelle der Papierformulare nahm Zuse Lochstreifen zur Steuerung des Rechenablaufs. Die einzelnen Rechenschritte folgen aufeinander wie die Bilder in einem Filmprojektor. Das ist eine dritte Analogie. Sie wird augenfällig darin, dass Zuse als Material für seine Lochstreifen belichtetes Filmmaterial verwendete (Alex et al. 2000).

In seinen Lebenserinnerungen von 1984 schreibt Konrad Zuse über seine frühe Kindheit in Berlin: „In der Nähe des Bahnhofs Gleisdreieck lagen mehrere Eisenbahn- und Hochbahnbrücken übereinander. Ein Blick nach oben zu den sich überschneidenden Brücken und Bahnhofsanlagen ist mir bis heute im Gedächtnis." Vermutlich stammt daher nicht nur Zuses spätere Vorliebe für solche Motive in seiner Malerei, wie er schreibt. Die Möglichkeiten für Gleiswechsel hat große Ähnlichkeit mit der Auswahl von Informationspfaden in den Rechenmaschinen. Zuse selbst bezeichnete die entsprechenden Schaltungsblöcke als „Weichen". Das ist eine vierte Analogie, die bei der Erfindung des Computers vermutlich eine Rolle gespielt hat. Ich bin überzeugt davon, dass ein vertieftes Studium des Lebenswerks von Konrad Zuse weitere Analogien und Metaphern aufscheinen lässt.

Die Analogie-Heuristik spielt im Buch „Die Schule des Denkens" von Georg Pólya (1949) eine herausragende Rolle. Pólya meint: „Analogie durchzieht unser ganzes Denken, unsere Alltagssprache und unsere trivialen Schlüsse ebenso wie künstlerische Ausdrucksweisen und höchste wissenschaftliche Leistungen" (S. 52). In neuerer Zeit stellt eine kritische Strömung innerhalb der Wissenschaft von der künstlichen Intelligenz die grundlegende

Bedeutung der Analogien für das menschliche Denken heraus. Für David Gelernter (2016) beispielsweise bedeutet kreatives Problemlösen im Wesentlichen, neue Analogien zu entdecken und zu nutzen.

Sicherheit, ein Begriff im Wandel

Mitte des neunzehnten Jahrhunderts bekam der Mechaniker Elisha Otis aus New York den Auftrag, einen Aufzug zu konstruieren. Er kannte die Gefahr eines möglichen Seilrisses, der schon Opfer gefordert hatte, und suchte nach einer Lösung dieses Problems. Eine Schrift der Firma Otis stellt den Lösungsprozess so dar:

„Er stellte fest, dass eine Art Sicherheitsbremse notwendig war. Um den Personen und Lastentransport sicher zu machen, musste die Bremse in dem Moment, in dem das Seil riss, automatisch eingreifen. Otis experimentierte, indem er eine Wagenfeder über dem Fahrkorb anordnete. An den beiden Enden der Wagenfeder befestigte er jeweils einen nach außen gerichteten Bolzen. Dann installierte er gezahnte Führungsschienen zu beiden Seiten des Aufzugschachtes. Das Hubseil wurde mittig an der Wagenfeder befestigt. Durch das Gewicht des Aufzuges wurde die Wagenfeder gerade soviel gekrümmt, dass die Bolzen die gezahnten Führungsschienen nicht berührten. Riss das Seil jedoch, entspannte sich die Feder, die Bolzen schnellten nach außen und griffen blitzartig in die Zähne an den Führungsschienen. Der Fahrkorb wurde sicher an den Führungsschienen gehalten und ein Absturz zuverlässig verhindert. Es war 1853 – der erste absturzsichere Aufzug war erfunden."

Seit Beginn der Industrialisierung ist die Sicherheit von neuen Anlagen und Einrichtungen ein zentrales Thema.

Der erste Technische Überwachungsverein (TÜV) wurde
1866 gegründet – damals noch unter dem Namen
Dampfkessel-Überwachungsverein (DÜV). Heute sind die
TÜVs nicht nur für Dampfkessel zuständig, sondern auch
für hochkomplexe Anlagen wie Magnetschwebebahnen
und Kernkraftwerke.

Zu Beginn war „Sicherheit" ein rein qualitativer Begriff:
Etwas ist sicher oder eben nicht. Der Sicherheitsnach-
weis wurde auf eine Weise geführt, die wir heute Aus-
falleffektanalyse nennen. Vorherrschend ist dabei die
deterministische Betrachtungsweise: Für jede zu berück-
sichtigende Fehlerart der zu untersuchenden Anlage
werden die möglichen Konsequenzen erfasst und danach
beurteilt, ob Sicherheit gegeben ist und eine Gefährdung
ausgeschlossen werden kann. Wird das rundum bejaht, gilt
die Anlage als sicher.

Das ist eine Wenn-dann-Analyse. Sicherheit in diesem
Sinne heißt nicht, dass die Anlage immer ihre Funktion
erbringen muss. Im Sinne der Sicherheit genügt es,
wenn im Fehlerfall ein als sicher geltender Zustand ein-
genommen wird: Der Aufzug stoppt, der Zug hält, die
Anlage oder das Bauteil ist energielos.

Sicherheitsnachweise dieser Art beruhen auf verläss-
lichen physikalischen Wirkmechanismen wie Schwer- oder
Federkraft. Auch die Unterbrechung des Stromflusses
durch die elektrische Sicherung ist ein solcher.

Mit der Zeit wurden die Anlagen immer komplizierter
und die Wirkmechanismen vielfältiger. Schon der sichere
Zustand ist oft nicht mehr ohne Weiteres bestimmbar:
Auch im Fehlerfall muss das Flugzeug weiterfliegen. Ein
Kernkraftwerk lässt sich nicht einfach abschalten, denn
im Notfall muss die Nachwärme abgeführt werden, da es
sonst zur Kernschmelze kommen kann. Komplexe Software übernimmt Sicherheitsverantwortung.

Würde man Sicherheit nach wie vor mittels Ja-nein-Entscheidungen beurteilen, müssten wir auf moderne Techniken verzichten. Das will die Gesellschaft nicht; auch ein Verzicht auf Sicherheit wird nicht akzeptiert. Also muss der Anwendungsbereich des Sicherheitsbegriffs erweitert werden.

Heute wird Sicherheit quantifiziert (Grams 2003). Alle denkbaren Fehler- und Einflussmöglichkeiten werden berücksichtigt, ebenso die Bediener – Fahrzeugführer, Pilot oder Lokomotivführer – mit ihren Stärken und Schwächen. Eine probabilistische Zuverlässigkeitsanalyse liefert Wahrscheinlichkeiten für die resultierenden Systemzustände. Auf dieser Basis werden dann die Auswirkungen auf Mensch und Umwelt bestimmt. Das Ergebnis der Analyse ist der Schadenserwartungswert, auch *Risiko* genannt. Das Risiko für Personenschäden wird – je nach zeitlicher Bezugsgröße – als Todesfall- oder Verletzungsrisiko je Jahr, je Mission oder je Personenkilometer angegeben.

Wenn diese Größen unter bestimmten Grenzwerten liegen, gelten die bewerteten Systeme als sicher. Die Festlegung der Grenzwerte für die tolerierbaren Risiken ist eine gesamtgesellschaftliche Angelegenheit. Der Ingenieur wird sich an den unvermeidbaren Lebensrisiken orientieren und einen Grenzwert annehmen, der weit unterhalb des natürlichen jährlichen Sterberisikos liegt. Es gibt den Vorschlag, diesen Grenzwert auf 1/100.000 festzulegen.

Man sieht, dass bei diesem Maßstab der Individualverkehr mittels Pkw das Attribut „sicher" nicht verdient: Im Jahr kommen mehr als zweitausend Personen auf Deutschlands Straßen ums Leben. Bezogen auf 80 Mio. Einwohner ist das ein jährliches Todesfallrisiko von mehr als 2,5/100.000. Es liegt über dem genannten Grenzwert.

Offenbar wird das Risiko des Pkw-Verkehrs dennoch als akzeptabel angesehen. Demgegenüber würde ein derart hohes Risiko beim Flugverkehr nicht akzeptiert.

Um die mit den Verkehrsmitteln verbundenen Risiken besser miteinander vergleichen zu können, wird die Schadenserwartung nicht undifferenziert auf die Bevölkerung insgesamt bezogen, sondern nur auf die unmittelbar Betroffenen, und anstelle der Zeit wird die gefahrene Strecke als Bezugsgröße genommen. Eine Veröffentlichung des Statistischen Bundesamtes stellt für die fünf Jahre 2005 bis 2009 die Risiken verschiedener Verkehrsmittel dar. Angegeben wird jeweils die Zahl der Todesopfer je eine Milliarde Personenkilometer (Vorndran 2011).

Berichtet wird, dass das Flugzeug mit einem Tötungsrisiko von 0,003 Getöteten je eine Milliarde Personenkilometer am besten abschnitt. Bei Eisenbahnfahrten lag die entsprechende Zahl im Schnitt bei 0,04. Für die Fahrt mit der Straßenbahn ergab sich ein Wert von 0,16 und bei Bussen einer von 0,17. Am höchsten waren die Werte für die Personenkraftwagen. Das Risiko, im Auto tödlich zu verunglücken, war 16-mal höher als im Bus, 17-mal höher als in der Straßenbahn, 72-mal höher als in der Eisenbahn und 839-mal höher als im Flugzeug.

Der Sicherheitsbegriff hat sich seit Beginn der Industrialisierung grundlegend gewandelt: vom deterministischen Begriff zum probabilistischen. Anstelle des Sicherheitsnachweises auf der Grundlage logischer Verknüpfungen trat die probabilistische Risikoanalyse. Früher war ein Gerät für sich gesehen entweder sicher oder nicht. Heute gilt es als sicher, wenn die Risiken des Gebrauchs bestimmte von der Gesellschaft akzeptierte Grenzwerte nicht übersteigen.

Der Sicherheitsbegriff ist ein Beispiel dafür, dass Begriffsbestimmungen und die Klassifizierungen in

Bewegung sind. Die nächste Begriffsrevolution steht auch schon ins Haus: Bisher ließ sich die Risikoanalyse vorwiegend rein rational durchführen. Bis auf die Festsetzung der Grenzwerte spielten weltanschauliche Fragen und Fragen des Wertesystems keine herausragende Rolle. Mit der verbreiteten Nutzung der *künstlichen Intelligenz* wird sich das ändern.

Zum Beispiel: Heute reagiert der Autofahrer instinktiv, wenn ein Kind vor ihm auf die Fahrbahn rennt. Er hat keine Zeit für rationales Kalkül. Für ein selbstfahrendes Automobil ist eine Sekunde eine halbe Ewigkeit. Es muss eine Entscheidung treffen: das Kind überfahren oder auf den Bürgersteig ausweichen, wo gerade zwei ältere Menschen unterwegs sind? Der Programmierer wird nicht umhin können, dem Auto Wertmaßstäbe mitzugeben. Und dementsprechend ist dann der Sicherheitsbegriff weiter zu differenzieren.

Die Geschichte wäre nicht vollständig erzählt ohne den Hinweis, dass ein Begriffssystem keineswegs schlagartig durch ein neues abgelöst wird. So findet man auch in Zeiten der hochkomplexen Techniken neben der quantitativen die qualitative Betrachtungsweise. Deutlich wird das im Spiegel-Bericht über das Bahnunglück von Bad Aibling am 9. Februar 2016, bei dem elf Menschen ums Leben kamen: „Der eherne Sicherheitsstandard der Bahn lautet: Nur der gleichzeitige Ausfall zweier voneinander unabhängiger Techniken darf zu einem Unfall führen."

Das ist Denken in den Kategorien der qualitativen Sicherheit: Wenn eine Technik ausfällt, ist das System immer noch sicher. Das ist nachvollziehbar, kann aber nur die Basis weitergehender quantitativer Überlegungen sein.

Im Rahmen der Zuverlässigkeitsanalyse muss die Frage beantwortet werden, wie wahrscheinlich der Ausfall einer

bestimmten Technik ist. Angenommen, diese Wahrscheinlichkeit ist gleich 1/1000 für jeden Anforderungsfall. Das
wäre ein unerträglich großer Wert. Nach dem Sicherheitsstandard der Bahn ist eine Gefährdung erst gegeben, wenn
beide Techniken gleichzeitig ausfallen. Wenn das Ausfall-
geschehen in den beiden parallel eingesetzten Techniken
nachweislich unabhängig voneinander ist, darf man die
Ausfallwahrscheinlichkeiten für die beiden Techniken miteinander multiplizieren. Das ergibt die deutlich reduzierte
Wahrscheinlichkeit von 1/1.000.000 für den gefährlichen
Ausfall.

Die quantitative Analyse gibt Antworten auch für
den Fall, dass die Unabhängigkeit des Ausfallgeschehens
beider Techniken nicht gegeben ist. Insbesondere wird
berücksichtigt, dass die Ausfälle in beiden Systemen dieselbe Ursache haben können. Damit kommt man zu
realistischeren Einschätzungen der Wirksamkeit von
Redundanz.

Wenn Personen, die derartig verfeinerte Analysen
nicht verinnerlicht haben, über eine kritische Mission
entscheiden müssen, kann es zur Katastrophe kommen.
Das zeigt die Startentscheidung für das Space Shuttle
Challenger am 28. Januar 1986: Zentrales Thema am
Vortag des Starts waren die Dichtungsringe zwischen den
Segmenten der Feststoffraketen. Die erwartete Kälte am
Starttag könnte ihre Elastizität und damit ihre Dichtungs-
wirkung beeinträchtigen.

Die Diskussionen gipfelten darin, Ingenieure aus
dem Entscheidungsprozess herauszunehmen und den
Verantwortlichen zu raten, ihren „Ingenieurshut abzunehmen und stattdessen den Managerhut aufzusetzen"
(Vaughan 1996). Entscheidend für die letztendliche Startentscheidung war der Hinweis, dass man ja nicht nur
einen Dichtungsring (je Verbindung) habe, sondern noch

einen zweiten, der ein Austreten des gasförmigen Treibstoffs verhindern würde, falls der erste versage – ein rein qualitatives Argument also.

Dreiundsiebzig Sekunden nach dem Start verschwand die Challenger in einer riesigen Rauchwolke. Die Bruchstücke fielen in den Atlantik. Alle sieben Besatzungsmitglieder, darunter eine Lehrerin, starben.

Die Dichtungsringe versagten aufgrund der Kälte, und dieser waren beide Ringe ausgesetzt. Man hatte sich demnach auf eine Redundanz verlassen, die aufgrund der Umstände wirkungslos war.

Hier zum Schluss habe ich ein ernstes Thema angeschnitten, die Unfallforschung. Dabei habe ich nur einen Aspekt beleuchtet, nämlich inwiefern variierende Klassifizierungen und Verschiebungen der Begriffsbestimmungen zu Irrtümern und zu Fehlentscheidungen führen können. Wer tiefer gräbt, wird sich fragen, welche Rollen das Wissen, die Psyche, die Institutionen, die Machtverteilung spielen.

Nach Mary Douglas werden Klassifizierungen von den Institutionen gemacht. Diane Vaughan folgt in ihrem Bericht dieser Linie und zeigt, wie die soziale Wirklichkeit in Raumfahrtinstitutionen konstruiert wird und dass Banalitäten der Bürokratie ihren Teil zum Desaster beigetragen haben. Andere, Charles Perrow beispielsweise, sind mit dieser distanzierten Herangehensweise nicht einverstanden. Perrow stellt die Machtverteilung und die Interessenlagen der Beteiligten heraus und hebt hervor, welchem Druck die Beteiligten durch organisierte Macht ausgesetzt waren.

Das Challenger-Unglück gehört zu den am besten untersuchten Technik-Desastern. Experten verschiedener Fachgebiete haben sich angestrengt, die bestmöglichen Lehren daraus zu ziehen: Neben der Soziologin Diane Vaughan waren das die Physiker Richard Feynman (1991), der Soziologe Charles Perrow (1999) und, vom Standpunkt der sozialen Evolution, Robert Trivers (2011). Die Computer-Wissenschaftlerin Nancy Leveson (1995) stellte einen psychologischen Mechanismus heraus: die im Challenger-Programm grassierende *Complacency*, was soviel wie „Selbstzufriedenheit bei unbewusster Gefahr" bedeutet.

Trivers betonte die Rolle des Erfolgsdrucks, der auf der NASA seinerzeit lastete, und die Tatsache, dass sie, um Geld für die seinerzeit durch das Mondlandeunternehmen aufgeblähte Organisation zu bekommen, auch ziemlich fragwürdige und riskante Projekte vorantrieb. In der Folge der erfolgreichen PR-Aktionen musste geliefert werden, und es mussten Rechtfertigungen für Entscheidungen her, die eigentlich nicht zu rechtfertigen waren. Trivers sieht in der Organisation denselben Mechanismus am Werk wie bei den Individuen: Der Betrug an der Gesellschaft ist möglich, weil sich in der Organisation Selbstbetrug breit macht – so wie der Selbstbetrug dem Individuum hilft, andere besser zu betrügen.

Risiko ist nicht objektivierbar

Objektives Risiko

Die Welt ist immer besser geworden, und sie ist unbeirrbar auf dem Weg in eine noch rosigere Zukunft; das meinen Fortschrittsapologeten wie Steven Pinker, Michael Shermer und Hans Rosling. Lassen wir die Rosinenpickerei dieser Leute einmal beiseite. Konzentrieren wir uns auf den von Rosling propagierten Risikokalkül (2018).

Rosling unterscheidet das *wahrgenommene* vom *realen* Risiko und empfiehlt, Letzteres zum Maßstab von Entscheidungen zu machen. Es ist das sogenannte *objektive*

Risiko, und das ist definiert als Schadenserwartungswert im rein mathematischen Sinn. Im einfachsten Fall ist dieses objektive Risiko gegeben durch die folgende Formel.

Risiko = Schadenshöhe × Eintrittswahrscheinlichkeit.

Unter Maßgabe des objektiven Risikos ließe sich alles, was uns irgendwie ängstigt, richtig einordnen, und wir brauchten uns nicht mehr allzu sehr vor Terrorismus, Pflanzengiften, Radioaktivität usw. zu fürchten, schreibt Rosling im vierten Kapitel seines Buches Factfulness, in dem es um unseren Angstinstinkt geht (2018). Unsere Ängste sind tatsächlich oft weit übertrieben, und manch wirklich Bedrohliches nehmen wir nonchalant hin.

Rosling rät zur „faktenbasierte Weltsicht"; diese bräuchten wir, um die Welt, so wie sie ist, gut zu finden.

Das Individuum mit seinen subjektiven Gefahreneinschätzungen und seinen Launen tritt so gesehen in den Hintergrund. Vorn steht der Kalkül des objektiven Risikos als ideales Vehikel einer für jedermann verbindlichen Weltsicht. Er könnte helfen, die Gefahren um uns herum in die richtige Reihenfolge zu bringen, sodass wir uns mit Elan den größeren Gefahren zuwenden können, anstatt uns unablässig vor medial hochgepushten Kalamitäten zu ängstigen.

Wenn von „richtiger Reihenfolge" die Rede ist, dann lese ich das so: Es gibt eine richtige und von allen rational entscheidenden Menschen zu akzeptierende Rangfolge der Gefahren. Leider ist diese Prämisse unhaltbar, ebenso wie die Lehre vom objektiven Risiko als allgemein verbindlicher Maßgabe der Gefahrenbewertung.

Subjektive Risikobewertung ist rational

Menschen haben Wünsche. Manches steht ganz oben auf der Wunschliste, anderes eher unten. Es hängt von den persönlichen Lebensumständen und von den Wertvorstellungen jedes Einzelnen ab, welches Hochgefühl die Erfüllung eines Wunsches bewirkt. Ich entwickle die Gedanken dazu an der fiktiven Gestalt „Horst".

Horst hat eine Rangordnung seiner Wünsche erstellt. Ganz oben steht der Erwerb einer Eigentumswohnung. Bei einem „warmen Regen" von 100.000 € wäre dieser Wunsch erfüllbar. Horst misst den hunderttausend Euro einen subjektiven Nutzen von 100 % zu: hundertprozentiges Hochgefühl bei einem Lottogewinn von hunderttausend Euro.

Aber auch die Hälfte davon wäre nicht übel. Die Eigentumswohnung wäre auch bei einem Gewinn von 50.000 € noch erschwinglich. Durch den Schuldendienst müssten andere, weniger dringliche Wünsche zurückgestellt werden. Er kommt zu der Überzeugung, dass das Hochgefühl nicht mit nur 50 %, sondern mit etwa 80 % zu veranschlagen wäre. Bei einem Gewinn von 25.000 € läge – verglichen mit dem vollen Gewinn von 100.000 € – sein Hochgefühl immer noch deutlich über 50 %.

Horst ist Mathematiker; nach einigem Hin und Her findet er eine Funktion, die sein Hochgefühl in Abhängigkeit vom Betrag wiedergibt, seine persönliche *Nutzenfunktion u(x)*.

Horst sagt sich: „Mein Hochgefühl hängt womöglich logarithmisch vom gewonnenen Betrag x ab. Bereits im 18. Jahrhundert hat Daniel Bernoulli einen solchen Ansatz gemacht. Die Nutzenfunktion $u(x)$ stellt den subjektiven Nutzen in Abhängigkeit vom Betrag x dar. Zumindest für größere fünfstellige Beträge passt der Logarithmus. Bei kleinen Beträgen bin ich mir nicht so sicher: Zwei Euro sind mir doch tatsächlich doppelt so viel wert wie ein Euro. Also korrigiere ich die Formel, sodass für höhere Beträge näherungsweise das logarithmische und für kleinere näherungsweise das lineare Nutzengesetz gilt. Mit dem Ansatz $u(x) = c \cdot \ln(1 + x/x_0)$ mit den positiven Parametern c und x_0 kann ich meine Empfindungen recht genau wiedergeben. Es handelt sich um eine Funktion mit von links nach rechts abnehmender Steigung. Der „Wohlstandsparameter" x_0 muss in der Übergangszone zwischen den Gültigkeitsbereichen des linearen und des logarithmischen Nutzengesetzes liegen. Ein plausibler Wert angesichts meiner Präferenzen ist 5000 €. Der Parameter c ist für die Präferenzordnung unerheblich und gestattet mir, den Endpunkt der Kurve auf 100 % zu legen."

Diese Kurve für Horst ist in der Grafik wiedergegeben. Die *Nutzenfunktion* hängt linear vom Gewinn x ab, solange sich die Beträge im Rahmen des normalen Budgets halten. Darüber geht sie in den logarithmischen Verlauf über (Abb. 10.1).

Nehmen wir an, Horst bekommt die Gelegenheit, an der Börse oder sonst wo, auf einen Gewinn von 100.000 €

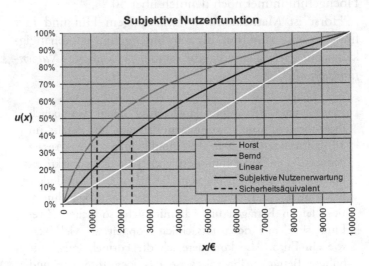

Abb. 10.1   Subjektive Risiko- bzw. Nutzenbewertung

zu wetten, bei einer Gewinnchance von 40 %. Wie viel wäre ihm eine solche Wette wert?

Seine Nutzenkurve zeigt 40-prozentigen Nutzen bei 12.000 €. Das ist für ihn das *Sicherheitsäquivalent* der Wette. Höchstens diesen Betrag wird Horst für die Teilnahme an der Wette bereitwillig einsetzen. Horsts Nachbar Bernd ist wohlhabender; sein „Wohlstandsparameter" ist sechsmal größer und liegt bei 30.000 €. Daraus folgt ein höheres Sicherheitsäquivalent von 24.000 €.

Zur Rangfolge der Alternativen: Horst würde für 20.000 € die Wette nicht eingehen, Bernd dagegen schon. Ihre Präferenzen unterscheiden sich merkbar.

Die bauchigen Kurven oberhalb der linearen stehen für *Risikoaversion*. Sie besagt: Der Spatz in der Hand ist mir lieber als die Taube auf dem Dach.

Für die subjektive Schadensfunktion übernehmen wir die Form der Nutzenfunktion. Ein deterministischer Schaden, beispielsweise der Zeitverlust durch Verzicht aufs Überholen auf einer Landstraße, wird gegenüber dem zufälligen Schaden eines möglichen Unfalls überbewertet. In der Schadensbetrachtung sind wir also *risikofreudig:* Wir überholen, auch wenn der Zeitgewinn nur marginal und der mögliche Schaden riesig ist.

Sowohl bei der Beurteilung von möglichen Schäden als auch beim Nutzenkalkül gibt es bei den hier gewählten Nutzen- und Schadensfunktionen eine *Tendenz zur Überbewertung der Gewissheit.* Diese Tendenz hat den Rang eines allgemeinen psychologischen Prinzips: Ein fester Nutzen wird gegenüber dem zufälligen präferiert, und ein zufälliger Schaden erscheint uns gegenüber festen Kosten erträglicher – immer bei gleichem objektivem Risiko. Es kommt auf den Denkrahmen an, innerhalb dessen eine Entscheidung fallen muss. Von diesem Framing-Effekt war bereits die Rede. Wer mehr darüber erfahren will, sollte sich den Werken von Daniel Kahneman (2011) und Richard Thaler (2008/2009) zuwenden.

Beispiel: Impfgegner kontra Impfpflicht

Impfung gegen Masern ist Pflicht, jedenfalls für Kinder vor der Aufnahme in eine Gemeinschaftseinrichtung wie Kita oder Schule. Nicht jedem gefällt das. Es gibt

- grundsätzlich Misstrauische, die überall Verschwörungen vermuten,
- Anhänger der Naturmedizin, die Impfung als unnatürlich verurteilen und ablehnen,
- gewisse Gottgläubige, die es ablehnen, mit Impfungen Gott ins Handwerk zu pfuschen,
- diejenigen, die sich auf anekdotische Evidenz verlassen („Meine Tochter ist nicht geimpft worden, und jedes Mal, wenn wir alle krank werden, ist sie die einzige, die nichts hat"),
- Leute, die den einfachen Regeln des Volkswissens vertrauen („Das Immunsystem funktioniert nur durch Kennenlernen").

(Die Zitate stammen aus den Kommentaren zu einem ZEIT-Artikel von 2015).

Der Impfpiks kommt gewiss, eine dadurch abzuwehrende schwere Erkrankung demgegenüber mit nur geringer Wahrscheinlichkeit. Die Tendenz zur Überbewertung der Gewissheit rät dazu, von der Impfung Abstand zu nehmen. Aber das ist sehr kurz gedacht.

Es ist sinnvoll, zunächst einen Blick in die Statistik und auf die Fakten zu werfen. Das verhilft uns dann zwar nicht zu einer allgemeinverbindlichen und von jedermann zu akzeptierenden Weltsicht, aber es hilft uns, unseren persönlichen „Angstmaßstab" zu justieren.

Was sind die Fakten? Auch wer den „klassischen Gatekeepern" (Pörksen) in Presse, Funk und Fernsehen misstraut und den Internetforen allemal, kann sich schlau machen. Er geht zu den Datenquellen und wendet ein wenig Dreisatzrechnung an. Im Falle des Hin und Her zur Masernschutzimpfung kann jedermann die Daten des Robert Koch-Instituts (RKI) und des Paul-Ehrlich-Instituts (PEI) heranziehen. Sollte er auch diesen Quellen misstrauen, ist er ziemlich verloren, und es bleibt ihm letztlich nur Kaffeesatzleserei.

Die *Impfquote bei Schuleingangsuntersuchungen* liegt seit Jahrzehnten bei 90 % (Epidemiologisches Bulletin, 4. Januar 2018/Nr. 1). Von den etwa 80 Mio. Einwohnern Deutschlands sind demnach etwa 72 Mio. gegen Masern geimpft. Die Impfung einschließlich Folgeimpfung findet nur einmal in einem im Mittel 80 Jahre langen Leben statt. So kommt man – grob geschätzt – auf etwa 900.000 Masernschutzimpfungen pro Jahr; es können aber auch gerade einmal 700.000 sein.

Die Zahl der anerkannten Impfschäden sinkt kontinuierlich (Meyer et al. 2002). Im Jahr 1999 waren es 21. Über einen größeren Beobachtungszeitraum (1972–1999) gemittelt, gehen 1,1 % der anerkannten Impfschäden auf die Impfungen gegen Masern und die Kombinationsimpfungen gegen Mumps, Masern und Röteln zurück. Schon derartig grobe Abschätzungen lassen darauf schließen, dass einer Million Masernimpfungen schlimmstenfalls ein anerkannter schwerer Impfschaden zuzurechnen ist.

Andererseits weiß man um die Gefahren, die dem nicht Geimpften drohen: Nach Angaben der WHO liegt in entwickelten Ländern die Letalität der Masern zwischen 0,05 % und 0,1 %.

Soweit sind das Daten. Inwieweit sie Fakten abbilden, kann dem einen oder anderen zweifelhaft erscheinen.

Wer sie anerkennt, muss diese Fakten noch irgendwie in seine Weltsicht einpassen. Und da fangen die eigentlichen Schwierigkeiten an.

Selbst wenn er alle irrationalen Elemente eliminieren könnte, wäre er noch lange nicht beim *objektiven Risiko* als Grundlage aller rationalen Entscheidungen angekommen. Bereits unser Beispiel von der Impfgegnerschaft zeigt ein paar Hindernisse, die dem entgegenstehen.

Aufgrund der Impfrate von 90 % sind die Masern in Deutschland sehr selten und Nichtgeimpfte durch die Geimpften weitgehend geschützt. Das verringert die Wahrscheinlichkeit für Erkrankung der Ungeimpften. Impfverweigerung kann also durchaus eine rationale persönliche Entscheidung sein. Ulrich Berger von der Wirtschaftsuniversität Wien hat mich darauf hingewiesen, dass dieser Abwägungsprozess in vollem Gange ist – in Fachkreisen, abseits der öffentlichen Aufmerksamkeit (Matysiak-Klose et al. 2016).

Die Erhöhung der Impfrate lässt sich über das erwartbare zukünftige Gemeinwohl rechtfertigen: Herdenschutz oder gar Ausrottung der Masern. Mit dem Vorwurf der Trittbrettfahrerei gegenüber den Impfverweigerern wäre ich dennoch vorsichtig. Wir betreten hier das Feld der Moral und der Wertvorstellungen, und da reicht die objektive Risikobewertung nicht hin. Der persönliche und gesellschaftliche Nutzen einer Impfpflicht gegen Masern beispielsweise ist gegen die Grundrechte des Einzelnen auf Würde, auf freie Entfaltung der Persönlichkeit und auf körperliche Unversehrtheit abzuwägen. Solange nicht-repressive Maßnahmen zur Erhöhung der Impfquote nicht ausgeschöpft sind, gibt es keine guten Gründe für Zwangsmaßnahmen.

11

Das System der Denkfallen

> *Logik macht das Leben leichter.*
> (Marlene Dietrich im Interview,
> Der Spiegel 25/1991)

Übergeordnete Prinzipien

Das Scheinwerfer- und das Sparsamkeitsprinzip ergeben
sich aus der Notwendigkeit, mit begrenzten mentalen
Ressourcen (Gedächtnis und Verarbeitungsfähigkeit)
zurechtzukommen. Sie stecken hinter allen Denkfallen
und sind in diesem Sinne übergeordnet.

Scheinwerferprinzip

Aus dem riesigen Informationsangebot der Außenwelt
werden nur relativ kleine Portionen ausgewählt und

© Springer-Verlag GmbH Deutschland, ein Teil von Springer
Nature 2020
T. Grams, *Klüger irren – Denkfallen vermeiden mit System*,
https://doi.org/10.1007/978-3-662-61103-6_11

bewusst verarbeitet. Es gibt einen *Engpass der Wahr-nehmung.* Der von den Sinnesorganen erfasste Informationsfluss, selbst nur ein winziger Ausschnitt aus der Menge der auf uns treffenden Signale, ist viele Millionen mal größer als das, was wir wahrnehmen; das Allermeiste entgeht uns. Die Auswahl und Filterung der Information hängt von der Ausrichtung des „Scheinwerfers der Aufmerksamkeit" ab. Popper spricht vom *Scheinwerfer-modell der Erkenntnis:* „Wir erfahren ja erst aus den Hypo-thesen, für welche Beobachtungen wir uns interessieren sollen, welche Beobachtungen wir machen sollen." (Popper 1973, S. 369 ff.) Eine häufige Ursache für Bedienfehler (beim Autofahren beispielsweise) ist die *Gefangennahme der Aufmerksamkeit:* Wir werden abgelenkt und richten dadurch den Scheinwerfer der Aufmerksamkeit falsch aus.

Sparsamkeitsprinzip

Das Sparsamkeits- oder Ökonomieprinzip besagt, dass Arten und Individuen, die ökonomisch mit den Ressourcen umgehen, Vorteile im Konkurrenzkampf haben. Verschwender machen sich das Leben schwer. Die Auslese sorgt dafür, dass die effizienten Individuen übrig bleiben, das sind die, die ihre Zwecke mit geringstmög-lichem Mitteleinsatz erreichen.

„Die angeborene Information des Auslösemechanismus ist so einfach kodiert, wie dies nur möglich ist, ohne ein Ansprechen auf eine andere als die biologisch adäquate Situation wahrscheinlich zu machen" (Lorenz 1973, S. 78). Wir haben einen „angeborenen Hang zur ein-fachsten Lösung" (Riedl 1981, S. 143).

Karl R. Popper wendet das Ökonomieprinzip nicht direkt auf die Erkenntnis selbst an, sondern auf deren Prüfbarkeit: „Einfachere Sätze sind (wenn wir ‚erkennen' wollen) deshalb höher zu werten als weniger einfache, weil sie *mehr sagen,* weil ihr empirischer Gehalt größer ist, weil sie besser prüfbar sind." (Popper 1982, S. 103)

Bei übertriebener Anwendung des Sparsamkeitsprinzips können wir *Wesentliches übersehen.* Wir denken zu einfach. Das Paradoxon von Braess führt uns das vor Augen.

Die angeborenen Lehrmeister

Strukturerwartung

Alles Leben geht augenscheinlich von der Hypothese eines objektiv existierenden Kosmos aus, der „von Recht und Ordnung zusammengehalten" wird, wie oft zu lesen ist. Diese *Strukturerwartung* hat sich im Laufe der Evolution als Erfolgsrezept erwiesen. Die Strukturerwartung wirkt sich bei in der optischen Wahrnehmung als *Prägnanztendenz* aus. Das ist die *Sinnsuche des Wahrnehmungsapparats.* Die Gestaltgesetze beschreiben einige der Effekte, die auf die Prägnanztendenz zurückgehen (Goldstein 1997, S. 168 ff.). Besonders eindrucksvoll ist der Effekt der *Kontrastbetonung* in der optischen Wahrnehmung. Er spielt auch auf höheren kognitiven Ebenen eine wesentliche Rolle. Strukturerwartung und Prägnanztendenz schießen zuweilen über das Ziel hinaus; dann kommt es zur *Überschätzung des Ordnungsgehalts* der Dinge.

Kausalitätserwartung

Eindimensionales Ursache-Wirkungs-Denken

Die „Hypothese von der Ursache" enthält die „Erwartung, dass Gleiches dieselbe Ursache haben werde. Dies ist zunächst nicht mehr als ein Urteil im Voraus. Aber dieses Vorurteil bewährt sich [...] in einem derartigen Übermaß an Fällen, dass es jedem im Prinzipe andersartigen Urteil oder dem Urteils-Verzicht überlegen ist" (Riedl 1981, S. 140). Verhängnisvoll wird das Prinzip bei ausschließlich *eindimensionalem Ursache-Wirkungs-Denken* (Linear Cause-Effect Thinking) und wenn wir die Vernetzung der Ursachen und die Nebenwirkungen unserer Handlungen außer Acht lassen (Dörner 1989, S. 54). Die vom Menschen verursachten Umweltprobleme zeugen davon.

Meist wird nach einem Flugzeug-, Bahn-, Schiffsunglück oder einem Kernkraftwerksunfall der Pilot, der Lokführer, der Kapitän oder der Operateur als Schuldiger präsentiert. „Menschliches Versagen" heißt es dann, obwohl wir besser von einer *Fehlanpassung* zwischen Mensch und Maschine reden und von einer Vielzahl von Ursachen ausgehen sollten.

Die Kausalitätserwartung verhindert manchmal nicht nur das Auffinden der wahren Ursache, weil wir meinen, die Ursache bereits gefunden zu haben; sie bewirkt auch, dass wir Ursachen sehen, wo gar keine zu finden sind. Dies dürfte wohl eine der häufigsten Ursachen der Fehlinterpretation von Statistiken sein.

Die Szenario-Falle

Weil wir uns zusammenhängende Geschichten leichter merken können, verbindet unser Denkapparat fast zwangsläufig, und ohne dass der Vorgang in unser Bewusstsein tritt, Einzelfakten zu Szenarios, zu Geschichten, in denen diese Fakten – wie in einem guten Drehbuch – kausal geordnet erscheinen. Wir tun das auch dann, wenn es diese Zusammenhänge gar nicht gibt oder wenn uns die tatsächlichen Zusammenhänge verborgen bleiben. Gerade wenn wir nur wenige Fakten kennen, ist die Sinnsuche besonders einfach: Wir (er)finden leicht Geschichten, die zu den Fakten passen; und der Mangel an störenden Diskrepanzen lullt uns ein. Das imaginierte stimmige Weltbild sorgt für Wohlbehagen und wird für uns zur Realität.

Und das geht zuweilen gründlich daneben: Vorstellung und Wirklichkeit weichen in wesentlichen Punkten voneinander ab. Dann sind wir in der *Szenario-Falle* gelandet. Von dieser Falle gibt es zwei wesentliche Spielarten.

Da ist erstens der *Erinnerungsirrtum* (Hindsight Bias): Wir verbinden einzelne Erinnerungsbruchstücke zu stimmigen Geschichten. Diese Geschichten erfinden wir so, dass unser Selbstbild keine unangenehmen Störungen erfährt. Die Geschichten passen sich neuen Erkenntnissen an und erzeugen die tröstliche Illusion, es „ja schon immer gewusst" zu haben. Der Erinnerungsirrtum ist es auch, der zum Leidwesen der Rechtsuchenden die Wahrheitsfindung in Gerichtsverfahren so schwer, wenn nicht gar unmöglich, macht. In den letzten Jahren mussten einige Gerichtsverfahren, die den Kindesmissbrauch zum Gegenstand hatten, neu aufgerollt werden, weil die Ersturteile offensichtlich auf Erinnerungsirrtümern der Zeugen beruhten (Steller 2015).

Spiegelbildlich dazu gibt es den *Prognoseirrtum*. Er beruht darauf, dass wir uns zukünftige Entwicklungen auf der Basis vorhandener Daten und Statistiken vorzugsweise als Szenarien vorstellen. Und das ist eine Reduktion der denkbaren Möglichkeiten, die eher einem weit verzweigten Baum ähneln. Diese Einengung auf scheinbar stimmige Abläufe ist es, die dem Zukunftsforscher ein großes Publikum beschert. Und diese Forscher berichten – zunftgemäß – am liebsten über die von ihnen imaginierte Zukunft und weniger gern darüber, dass ihre früheren Prognosen kaum einmal Wirklichkeit geworden sind.

Eine besondere Spielart des Prognoseirrtums tritt bei der Konzeption psychologischer Tests auf. Nehmen wir als Beispiel Tests, die das Verhalten von Experten in komplexen Entscheidungssituationen erfassen sollen. Das funktioniert so: In einer Simulationsumgebung – einer Nachbildung des Leitstands eines Großkraftwerks beispielsweise – wird den Versuchspersonen ein Störungsszenario eingespielt. Die Versuchspersonen erfahren vom Anlagenzustand nur das, was die Mess- und Anzeigeinstrumente ihnen an Information anbieten. Und aufgrund dieser reduzierten Information müssen sie Entscheidungen treffen und gegebenenfalls Notfallmaßnahmen einleiten. Sinn des Tests ist es, die Ursachen von Fehlentscheidungen aufzudecken und Abhilfemaßnahmen zu definieren. Diesen Tests haftet ein grundsätzlicher Mangel an: Zu den erfassten und im Leitstand sichtbaren Informationen passen meist mehrere denkbare Szenarien. Nehmen wir einmal an, dass ein unwahrscheinliches Szenario eingespielt wird und dass eine Versuchsperson auf der Grundlage eines eher wahrscheinlichen, aber ebenfalls passenden, Szenarios entscheidet. Dann wird ihre eigentlich vernünftige Entscheidung als falsch eingestuft.

Die Anlage zur Induktion

Unsere Anlage zur Induktion, also unser Hang zu Erweiterungsschlüssen, arbeitet nach folgendem Argumentationsmuster: Wenn sich aus der Theorie (Hypothese) H ein Ereignis E vorhersagen lässt, und wenn gleichzeitig das Ereignis E aufgrund des bisherigen Wissens recht unwahrscheinlich ist, dann wird die Theorie H aufgrund einer Beobachtung des Ereignisses E glaubwürdiger. Kurz: Aus „H impliziert E" und „E ist wahr" folgt „H wird glaubwürdiger". Diese Art des plausiblen Schließens zusammen mit dem linearen Ursache-Wirkungs-Denken (Kausalitätserwartung) macht generalisierende Aussagen überhaupt erst möglich. So kommen wir zu wissenschaftlichen Hypothesen und schließlich Theorien.

Plausibles statt logisches Schließen

Wir tendieren dazu, Induktionsschlüsse mit größerer Bestimmtheit anzureichern und wie logische Schlussfolgerungen zu interpretieren. Wir unterscheiden nicht konsequent genug zwischen „Aus H folgt E" und „Aus E folgt H".

Der Unfall von Three Mile Island wurde auch aufgrund eines solchen Fehlschlusses möglich: Ein kleines Leck im Kühlmittelkreislauf des Kernkraftwerks wurde – entgegen der Vorschrift – von der Bedienmannschaft über lange Zeit akzeptiert. Der Kühlmittelverlust an sich war harmlos, aber eine bedeutende Nebenwirkung wurde übersehen: Ein schwerwiegender Kühlmittelverlust war vom laufenden Kühlmittelverlust nicht mehr klar zu unterscheiden und wurde dadurch verdeckt. Der nahe liegende Rückschluss vom Kühlmittelverlust auf das kleine Leck war verhängnisvoll. Einen ganz ähnlichen Fehlschluss – diesmal im Bereich der statistischen Aussagen – offenbart die Harvard-Medical-School-Studie.

Fehler bei der Hypothesenbildung und -abschätzung

Haben wir eine halbwegs schlüssige Hypothese über die möglichen Ursachen unserer Beobachtungen gefunden, neigen wir dazu, diese Hypothese als einzig mögliche Erklärung der beobachteten Effekte anzusehen und die Suche nach konkurrierenden Hypothesen abzubrechen.

Voreilige Hypothesen und *Ad-hoc-Theorien* entfalten eine gewisse Beharrlichkeit: Einmal gefasst, geben wir sie ungern auf. Dies bereitet uns Schwierigkeiten, beispielsweise wenn wir eine Diagnoseaufgabe vor uns haben und voreilige Annahmen über die Fehlermechanismen das Aufdecken der eigentlichen Fehlerursache verhindern (Grams 1990, S. 51).

Es hat sich herausgestellt, dass diagnoseunterstützende Systeme – in Kraftwerksleitwarten beispielsweise – durch optische Reize das Einfrieren von hinderlichen Vor-Urteilen begünstigen können: „Generally, it was found that pattern matching displays reduce detection time with the disadvantage that subjects may draw hasty conclusions" (Elzer et al. 2000, S. 87). Die Untersuchung dieser Fehlermechanismen mittels psychologischer Experimente ist besonders schwer, weil bereits die Experimentatoren in die Denkfalle tappen können und Gefahr laufen, die Versuchsszenarios zu eng zu fassen.

Ein beliebtes Mittel zur Schaffung und Untermauerung von Vorurteilen sind Statistiken.

Da wir Sicherheit suchen, drängen wir auf die Bestätigung unserer Vorurteile, und weniger auf deren Widerlegung. Damit einher geht unsere Neigung zur *Überbewertung bestätigender Information* (Confirmation Bias). Auch auf höherer kognitiver Ebene gibt es also eine Art Scheinwerferprinzip und eine darauf zurückzuführende Blickverengung.

Heuristiken erlauben es uns, schnelle Abschätzungen über Hypothesen und deren Wahrscheinlichkeiten zu machen. Aber es kommt dabei auch zu Irrtümern (Tversky und Kahneman 1974). Bei der *Verfügbarkeitsheuristik* passiert Folgendes: Das leicht Erinnerbare wird als wahrscheinlicher eingeschätzt als das, worauf man nicht so schnell kommt. Englischsprachigen Versuchspersonen wurde beispielsweise die folgende Frage gestellt: Welche der wenigstens drei Buchstaben langen Wörter sind häufiger? Solche, die mit einem r beginnen (wie road), oder jene, die ein r an dritter Stelle haben (wie car)? Da es leichter ist, nach Wörtern mit gegebenem Anfangsbuchstaben zu suchen als nach solchen mit einem bestimmten Buchstaben an dritter Stelle, kommt man auf mehr Wörter mit einem r am Anfang. Entsprechend antwortete die Mehrheit der Befragten. Aber: Das Gegenteil ist richtig.

Bei einem psychologischen Experiment erhielten die Versuchspersonen eine Personenbeschreibung von *Linda* („Sie ist 31 Jahre alt, alleinstehend, geradeheraus und gewitzt. Im Hauptfach studierte sie Philosophie. Als Studentin befasste sie sich mit den Themen Diskriminierung und soziale Gerechtigkeit, und sie nahm an Demonstrationen der Atomgegner teil.") Anschließend wurden die Versuchspersonen gefragt, welche der Aussagen über Linda wahrscheinlich eher zutreffe, nämlich „Linda ist Bankangestellte" (B) oder „Linda ist Bankangestellte und aktive Feministin" (B&F). Erstaunlicherweise wählten 87 % der Befragten die zweite Aussage (B&F). Das widerspricht den Gesetzen der Logik, nach denen die Wahrscheinlichkeit der Konjunktion zweier Aussagen (B&F) nicht größer als die Wahrscheinlichkeit einer Teilaussage (B) sein kann.

Als Ursache des Fehlurteils wird die *Repräsentativitätsheuristik* gesehen: Die Wahrscheinlichkeit für die Zugehörigkeit zu einer Personengruppe wird abgeschätzt durch den Grad, in dem Linda *repräsentativ* für die Personengruppe ist (Kahneman et al. 1982, S. 90 ff.). Etwas verkürzt ausgedrückt: Hier wird in eine Merkmalsbeschreibung mehr hineininterpretiert, als sie eigentlich hergibt.

Der *Verankerungseffekt* kommt darin zum Ausdruck, dass wir uns schwer von einmal getroffenen Bewertungen und Anfangsschätzungen lösen.

Neugier- und Sicherheitstrieb

Riskante Manöver gibt es nicht nur beim Betrieb von Anlagen und Systemen mit sehr hohen Gefährdungspotenzialen. Auch im Alltagsleben kennen wir sie: Bei Überholvorgängen im Straßenverkehr kommt es oft zu einer hohen Gefährdung des eigenen Lebens und des Lebens anderer. Dem steht meist ein recht bescheidener Nutzen, ein geringfügiger Zeitgewinn, gegenüber. Wie alle unsere Schwächen, so ist auch unser Risikoverhalten nur die Kehrseite einer an sich nützlichen Verhaltensweise: „Exploration ist die Triebhandlung des Sicherheitstriebes, also die mit Anstrengung verbundene Umwandlung der Unsicherheit in Sicherheit" (von Cube 1995, S. 76).

Exploration ist stets mit Risiken verbunden. Wir müssen Risiken eingehen, um uns die Welt vertraut zu machen, und um noch größerer Risiken zu vermeiden. Gefahr droht also dann, wenn wir keine Risiken eingehen wollen, aber auch dann, wenn wir Risiken unterschätzen.

Angstvermeidung

Angst ist ein Auslöser von Problemlösungs- und Lernvorgängen. Sie spielt eine wichtige Rolle für die Hirnentwicklung (Hüther 2005): Ausweglos erscheinende Problemlagen erfüllen uns mit Angst. Die Angst löst Stressreaktionen aus, die mit einer Erhöhung der Plastizität des Gehirns einhergehen. Positive *Angstbewältigung* verlangt nach Problemlösungsstrategien. Bei erfolgreicher Problemlösung verschwindet die Angst, und es kommt zu Glücksempfindungen, die dem Lernen förderlich sind. Die entsprechenden Denkbahnen werden vertieft oder neu angelegt. Wir fühlen uns wieder sicher.

Eine Alternative zur Angstbewältigung ist die *Angstvermeidung*. Beispiel dafür ist der Glaube an die Macht der Sterne, an Schutzengel oder Talismane: „Angst hat eine lebenserhaltende Funktion. [...] Angstvermeidung im Sinne der Auslieferung an eine nichtbewältigbare Unsicherheit ist ein [...] schwerwiegender Risikofaktor" (von Cube 1995, S. 56).

Complacency

Complacency bedeutet soviel wie „Selbstzufriedenheit bei unbewusster Gefahr" („Self-satisfaction accompanied by unawareness of actual dangers or deficiencies", Webster's Dictionary). Unter diesem Begriff fasst Nancy Leveson (1995, S. 54–68) ein ganzes Bündel von möglichen Unfallursachen zusammen: Unterschätzen von Risiken, übermäßiges Vertrauen in technische Maßnahmen wie Redundanztechniken, *Ignorieren von Warnungen, Vernachlässigung von Ereignissen* mit möglicherweise großen Folgen, aber geringen Wahrscheinlichkeiten (Risikoakzeptanz). Mögliche Ursachen sind: *Sicherheitserfahrung* („Es ist ja noch nichts passiert"), *übersteigertes Selbstvertrauen, Überheblichkeit* und *Arglosigkeit*.

Langeweile und die „Ironie der Automatisierung"

Von Lisanne Bainbridge stammt der Begriff „Ironie der Automatisierung" (Reason 1994, S. 224): Ein weitgehend automatisiertes System nimmt dem Bediener Gelegenheiten zum Einüben der im Ernstfall wichtigen Fertigkeiten. Der Gewinn, den die Automatisierung verspricht, wird durch das zusätzlich erforderliche Operator-Training teilweise wieder aufgebraucht. Nancy Leveson (1995, S. 118) stellt den folgenden Zusammenhang her:

„Tasks that require little active operator behavior may result in lowered alertness and vigilance and can lead to complacency and overreliance on automated systems".

Felix von Cube (1995, S. 75) sieht die Langeweile als Ursache des Übels: „Dadurch, dass der Unterforderte seine Aufmerksamkeit nicht oder nur zum geringen Teil für seine Arbeit einzusetzen braucht, richtet er sie auf andere Bereiche. So wird sie unter Umständen ganz von der Arbeit abgezogen, es kommt zu gefährlichen Situationen." Für Thomas B. Sheridan wird der Mensch in die Rolle des Kontrolleurs abgedrängt, und in genau dieser Rolle sei er nicht besonders gut (Elzer et al. 2000, S. 1).

Lust auf Risiko und Risikoakzeptanz

Bei gleichem objektiven Risiko wird der sicher eintretende Schaden als bedrohlicher angesehen als ein zufälliger Schaden. Beispielsweise nehmen wir beim Überholen auf einer Landstraße – zur Vermeidung eines oft nur geringfügigen Zeitverlusts – das Risiko des Überholens auf uns. Dies ist Ausdruck eines allgemeinen psychologischen Prinzips, nämlich der immer wieder zu beobachtenden *Tendenz zur Überbewertung der Gewissheit* (Overweighting of Certainty; Kahneman und Tversky 1979).

Risikoakzeptanz entsteht, wenn die Gefahr *bekannt* ist, das Risiko *freiwillig* eingegangen wird und das Risiko *beeinflussbar* zu sein scheint (Renn und Zwick 1997, S. 87–100).

Modellvorstellungen vom Denken

Die vorliegende Taxonomie, das System der Denkfallen, ist Ergebnis einer evolutionsbiologischen Sichtweise: Scheinwerfer- und Sparsamkeitsprinzip ergeben sich aus dem Zwang, die verfügbaren Ressourcen im Konkurrenzkampf möglichst effizient zu nutzen. Die angeborenen Lehrmeister – Struktur- und Kausalitäts- erwartung, Befähigung zur Hypothesenbildung und Neugierverhalten – verschaffen Überlebensvorteile, wie uns die Verhaltensforschung lehrt. Deshalb haben sich diese Verhaltensweisen im Konkurrenzkampf durch- gesetzt. Es handelt sich um biologisch begründbare all- gemeine Prinzipien. Sie sagen aber kaum etwas darüber aus, „wie das Denken funktioniert". Das werden wir wohl auch nie erfahren. Aber es gibt Modellvorstellungen vom Denken, die einigen Erklärungswert haben. Lieferanten dieser Modelle sind die Psychologen, die ihre Aufgabe darin sehen, mit Experimenten die brauchbaren von den weniger starken Modellen zu scheiden (Huber 1987).

Einige Modellvorstellungen sind schon lange bekannt. Für Aristoteles waren beispielsweise *Assoziationen* die Quellen des Wissens.

Assoziationen

Assoziationen, also die Verknüpfung von zunächst unabhängig voneinander funktionierenden Nerven- vorgängen, sind es, die das Erkennen und Abspeichern von Zusammenhängen und Gesetzmäßigkeiten mög- lich machen. Für das Denken von größter Bedeutung ist, dass neue Denkinhalte in ein Netz von miteinander ver- bundenen (assoziierten) Informationen eingebettet werden und dass bei Aktivierung eines solchen Denkinhalts auch das assoziative Umfeld aktiviert wird. Dadurch entdecken wir Zusammenhänge, Ähnlichkeiten und *Analogien*.

Kurzzeit- und Langzeitgedächtnis

Eine andere Modellvorstellung betrifft die Arbeitsteilung zwischen *Kurzzeit-* und *Langzeitgedächtnis,* wobei Ersteres für die bewusste Verarbeitung der Ideen da ist und Letzteres für die Langzeitspeicherung. Charakteristikum des Ersteren ist die Kapazitätsbeschränkung: Nur wenige Gedankeninhalte haben im Bewusstsein Platz, und wenn sich die Aufmerksamkeit auf etwas Neues richtet, gerät anderes aus dem Fokus und wird aus dem Kurzzeitgedächtnis verdrängt. Das ist der Grund dafür, dass unsere Wahrnehmung nach dem Scheinwerferprinzip arbeitet. Und derselbe Mechanismus regiert auch das Denken: Unser Bewusstsein durchwandert das Wissensnetz, wobei stets nur ein kleiner Ausschnitt „sichtbar" wird.

Dem Langzeitgedächtnis schreibt man demgegenüber eine praktisch unbegrenzte Kapazität zur dauerhaften Speicherung zu. Hier wird die Grenze hauptsächlich durch die Schwierigkeiten beim Wiederauffinden von Informationen gesetzt.

Für das System der Denkfallen hat die folgende Unterscheidung eine noch größere Bedeutung.

Intuition und Reflexion

Die Intuition repräsentiert das langfristig abgespeicherte und sofort verfügbare Wissen, während die Reflexion für unsere Fähigkeit steht, durch diskursives Denken und Analyse die intuitiven Eingebungen notfalls zu korrigieren und zu steuern. Kurz gesagt: Die Intuition, so unentbehrlich sie auch ist, macht Denkfallen möglich; die Reflexion hilft, sie zu vermeiden.

Die Intuition zeichnet sich dadurch aus, dass bereits wenige Anzeichen eine Vorstellung, also ein mentales

Modell der Sachlage hervorrufen. Die allzeit bereite Strukturerwartung sorgt für ein stimmiges Bild. Wir sind Meister darin, aus spärlichen Informationen tiefen Sinn zu generieren. Und damit einher geht das beruhigende Gefühl, genau zu wissen, was vor sich geht. Dieses intuitive Erfassen ist mit Wohlgefühl verbunden, es lullt uns ein.

Auch wenn wir vor einer offenbar schwierigen Aufgabe stehen, machen wir es uns leicht. Wir neigen dazu, nicht den komplexen Gegenstand zu behandeln, sondern einen ähnlichen von größerer Schlichtheit, sozusagen einen Stellvertreter. Wir vollziehen eine *Substitution.* Sind wir beispielsweise vor die Aufgabe gestellt, einen Politiker zu wählen, so suchen wir nicht den kompetenteren aus, sondern denjenigen, dessen Gesicht mehr Vertrauenswürdigkeit und Kompetenz ausstrahlt.

Kliniker, Börsenmakler, Gesellschaftswissenschaftler und Unternehmer haben es mit wenig regelhaften Umgebungen zu tun. Sie haben guten Grund, ihrer Intuition zu misstrauen. Die Vertreter gerade dieser Berufsgruppen zeichnet jedoch ein kaum begründetes Vertrauen in die eigenen Fähigkeiten aus. Aber nicht nur diese Leute, sondern wir alle sollten uns die Frage stellen, wann wir unserer Intuition trauen können und wann nicht, und wie wir Situationen erkennen können, in denen uns die Intuition fehlleiten könnte.

Die Reflexion, das schlussfolgernde, vergleichende und prüfende Denken erfordert Konzentration und ist leider ohne Anstrengung nicht zu haben – ein Energieaufwand, den wir uns am liebsten ersparen. Daniel Kahneman (2011) spricht deshalb vom *faulen Aufseher* (Lazy Controller). Glauben ist eben einfacher als Denken. Vorzugsweise unterbleiben dann die kritische Analyse und das kostspielige Erwägen von Alternativen. Evans (1989) nennt dieses Verhalten *Glaubensneigung* (Belief Bias).

Denkfaulheit ist ein Sparsamkeitsgebot. Der Denkapparat wacht nicht ständig über unser Verhalten. Woher
aber erfahren wir dann, dass Denken angesagt ist? Wenn
Denkfallen nur beim Denkeinsatz zu erkennen sind,
stecken wir in einem Teufelskreis. Aber es gibt Trost: Auch
die Wachsamkeit ist trainierbar. Es gibt Warnzeichen, und
die sollte man kennen und ernst nehmen. Das Studium
der Denkfallen ist ein Weg zum Erwerb dieser Fähigkeiten.

Automatisierung des Denkens und Handelns

Die Automatisierung der Denkvorgänge – auch *Einstellungseffekt* (Mind-Set) genannt – beruht darauf, dass
uns frühere Erfahrungen dazu verleiten, beim Lösen
eines Problems bestimmte Denk- und Handlungsweisen
(Operatoren) gegenüber anderen vorzuziehen (Anderson
1988, S. 210 ff.).

Das blinde Wiederholen von früher erworbenen
Reaktionsmustern entlastet den Denkapparat. Es kann
aber auch das Lösen von Problemen erschweren. Es
besteht die Tendenz, in einen Zustand der Mechanisierung
zu verfallen (Luchins 1942). Zu Fehlern kommt es, wenn
dieser Zustand, die *Einstellung,* nicht verlassen wird,
obwohl es angezeigt ist.

Ein Beispiel: Ein Stahlseil hatte sich bei Arbeiten in
einem Lager derartig zu einer engen Schleife zusammen-
gezogen, dass es mit Muskelkraft nicht mehr auseinander-
zuziehen war. Die rettende Idee, einen kleinen Kran zu
Hilfe zu nehmen, kam zunächst niemandem in den Sinn –
denn Kräne sind erfahrungsgemäß zum Heben von Lasten
da und nicht zum Lösen von Knoten. So etwas nennt
Karl Duncker *funktionale Gebundenheit:* Die Gebrauchs-
anleitung eines Gegenstands scheint mit diesem fest ver-
knüpft zu sein.

In Anlehnung an Rasmussen formulierte Reason ein Modell der abgestuften Automatisierung des Denkens auf drei Ebenen: fähigkeitsbasierte (skill-based), regelbasierte (rule-based) und wissensbasierte (knowledge-based) Ebene (level). Schlüsselmerkmal seines generischen Fehlermodellierungssystems „ist die Behauptung, dass Menschen, wenn sie sich mit einem Problem konfrontiert sehen, stark dazu neigen, vorgefertigte Lösungen auf regelbasierter Ebene zu suchen und zu finden, *bevor* sie auf die weit mühsamere wissensbasierte Ebene zurückgreifen" (Reason 1994, S. 94).

Hat sich eine Regel bei der Lösung bestimmter Aufgaben und Probleme in der Vergangenheit gut bewährt, dann wird man in Situationen, die ähnliche Merkmale aufweisen, darauf zurückgreifen. Zeichnet sich eine Problemlage weitgehend durch die besagten Merkmale, aber auch durch einige abweichende aus, dann kann es zur falschen Anwendung der „guten Regel" kommen, kurz: Die Regel ist *bewährt, aber verkehrt* (strong but wrong). Je geübter jemand darin ist, eine bestimmte Aufgabe auszuführen, desto wahrscheinlicher werden seine Fehler die Form „bewährt, aber verkehrt" annehmen (Reason 1994, S. 87).

Blickverengung und Verharren in eingefahrenen Denkbahnen verhindern das Auffinden neuer Lösungen. Die Mechanisierung des Denkens steht dem *produktiven Denken* entgegen. Aus diesen Schwierigkeiten kann das *bewusste Aktivieren von Heuristiken* heraushelfen.

Literatur

Alex J, Flessner H, Mons W, Pauli K, Zuse H (2000) Konrad Zuse. Der Vater der Computers. Parzeller, Fulda

Anderson JR (1988) Kognitive Psychologie. Spektrum, Heidelberg

Axelrod R (1984) Die Evolution der Kooperation. Oldenbourg, München

Beck-Bornholdt H-P, Dubben H-H (2001) Der Hund, der Eier legt. Erkennen von Fehlinformation durch Querdenken. Rowohlt, Reinbek bei Hamburg

Boltzmann L (1897) Über die Frage nach der objektiven Existenz der Vorgänge in der unbelebten Natur, S 94–119 (Populäre Schriften)

Boltzmann L (1900) Über die Prinzipien der Mechanik, S 170–198 (Populäre Schriften)

Boltzmann L (1904) Über statistische Mechanik, S 206–224 (Populäre Schriften)

Boltzmann L (1979) Populäre Schriften. Vieweg, Braunschweig

Braess D (1968) Über ein Paradoxon der Verkehrsplanung. Unternehmensforschung 12:258–268

© Springer-Verlag GmbH Deutschland, ein Teil von Springer Nature 2020

T. Grams, *Klüger irren – Denkfallen vermeiden mit System*, https://doi.org/10.1007/978-3-662-61103-6

Carnap R, Stegmüller W (1959) Induktive Logik und Wahr-scheinlichkeit. Springer, Wien

Clack JA (2006) Was Fischen Beine machte. Spektrum Wiss 10:24–32

Csikszentmihalyi M (1992) FLOW. Das Geheimnis des Glücks. Klett-Cotta, Stuttgart

Darwin C (1859) On the origin of species by means of natural selection or the preservation of favored races in the struggle for life. John Murray, London

Dennet DC (2005) Intelligent Design – wo bleibt die Wissen-schaft? Spektrum Wiss 10:110–113

Descartes R (1961) Abhandlung über die Methode des richtigen Vernunftgebrauchs. Reclam, Stuttgart (Erstveröffentlichung 1637)

Dörner D (1989) Die Logik des Misslingens. Rowohlt, Reinbek bei Hamburg

Douglas M (1986) How institutions think. Syracuse University Press, Syracuse

Dürr H-P (2011) Geist, Kosmos und Physik. Crotona, Amerang

Eco U (2004) Die Geschichte der Schönheit. Hanser, München

Eco U (2007) Die Geschichte der Hässlichkeit. Hanser, München

Eco U (2019) Auf den Schultern von Riesen. Hanser, München, Wien

Eigen M, Winkler R (1975) Das Spiel. Naturgesetze steuern den Zufall. Piper, München

Elga A (2000) Self-locating belief and the sleeping beauty problem. Analysis 60(2):143–147

Elzer PF, Kluwe RH, Boussoffara B (Hrsg) (2000) Human error and system design and management. Lecture notes in control and information sciences, Bd 253. Springer, Berlin

Evans JSBT (1989) Bias in human reasoning: causes and consequences. Lawrence Erlbaum, Hove

Feynman R (1991) Kümmert Sie, was andere Leute denken? Piper, München

Foucault M (1971) Die Ordnung der Dinge. Suhrkamp, Frankfurt a. M.

Frankfurt HG (2005) On bullshit. Princeton University Press, Princeton

Gabriel M (2008) Antike und moderne Skepsis zur Einführung. Junius, Hamburg

Gelernter D (2016) The tides of mind: uncovering the spectrum of consciousness. Liveright Publishing Corporation, New York

Giese MA, Leopold DA (2007) Wie wir Gesichter erkennen. Spektrum Wiss 3:20–23

Gigerenzer G (2004) Die Evolution des statistischen Denkens. Unterrichtswissenschaft 32(1):4–22

Gigerenzer G (2013) Risiko. Wie man die richtigen Entscheidungen trifft. Bertelsmann, München

Gigerenzer G, Todd PM (1999) Simple heuristics that make us smart. Oxford University Press, New York

Godfray C (2007) Linné im Informationszeitalter. Spektrum Wiss 12:80–83

Goldacre B (2013) Die Pharma-Lüge. Wie Arzneimittelkonzerne Ärzte irreführen und Patienten schädigen. Kiepenheuer & Witsch, Köln

Goldstein EB (1997) Wahrnehmungspsychologie. Eine Einführung. Spektrum Akademischer, Heidelberg

Grams N (2015) Homöopathie neu gedacht. Was Patienten wirklich hilft. Springer, Berlin

Grams T (1990) Denkfallen und Programmierfehler. Springer, Berlin

Grams T (2001) Grundlagen des Qualitäts- und Risikomanagements. Zuverlässigkeit, Sicherheit, Bedienbarkeit. Vieweg, Wiesbaden

Grams T (2003) Risikooptimierung kontra Risikobegrenzung – Analyse eines alten und andauernden Richtungsstreits. Automatisierungstechnische Praxis. atp 45(8):50–57

Grams T (2009) Ist das Gute göttlich oder Ergebnis der Evolution? Kooperatives Verhalten in einer Welt voller Egoisten. Skeptiker 22(2):60–67

Hamming WR (1980) The unreasonable effectiveness of mathematics. Am Math Monthly 87(2):81–90

Havil J (2009) Das gibt's doch nicht! Mathematische Rätsel. Spektrum Akademischer, Heidelberg

Hell W, Fiedler K, Gigerenzer G (Hrsg) (1993) Kognitive Täuschungen. Fehl-Leistungen und Mechanismen des Urteilens, Denkens und Erinnerns. Spektrum Akademischer Verlag, Berlin

Hesse C (2010) Warum Mathematik glücklich macht. Beck, München

Hoffman DD (1998) Visual Intelligence. How we create what we see. Norton, New York

Hoffman DD, Prakash C (2014) Objects of consciousness. Frontiers in Psychology, 17. Juni

Hofstadter D, Sander E (2013) Surfaces and essences. Analogy as the fuel and fire of thinking. Basic Books, New York

Hooke R, Jeeves TA (1961) „Direct Search" Solution of numerical and statistical problems. J Assoc Comput Mach 8:212–229

Huber O (1987) Das psychologische Experiment: eine Einführung. Huber, Bern

Huff D (1954) How to lie with statistics. Norton, London

Hüther G (2005) Biologie der Angst. Wie aus Streß Gefühle werden. Vandenhoeck & Ruprecht, Göttingen

Kahneman D (2011) Thinking fast and slow. Farrar, Straus and Giroux, New York

Kahneman D, Tversky A (1979) Prospect theory: an analysis of decision under risk. Econometrica 47(2):263–291

Kahneman D, Slovic P, Tversky A (Hrsg) (1982) Judgment under uncertainty: Heuristics and biases. Cambridge University Press, Cambridge (CB2 1RP)

Kant I (2011) Kritik der reinen Vernunft. Anaconda, Köln (Erstveröffentlichung 1787)

Kaufmann MA (2015) Fuzzylogik: eine Revolution des Geistes. Informatik-Spektrum 38(6):476–483

Krämer W (1991) So lügt man mit Statistik. Campus, Frankfurt a. M.

Krech D, Crutchfield RS, Livson N, Wilson WA Jr, Parducci A (1992) Grundlagen der Psychologie. Beltz, Weinheim (Studienausgabe)

Kuhlmann M (2014) Was ist real? Spektrum Wiss 7:46–53

Kuhn TS (1996) The structure of scientific revolutions. University of Chicago Press, Chicago (Erstveröffentlichung 1962)

Kurtz P (1992) The new skepticism. Prometheus und Buffalo, New York

Lambeck M (2003) Irrt die Physik? Über alternative Medizin und Esoterik. Beck, München

Leveson NG (1995) Safeware. System safety and computers. Addison-Wesley, Mass

Lewis D (1973) Counterfactuals. Blackwell, Oxford (UK)

Lewis D (2001) Sleeping beauty: reply to Elga. Analysis 61(3):171–176

Lichtenberg GC (1974) Aphorismen, Schriften, Briefe. Hanser, München (Hrsg. Wolfgang Promies)

Lorenz K (1973) Die Rückseite des Spiegels. Piper, München

Luchins AS (1942) Mechanization and Problem Solving. The Effect of Einstellung. Psychol Monogr 54(2):i–95

Maimonides M (2009) Wegweiser für die Verwirrten. Eine Textauswahl zur Schöpfungsfrage mit einer Einleitung von Frederek Musall und Yossef Schwartz. Herder, Freiburg

Matysiak-Klose D, Weidemann F, Wichmann F, Wichmann O, Hengel H (2016) Global denken, lokal handeln! Laborjournal 1–2:18–20

Meyer C, Rasch G, Keller-Stanislawski B, Schnitzler N (RKI) (2002) Anerkannte Impfschäden in der Bundesrepublik Deutschland 1990–1999. Bundesgesundheitsbl – Gesundheitsforschung – Gesundheitsschutz 45:364–370

Michalewicz Z, Fogel DB (2000) How to solve it: modern heuristics. Springer, Berlin

Michalewicz Z, Michalewicz M (2008) Puzzle-based learning: an introduction to critical thinking, mathematics, and problem solving. Hybrid Publishers, Melbourne

Oepen I, Federspiel K, Sarma A, Windeler J (Hrsg) (1999) Lexikon der Parawissenschaften. Lit Verlag, Münster

Pearl J (2000) Causality. Cambridge University Press, Cambridge

Perrow C (1999) Normal accidents. Living with high-risk technologies. Princeton University Press, Princeton

Popper KR (2003) Das Elend des Historizismus. Mohr Siebeck, Tübingen (Erstveröffentlichung 1965)

Popper KR (1973) Objektive Erkenntnis. Ein evolutionärer Entwurf. Hoffmann und Campe, Hamburg

Popper KR (1982) Logik der Forschung. Mohr, Tübingen (1934 und 1982)

Popper KR (1994) Vermutungen und Widerlegungen, vol 1. Mohr, Tübingen

Pólya G (1949) Schule des Denkens. Francke, Bern (Originalausgabe: HOW TO SOLVE IT)

Pólya G (1963) Typen und Strukturen plausibler Folgerung. Mathematik und plausibles Schließen, Bd 2. Birkhäuser, Basel

Pöppe C (2019) Mathematische Unterhaltungen. Dornröschen und die Wahrscheinlichkeitsrechnung. Spektum Wiss 11:80–84

Pörksen B (2018) Die große Gereiztheit. Hanser, München

Reason J (1994) Menschliches Versagen. Spektrum Akademischer Verlag, Heidelberg (Original: Human Error. Cambridge University Press 1990)

Renn O, Zwick MM (1997) Risiko- und Technikakzeptanz. Springer, Berlin (Herausgeber: Enquete-Kommission „Schutz des Menschen und der Umwelt" des 13. Deutschen Bundestages)

Riedl R (1981) Biologie der Erkenntnis. Die stammesgeschichtlichen Grundlagen der Vernunft. Parey, Hamburg

Rosling H (2018) Factfulness. Ten reasons we're wrong about the world – and why things are better than you think. Sceptre, London

Sachs G (1997) Die Akte Astrologie. Goldmann, München

Sachs L (1992) Angewandte Statistik. Springer, Berlin

Sainsbury RM (1993) Paradoxien. Reclam, Stuttgart

Schönwandt W (1986) Denkfallen beim Planen. Vieweg, Braunschweig

Shang A, Huwiler-Müntener K, Nartey LJP, Dörig S, Sterne JA, Pewsner D, Egger M (2005) Are the clinical effects of homoeopathy placebo effects? Comparative study of placebo-controlled trials of homoeopathy and allopathy. Lancet 366(9487):726–732

Smith DG, Frankel S, Yarnell J (1997) Sex and death: are they related? Findings from the caerphilly cohort study. BMJ 315(7123):1641–1644

Sommer V (1992) Lob der Lüge. Täuschung und Selbstbetrug bei Tier und Mensch. Beck, München

Steller M (2015) Nichts als die Wahrheit? Warum jeder unschuldig verurteilt werden kann. Heyne, München

Székely GJ (1990) Paradoxa. Klassische und neue Überraschungen aus Wahrscheinlichkeitsrechnung und mathematischer Statistik. Harri Deutsch, Frankfurt a. M.

Taleb NN (2007) The black swan. The impact of the highly improbable. Random House, New York

Thaler RH, Sunstein CR (2009) Nudge. Ullstein, Berlin (Erstveröffentlichung 2008)

Trivers R (2011) Deceit and self-deception. Fooling yourself the better to fool others. Penguin, London

Tversky A, Kahneman D (1974) Judgment under uncertainty: heuristics and biases. Science 185:1124–1131 (In Kahneman, Slovic, Tversky, 1982)

Vaughan D (1996) The challenger launch decision. Risky technology, culture, and deviance at NASA. University of Chicago Press, Chicago

Vollmer G (2003) Wieso können wir die Welt erkennen?. Alibri, Aschaffenburg

Vollmer G (2013) Gretchenfragen an den Naturalisten. Alibri, Aschaffenburg

von Cube F (1995) Gefährliche Sicherheit. Die Verhaltensbiologie des Risikos. Hirzel, Leipzig

von Randow G (2004) Das Ziegenproblem. Denken in Wahrscheinlichkeiten. Rowohlt, Reinbek bei Hamburg

Vorndran I (2011) Unfallstatistik – Verkehrsmittel im Risikovergleich. Statistisches Bundesamt, Wiesbaden

Watzlawick P, Beavin JH, Jackson DD (1969) Menschliche Kommunikation. Formen, Störungen, Paradoxien. Huber, Bern

Weizenbaum J (1977) Die Macht der Computer und die Ohnmacht der Vernunft. Suhrkamp, Frankfurt a. M.

Wikipedia (en) (2010) Simpson's paradox. Zugegriffen: 11. Juli 2010

Zemanek H (1992) Das geistige Umfeld der Informationstechnik. Springer, Berlin

Zuse K (1984) Der Computer – mein Lebenswerk. Springer, Berlin

Internet-Adressen

Denkfallen. www.hs-fulda.de/~grams/dnkfln.htm

KoopEgo – Einstiegshilfe. www.hs-fulda.de/~grams/OekoSimSpiele/KoopEgoProgramm/KoopEgoKurzbericht.htm

Problemsammlung Querbeet. www.hs-fulda.de/~grams/Heuristik/Lektionen/Querbeet.pdf

Tabellenkalkulationsblatt zur Kooperation unter Egoisten. www.hs-fulda.de/~grams/OekoSimSpiele/Egoisten.html

Stichwortverzeichnis

1/N-Regel 168

A

A Beautiful Mind (Film) 36

Abgrenzungskriterium 200, 255, 274

Ablehnungsbereich 107, 116

Abweichung, signifikante 117

Aggregation 67

Agnostizismus 237

Ähnlichkeit 264

Ahnung (Hunche) 158

Analogie 49, 93, 95, 96, 125, 262, 274–276, 305

Analogiegesetz 266

Angstbewältigung 302

Angstvermeidung 58, 84, 199, 302

Antinomie 219

Antwortverweigerung 142

Aristoteles 48, 253, 275

Arithmetik 194

Asimov, Isaac 147

Assoziation 205, 305

Astrologie 138

Atheist 141

Aufseher, fauler 172, 307

Aufzug 278

Auslese, natürliche 261

Ausweichmanöver 20

Automatisierung des Denkens und Handelns 82, 308

Automobil, selbstfahrendes 150, 282

Axelrod, Robert 226

Axelrods Computerturnier 229

© Springer-Verlag GmbH Deutschland, ein Teil von Springer Nature 2020
T. Grams, *Klüger irren – Denkfallen vermeiden mit System*,
https://doi.org/10.1007/978-3-662-61103-6

Axiom 249
Axiomensystem 251

B

Bachelor/Master-Studiengang 129
Bahnunglück 282
Banalität der Bürokratie 284
Bauchgefühl 16, 158, 167
Bayes-Formel 29, 184
Bayes-Schätzung 211
Begriffsbestimmung 270
Begründung 253
Beinaheunfall 21
Belief Bias 307
Bell, Alexander Graham 240
Benfordsches Gesetz 11, 153
Beobachtung 72
Bestimmtheitsmaß 137
Betrug (Defektion) 34
Bewährt, aber verkehrt 9, 309
Bewährung 75
Bewährungsgrad 80
Beweispflicht 125
Binomialkoeffizient 113
Blickfelderweiterung 20, 25
Boltzmann, Ludwig 2
Buchdruck, Erfindung 242
Busch, Wilhelm 5

C

Carnap, Rudolf 73
Certainty Effect 162, 304
Challenger-Unfall 283

CHE (Centrum für Hochschulentwicklung) 145
Checks and Balances 209
Churchill, Winston 235
Columbus, Christoph 243
Complacency 285, 303
Computer, Erfindung 240
Condorcet-Effekt 37, 39
Condorcet, Marquis de 39
Confirmation Bias 76, 300
Crossing-over 244
Csikszentmihalyi, Mihaly 87

D

Darwin, Charles 2, 237
Darwinismus 237
Defektion (Betrug) 34
Denken
    illusionäres 94
    langsames 158, 161
    magisches 49
    Modellvorstellungen 304
    produktives 94, 309
    schnelles 157
    schöpferisches 94, 309
Denkfalle X, 5, 16, 76, 104, 193, 293
Denkrahmen 194
Denksportaufgabe 87, 92
Descartes, René 253
Deutlichkeit eines Zusammenhangs 103
Dietrich, Marlene 293
Differenzerkennung 162
Ding an sich 250

Diskriminierungsklage 66
Dissonanz, kognitive 185
Dogmatismus 223, 224
Doppelblindstudie 203
Dornröschenproblem 188
Douglas, Mary 267
Drei-Türen-Problem 186
Drudenfuß 50
Dürr, Hans-Peter 204

E

Effekt 69
Egoist 223
Einbettungsprinzip 99, 112
Einflussgröße 137
Einrahmungseffekt 161
Einstellungseffekt 308
Einzelfallstudie 203
Entscheidungsbaum 169
Entscheidungsstrategie 226
Epistemologie 214
Ergodizität 46
Erinnerungsirrtum 215, 297
Erkenntnis, objektive 255
Erkenntnis, wissenschaftliche 36
Erkenntnislehre 214
Ernst, Edzard 235
Erwartungswert 43, 45, 120, 171
Esoterik 195, 205
Esoteriker 48
Ethik 207
Evaluation 41
Evolution 197, 260

Evolutionsexperiment 223
Evolutionsmethode 244
Experiment 256

F

Fakt 255
Fallibilismus 257
Falsifizierbarkeit 201, 255, 256, 274
Falsifizierung 2, 77, 80, 199, 211, 214, 236
Faustregel 158, 168
Fehler 224
Fibonacci-Zahlen 52
Fifty-fifty-Irrtum 186
Figur und Grund 7
Fishing for Significance 119, 127, 137, 139, 153
Fitness 261
Fleming, Alexander 236
Flow 87
Formel des plausiblen Schließens 25, 29, 73
Framing 289
Framing-Effekt 161, 184, 289
Fünfzähligkeit 49
Fusseligkeit 264, 269, 275

G

Galilei, Galileo 241
Gaußsche Glockenkurve 214
Gebundenheit, funktionale 308
Gedächtnis 226, 233

Gefahreneinschätzung, subjektive 286

Gefangenendilemma 32, 223, 225

Gelernter, David 150

Generalisierung 93, 99, 201

Gewaltenteilung 209

Gewissheit, Überbewertung der 289

Gigerenzer, Gerd 158

Glaube 196, 206

Glaubensneigung 307

Glaubwürdigkeit 73, 126, 254

Glockenkurve 115, 121

Glücksgefühl 216

God of the Gaps 197

Gray, Elisha 240

Greenspan, Alan 272

Grenzwert 116

Größe eines Zusammenhangs 103

Größenkonstanz 9

Grundgesamtheit 23, 111, 141

Gutenberg, Johannes 242

H

Hahnemann, Samuel 201

Halbkreis-Experiment 53

Harrisburg 269

Harvard-Medical-School-Studie 78, 153, 299

Haufenparadoxon 262

Häufigkeit, relative 10

Hautwiderstandsmessung 178

Hermes Trismegistos 48, 266

Heuristik
Entscheidungshilfe 16, 155, 158, 168, 169, 173, 300
Lösungsfindeverfahren 92, 95, 99, 309

Hiatus-Regel 168

Hindsight Bias 215, 297

Hintergrundwissen X, 7, 172, 270

Hochschulranking 145

Hoffman, Donald 261

Homöopathie 201

Huff, Darrell 133

Hunche (Ahnung) 158

Huxley, Thomas Henry 237

Hypothese 8, 36, 72, 73, 79, 299
bewährte 256
wissenschaftliche 256

I

Idee, absolute 209

Illusion 236

Impfung gegen Masern 290

Indifferenzprinzip 10, 14, 27, 42, 45, 48, 96, 114, 153, 186, 189

Induktion 35, 71, 298
eliminierende 198

Intelligent Design (ID) 57, 197

Intelligenzquotient (IQ) 64

Interaktionsfehler 224, 231

Intuition 16, 55, 156, 157,
    217, 306
INUS-Bedingung 63
Invarianz 61
IQ (Intelligenzquotient) 64
Ironie der Automatisierung
    303
Irrtum 172, 193, 224, 236
Irrtumswahrscheinlichkeit 117
Isolation 229

J

Je-schlechter-desto-besser-
    Effekt 70
Johannes Paul II., Papst 199

K

Kaffeetassenbeispiel 5
Kahneman, Daniel 16,
    155–157, 213
Karl und Veronica Carstens-
    Stiftung 203
Katzenjunge 15, 44
Kausalbeziehungen 256
Kausaldenken 59
Kausalität 60, 122, 250
Kausalitätserwartung 35, 57,
    72, 295
Kausalitätsfalle 58, 65
Keynes, John Maynard 11
Kindchenschema 163
Klassifizierung 262, 267
Koinzidenz 64
Kollision 21
Kombinatorik 106, 111, 165
Komplexität, irreduzible 197

Konfidenzintervall 211
Konsumforschung 22
Kontingenz 267
Kontrastbetonung 37
Kooperation 34, 223
Korrelation 65, 122
Korrelationskoeffizient 137
Kreativität 93, 236, 238, 274
Kriminalstatistik 142
Kugelspiel 229
Kuhn, Thomas 257
Künstliche Intelligenz (KI)
    150, 277, 282
Kurtz, Paul 255
Kurzweil, Ray 148
Kurzzeitgedächtnis 306

L

Landkarte, mentale 53
Langeweile 303
Langzeitgedächtnis 306
Lazy Controller 172, 307
Le Verrier, Urbain Jean Joseph
    74
Lehrmeister, angeborene 35,
    295
Leiter, rutschende 53
Lernregelkreis 172, 173
Lernspirale 87
Lernzyklus 82, 87
Lichtenberg, Georg Christoph
    1, 19, 35
Logik 62, 194
Logik der Forschung 255
Lokalität 229
Lückenbüßergott 197, 206
Lügnerparadoxon 219

M
Macht 284
Maimonides, Moses 253
Manipulation 196
Manipulationstechnik 205
Marilyn vos Savant 187
Marketingstudie 108
Mathematik 194
Merkmal 26, 105
Merkmalskombination 109
Mesokosmos 206
Metakommunikation 271
Metaphysik 194, 195, 200,
    209, 236, 251
Metastudie 202
Methode
    negative XI, 80, 81
    skeptische 253
Misnomer 272
Missing Links 197
Missverständnis 234
Mittelwert 45, 46, 120, 153,
    171
Modus Tollens 30
Moral 260
Münzwurf 10
Mustererkennung 35, 44
Mutation 230, 231, 244
Mystik 45

N
Narrative Fallacy 215
Nash, John 36
Naturalismus 260
Nebensache, vermeintliche
    269

Necker-Würfel 7
Negation 22, 26
Neptun 74
Neugier 35, 72, 83
Neugier- und Sicherheitstrieb
    58, 81, 302
Normgesicht 163
Normmaß 82
Notwendigkeit 232
Nullhypothese 110, 116, 117
Nutzenfunktion 287

O
Objektivität 201
Öffentlichkeitsarbeit 147
Okkultismus 36
Optimalwert 100
Optimierung 101, 244
Ordnung, lineare 40
Ordnungsgehalt, Über-
    schätzung 37
Ortsgebundenheit 234
Otis, Elisha 278

P
Paradoxon
    der Restlebensdauer 54
    Egoismus- 54
    Haufen- 262
    Lügner- 219
    simpsonsches 67, 153
    Umtausch- 13, 42, 153
    von Braess 31, 223
Pascalsches Dreieck 101, 111,
    112

Paul-Ehrlich-Institut 291
Penicillin 236
Penislänge 134
Pentagon 50
Pentagramm 50
Perrow, Charles 153
Physik, ganzheitliche 204
Placeboeffekt 180, 203
Pluralismus 208, 245
Polemik 214
Pólya, Georg 29, 73, 94
Popper, Karl Raimund X, 2,
    73, 78, 184, 199, 235,
    242, 294
Positivismus 73
Poststrukturalismus 275
Potsdamer Denkschrift 2005
    205
Präferenzordnung 39
Prägnanztendenz 6, 14, 56,
    295
Prinzip, regulatives 260
Problem 242
    schweres 243
Problemlösen 84, 93, 216
Prognose 147, 297
Prophezeiung, selbsterfüllende
    139
Prüfgröße 117
Prüfung 125, 236, 267
    empirischE 256
    intersubjektivE 257
Pseudowissenschaft 94, 196,
    200, 204
Pythagoras 49

Q
Quantenmystik 204

R
Randow, Gero von XII
Rangfolge der Gefahren 286
Rangordnung 39
Ranking 142
Rationalismus, kritischer 236,
    255
Raucherstudie 68
Realismus
    schwacher 260
    starker 260
Realist 247
Realität 251, 258
Reflexion 159, 161, 306
Regelkreis des selbst-
    kontrollierten
    Programmierens 173
Regellosigkeit 224
Reihenfolgeproblem 144
Rekognitionsheuristik 160,
    164
Rekonstruktion 252
Religion 200
Replizierbarkeit 257
Repräsentativitätsheuristik 16,
    156, 301
Restrisiko 273
Risiko 273, 281
    objektives 286
    reales 285
    relatives 29

Schadenserwartung 280
tolerierbares 280 ·
wahrgenommenes 285
Risikoakzeptanz 162, 303,
304
Risikoanalyse, probabilistische
281
Risikoaversion 162, 289
Risikobewertung, subjektive
286
Risikofaktor 20
Risikokalkül 285
Risikoreduktion 203
Robert-Koch-Institut 291
Rosling, Hans 285
Roulette 45
Rubinscher Becher 7
Rückbezüge 217
Rückwärtsrechnung 100
Russell, Bertrand 61

S
Sandersche Figur 8
Satisficing-Heuristik 169
Schadenserwartung, Risiko
280, 281
Schadenserwartungswert 286
Schadensfunktion 289
Scheinwerfer der Aufmerk-
samkeit 20
Scheinwerferprinzip 293, 294
Scheinzusammenhang 153
Scheitern am Modus Tollens
30
Schließen, plausibles 24, 299
Schlucht (Problem) 97

Schlussfolgerung, kontra-
faktische 63
Schnitt, goldener 50
Schönheit 163, 195
Schönwandt, Walter X
Schöpfungshypothese 198,
199
Schwan, schwarzer 214
Sekretärinnenproblem 169
Selbstbetrug 175, 176, 209,
285
Selbstbild 59
Selbstrekrutierung 142, 153
Selbstwiderspruch 219
Selektion 224, 228, 245, 261
Serendipity 236, 238, 239
Sicherheit 82, 199, 278, 281
gefährliche 82
qualitative 279
quantitative 280
Sicherheitsäquivalent 289
Sicherheitserfahrung 303
Sicherheitsrelevanz 273
Sicherheitstrieb 58, 81
Signifikanz 108, 117
Signifikanzniveau 107, 116,
129, 136, 153
Simpson, O. J., Mordprozess
166
Simulation, ökologische 226
Singularität (Singularity) 148
Singularitätsbewegung 147
Sinnsuche 44
des Wahrnehmungs-
apparats 36
Skepsis 248
Skeptiker 247, 252

Regeln für 253

Sparsamkeitsprinzip 252, 293, 294

Spekulation 236

Spielerirrtum 214

Spielmatrix 33, 225

Spielregel 194, 206

Spiritualität 205

Spoiler 55

Standardabweichung 120, 128, 171

Statistik, schließende 23, 194, 211

Stellvertreterstatistik 133, 160

Stereogramm 6

Stichprobe 111, 120, 141
    verzerrte 142

Stimmerkennung, unbewusste 178, 180

Strong but wrong 309

Strukturerwartung 6, 35, 36, 295

Substitution 134, 160, 307

System 268
    der Denkfallen X, 293

Systematik 268

Szenario-Falle 296

T

Take-the-Best-Regel 168

Taleb, Nassim Nicholas 213

Täuschung 175, 196
    kognitive 16
    optische 8, 17

Täuschwort 272

Tautologie 219

Taxi-Problem 95, 170

Taxonomie 268

TCM (Traditionelle Chinesische Medizin) 235

Technik 210, 269

TED-Umfrage 140

Telefon, Erfindung 236, 241, 242

Telegraf 240

Test, statistischer 116

Testergebnis 78

Testkriterium 117

Testtheorie 211

Theorie 72, 73, 79, 256

Three Mile Island 173, 269, 299

Tit for Tat (TfT) 227

Toleranz 253

Traditionelle Chinesische Medizin (TCM) 235

Trends beim Autokauf (Studie) 105

Tversky, Amos 16

U

Überbewertung
    bestätigender Information 76, 77, 300
    der Gewissheit 162, 304

Übergangseffekt 131

Überschätzung des Ordnungs-gehalts 14, 37

Umkehrschluss 24, 28, 30, 77, 78

Umtauschparadoxon 13, 42

Unterbewusstsein 150, 178, 209

Unterhaltungsmathematik 87

Untersuchungsmethode der drei Möglichkeiten 65

Urnenmodell 27, 95

Ursache 59, 256

Ursache-Wirkungs-Beziehung 23, 58, 62, 63, 65, 123, 153, 295

Ursachenforschung 20

Ursache-Wirkungs-Denken 295

Utilitarismus 260

V

Variabilität 223

Variation 243

Vaughan, Diana 284

Verankerungseffekt 156, 301

Vererbung 230

Vererbungsmechanismus 244

Verfügbarkeitsheuristik 156, 300

Verhalten, strategiegeleitetes 233

Versuchsplanung 127

Vertrauen (Heuristik) 160

Vierfeldertafel 21, 105, 109, 114

von Cube, Felix 86, 216

Vorurteil 79

Vorwärtsrechnung 100

W

Wachstum, exponentielles 151

Wählerparadoxon 39

Wahrheit 199, 247, 249, 253, 268, 274

im juristischen Sinn 167, 251

Wahrheitsillusion 252

Wahrnehmung, erwartungsgetriebene 7

Wahrnehmungsapparat, Sinnsuche des 36

Wahrscheinlichkeit 10, 27, 29, 73

bedingte 28

objektive 190

subjektive 189

Wanderungseffekt 42

Warnzeichen 17, 81, 172

Wasons Auswahlaufgabe 76

Weizenbaum, Joseph 150

Welt 5, 223

der mittleren Entfernungen und Geschwindigkeiten 205

diesseitige 250

im Kopf 9

jenseitige 250

objektive 250

Weltbewusstsein 208

Weniger-ist-mehr-Prinzip 158, 168, 170

Wertvorstellung 254, 260, 287

Wettbewerb, globaler 228
Wilde, Oscar 201
Will-Rogers-Phänomen 42,
    152
Wirkung 59, 256
Wirth, Niklaus 239
Wissen 254, 255, 259
Wissenschaft
    empirische 193, 199, 254
World Trade Center 215
Wunder 44, 49, 201, 238
    von Monte Carlo 48
Würfeln 10

X

X für ein U 131

Z

Z1, Zuse-Rechner 240
Zahl

Gesetz der kleinen 52
    Macht der großen 49
Zenon von Elea 262
Ziegenproblem XII, 11, 186
Zufall 44, 48, 108, 224, 231,
    236, 239
    und Notwendigkeit 237
Zufallsauswahl 127
Zufallshypothese 106
Zufallsvariable 120
Zusammenhang, statistischer
    103, 108, 135
Zuse, Konrad 3, 147, 149,
    240, 243, 276
Zustand 98
    eingeschwungener 131
    unbewusster Inkompetenz
    84
Zuverlässigkeitsanalyse,
    probabilistische 280
Zuverlässigkeitsmodell 184
Zweifel, abgewogene 253

Printed in the United States
By Bookmasters

Printed in the United States
By Bookmasters